市政工程BIM建模及交付技术研究与应用

广州市建设科技中心
广州市市政集团有限公司
编著

中国建筑工业出版社

图书在版编目（CIP）数据

市政工程BIM建模及交付技术研究与应用 / 广州市建设科技中心，广州市市政集团有限公司编著. —北京：中国建筑工业出版社，2021.7

ISBN 978-7-112-26335-6

Ⅰ. ①市… Ⅱ. ①广… ②广… Ⅲ. ①市政工程—计算机辅助设计—应用软件 Ⅳ. ①TU99-39

中国版本图书馆CIP数据核字（2021）第138804号

责任编辑：李玲洁
责任校对：焦　乐

市政工程 BIM 建模及交付技术研究与应用

广州市建设科技中心
广州市市政集团有限公司　编著

*

中国建筑工业出版社出版、发行（北京海淀三里河路9号）
各地新华书店、建筑书店经销
北京点击世代文化传媒有限公司制版
北京中科印刷有限公司印刷

*

开本：787毫米×1092毫米　1/16　印张：16½　字数：370千字
2021年8月第一版　2021年8月第一次印刷
定价：**128.00**元

ISBN 978-7-112-26335-6
（37726）

本书编委会

主　　任： 王永海

副 主 任： 乔长江　郭云飞　胡芝福

成　　员： 洪汉江　李　波　李恩林　余柏瀚　陈剑辉　张为民　翟利华
范跃虹　许志坚　劳伟康　田　磊　冯为民　叶　雯　郭　飞
王文剑　安关峰　王　谭　余　靖　张　蓉　邓艺帆　刘世杰
陈建宁　傅　楠　梁远曦　王远利　李　贲　刘添俊　徐小华
张京锋　何则干　邓卓平　秦　力　杨春明　李沛洪　汪　琰
谭　琳　邹先强　刘炽强　熊　继　洛桑仁青

主编单位： 广州市建设科技中心
广州市市政集团有限公司

参编单位： 广东省建筑科学研究院集团股份有限公司
广州市市政工程设计研究总院有限公司
广州地铁设计研究院股份有限公司
广州市城市规划勘测设计研究院
广东省建筑设计研究院
北京市市政工程设计研究总院有限公司广东分院
广州市设计院
广东工业大学
广州番禺职业技术学院
广东星层建筑科技股份有限公司
广州君和信息技术有限公司
广州市公用事业规划设计院
广州市恒盛建设工程有限公司
广州市市政集团设计院有限公司
广州市第一市政工程有限公司
广州市第二市政工程有限公司
广州市第三市政工程有限公司
广州市市政实业有限公司
湖北国际物流机场公司

前　言

BIM 是建筑信息模型的缩略语，是指在建设工程及设施全生命期内，对其物理和功能特性进行数字化表达，并依此设计、施工、运营的过程和结果的总称。自 2002 年以来，我国建筑行业掀起了信息化改革大浪潮，BIM 技术作为一项重要技术手段逐渐进入建筑行业，加快了建筑业产业结构调整、产业链更新的步伐。在 BIM 的使用过程中，不仅要求各种软件的配合，同时各种协同设计工作、信息技术集成与共享更需要标准来规范操作并进行明确的界定。

市政工程不同于工业建筑、民用建筑工程，具有其自身的特点。如道路工程、桥梁工程、隧道工程等类型，呈带状分布，长度从几百米到几十公里，这与工业、民用建筑位于一个集中的区域有着显著的区别。此外，由于与工业建筑、民用建筑工程的内容和属性截然不同，导致建筑编码分类不能涵盖市政工程，从而建筑 BIM 标准不能直接应用于市政工程，并且不能直接照搬工业建筑、民用建筑的 BIM 技术路线。因此开展市政工程 BIM 建模与交付技术的研究与应用，编制相应建模与交付标准，完善 BIM 标准体系，上有国家标准，下至地方标准，形成一条基准线，能够促使市政工程项目各参与方、各专业之间进行信息对接与共享，提高工程效率，为市政工程的 BIM 建模及交付提供依据。

广州市建设科技中心和广州市市政集团有限公司非常重视市政工程 BIM 技术的研究与应用，2019 年启动了“广州市市政工程 BIM 建模与交付标准研究”课题，以规范市政工程 BIM 建模与交付标准，提高和促进市政工程 BIM 技术的推广和应用。在广州市建设科技中心指导之下，课题组组织多次调研，开展相关研究，最终形成《市政工程 BIM 建模与交付技术研究与应用》一书，该书的完成对于当前市政工程 BIM 技术的发展和应用具有十分重要的意义。

本书共分为 3 篇：第 1 篇是关于市政工程 BIM 技术应用发展，从 BIM 技术背景出发，到目前 BIM 技术相关政策支持、标准体系、应用的新技术以及存在的问题做了相应的阐述，并对市政工程在规划阶段、设计阶段、施工阶段及运维阶段等各阶段的 BIM 技术应用点做了详细的介绍。第 2 篇为广州市市政工程 BIM 建模与交付标准，明确了市政工程建筑信息模型（BIM）的建立规则、模型架构、单元等方面的规定，对市政工程所涉及的道路工程、桥梁工程、隧道工程、轨道交通工程、给水排水工程、综合管廊工程、燃气工程等专业在不同应用阶段（方案设计阶段、初步设计阶段、施工图设计阶段、施工阶段和运维阶段）分别提出了详细的模型交付标准，旨在为广州市市政工程 BIM 建模与交付作出原则性规定。第 3 篇分析了具有代表性的市政工程 BIM 技术应用工程案例，包括：广州市空港大道（白云五线—机场）工程项目、广花一级公路快捷化改造配套工程 PPP 项目、广州市番禺区南大干线工程施工总承包项目、棠溪站（白云站）综合交通枢纽一体化建设工程、湖南省怀化市鸭嘴岩大桥项目、广州新白云国际机场第二高速公路项目、广州市车陂路—新滘东路隧道工程项目、广州市轨道交通 18 号线番禺广场站及番禺广场站—南村万博站区间项目、湖北鄂州民用机场工程项目、广州市天河智慧城地下综合管廊项目。

本书编写分工如下：

第 1 篇　市政工程 BIM 技术应用发展

第 1 章、第 2 章：广州市市政集团有限公司、广州市建设科技中心、广东工业大学、广州番禺职业技术学院

第 2 篇　广州市市政工程 BIM 建模与交付标准

第 3 章：广州市建设科技中心

第 4 章：广州市建设科技中心、广州君和信息技术有限公司

第 5 章：广州市市政集团有限公司、广州市市政实业有限公司

第 6 章：广州市市政工程设计研究总院有限公司、广东省建筑设计研究院

第 7 章：广东省建筑科学研究院集团股份有限公司、广州市城市规划勘测设计研究院、广州市恒盛建设工程有限公司、广州市市政工程设计研究总院有限公司、广东星层建筑科技股份有限公司、广州市设计院、广州市第一市政工程有限公司、广州市第二市政工程有限公司、广州地铁设计研究院股份有限公司、广州市市政集团有限公司、广东省建筑设计研究院、广州市市政集团设计院有限公司、北京市市政工程设计研究总院有限公司广东分院、广州市第三市政工程有限公司、广州君和信息技术有限公司、广州市公用事业规划设计院

第 3 篇　市政工程 BIM 技术应用工程案例

第 8 章：广州市市政工程设计研究总院有限公司

第 9 章：广州市第二市政工程有限公司、广州市第三市政工程有限公司

第 10 章：广州市市政集团有限公司、广州市第一市政工程有限公司、广州市第二市政工程有限公司、广州市第三市政工程有限公司

第 11 章：广州市城市规划勘测设计研究院

第 12 章：广州市第二市政工程有限公司

第 13 章：广东星层建筑科技股份有限公司

第 14 章：广州市市政工程设计研究总院有限公司

第 15 章：广州地铁设计研究院股份有限公司

第 16 章：广州君和信息技术有限公司

第 17 章：广州市市政集团有限公司

本书是市政工程 BIM 建模与交付技术研究与应用的实践总结，旨在为市政工程 BIM 技术的应用和推广提供参考和借鉴。本书不当之处，敬请读者指正。

目　录

第1篇　市政工程BIM技术应用发展

第2篇　广州市市政工程BIM建模与交付标准

第 3 篇　市政工程 BIM 技术应用工程案例

第 1 篇

市政工程 BIM 技术应用发展

第 1 章　市政工程 BIM 技术发展及应用现状

1.1　BIM 技术背景

1.1.1　BIM 技术的发展历程

1. BIM 技术发展概述

工程辅助设计技术主要有以下几个阶段：手工制图→ CAD → BIM，经历了两次革命，第一次革命（CAD 革命）起步于 20 世纪 60 年代，成熟于 90 年代；第二次革命（BIM 革命）起步于 20 世纪 90 年代，发展于 21 世纪初（图 1.1-1、图 1.1-2）。

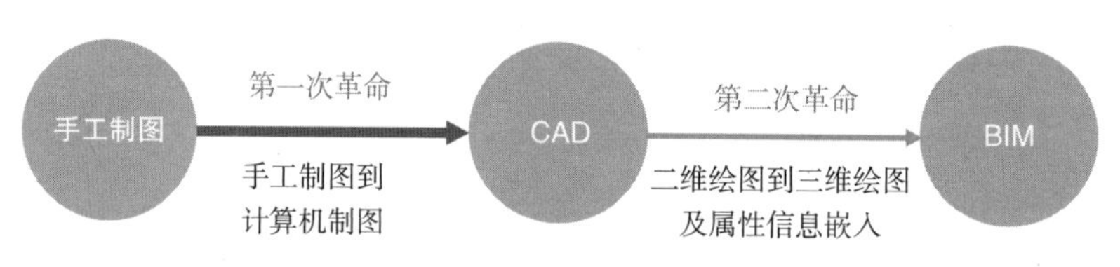

图 1.1–1　工程辅助设计的两次革命

（1）手工制图

20 世纪 60 年代之前，工程设计图纸广泛采用手工制图，即用笔在纸上进行绘制，其主要理论基础是工程制图学，即将三维建筑物用二维的视图（平面图、立面图、剖面图、断面图、节点详图等）表现出来。

（2）CAD 制图

计算机辅助设计源于 20 世纪 60 年代，1963 年美国博士生伊凡・苏泽兰特创造了人机交互系统雏形：通过在屏幕上直接绘制点将图形信息输入到计算机当中，此时受到计算机技术的限制，CAD 技术的发展缓慢。直到 19 世纪 70 年代，计算机技术有了较大发展，建筑业采纳了航空汽车领域的 CAD 技术并将其进一步发展，设计师扔掉了画板和铅笔，工作量大幅减少，设计效率大幅提高，CAD 技术得到广泛应用。

（3）BIM 技术

1975 年，美国佐治亚理工学院建筑与计算机系教授查克・伊士曼在《AIA 杂志》发表的论文中提到"Building Description System（建筑描述系统）"，建筑描述系统（BDS 系统）就是今天 BIM 概念的雏形。查克・伊士曼博士被世界各个国家公认是"BIM 之父"。在后续的十余年间，欧美陆续开展了类似研究，美国、欧洲把研究时取得的成果分别叫作建筑产品模型、产品信息模型。

1986 年，美国学者罗伯特・艾什发表的一篇论文内，首次采用"Building Modeling"词语，这篇论文阐释了当下我们熟知的 BIM 论点与有关执行技术：三维立体建模、智能成图、相关性数据库、模拟化工程施工进度计划等。

1999 年，查克·伊士曼把“建筑描述系统”发展为“建筑产品模型”，指出该模型在建筑整个生命周期内，均能提供建筑项目相关的充足、整合式信息。

2002 年，Autodesk 公司并购 Revit Technology 公司后，正式提出业界所熟知的 BIM 技术。BIM 技术开始较广泛应用于建筑设计和施工领域。建筑师通过布尔运算来表达形体，并赋予形体以参数信息，包括材质信息、几何信息、空间拓扑信息等。

2007 年，世界上第一个关于 BIM 的国家标准诞生——NBIMS（美国 BIM 标准）第一版颁布，目的是通过开放的、共通的信息交换准则来进行信息交互，完善建筑信息交互环境。

2008 年，美国在 BIM 应用的相关标准方面取得的研究成果颇丰。如 IFC（工业基础类标准）、美国国家 CAD 标准、BIM 杂志等。

2009 年，首次使用 BIM 技术的大型公共建筑在美国威斯康星州正式开始施工。

2010 年，日本政府大力推进 BIM 技术，并将其运用在一些项目中，取得卓越成效。如今，BIM 技术的应用已经推广到全日本范围。

同时，韩国和欧洲的一些国家也逐步兴起 BIM 技术，并开始着手其相关标准的制定和应用。

时至今日，在全世界范围，将 BIM 技术应用到项目中的案例数不胜数，其数量已经超过传统项目。

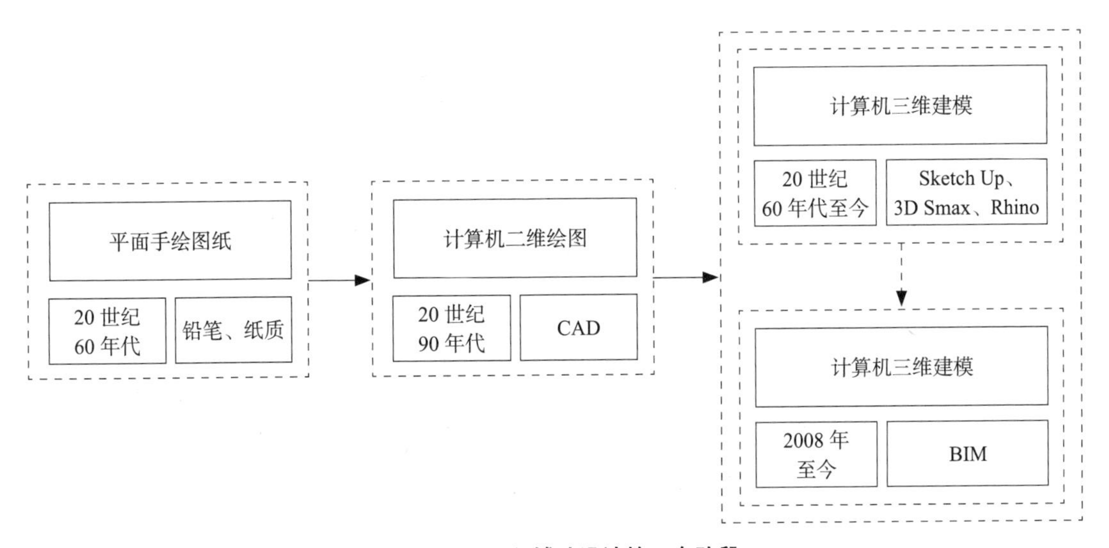

图 1.1-2　工程辅助设计的三个阶段

（4）CAD 与 BIM 的关系

BIM 技术是由三维 CAD 技术发展而来，但它的目标比 CAD 更为高远。如果说 CAD 是为了提高绘图效率，BIM 则致力于改善建筑项目全生命周期的性能表现和信息整合（图 1.1-3）。从技术上说，BIM 不像传统的 CAD 那样，将模型信息存储在相互独立的成百上千的 DWG 文件中，而是用一个模型文件（可看作一个微型的数据库）来存储所有的模型信息。当需要呈现模型信息时，无论是模型的平面图、剖面图还是材料明细表，这些图形或者报表都是从模型文件实时动态生成出来的，可以理解成数据库的一个视图。因此，无论在模型中进行任何修改，所有相关的视图都会实时动态更新，从而保持所有数据一致和最新，从根本上消除 CAD 图形修改时版本不一致的现象。

图 1.1–3　CAD 到 BIM 的转化

2. BIM 技术在国外的发展

"BIM 技术"从 20 世纪 70 年代的初步提出至今不超过 50 年的历程。美国是全世界较早开始建筑信息化的国家，其行业的信息化和规范化程度高于我国的建筑行业。欧洲、日本、韩国、新加坡、中国香港、中国台湾等国家及地区也取得了一定的发展成果。

（1）美国

美国率先应用 BIM 技术，美国总务管理局（GSA）在 2003 年启动了国家 3D-4D-BIM 计划，并明确规定 BIM 技术应用于所有公共建筑服务项目。该项目的目标是：首先，实现技术创新，为客户提供更高效、更经济、更安全以及更美观的联邦建筑；其次，支持和推动开放标准的应用。根据该计划，BIM 技术将应用在整个项目生命周期中，包括决策支持、4D 进度控制以及建筑设备分析、能源分析、激光扫描、流量和安全验证以及空间规划验证。

美国的建筑产业化发展与 BIM 技术密切相关，美国建筑使用的构件与部品，其标准化、系列化、专业化、商品化、社会化程度很高，几乎达到 100%，制造构件与部品的机械设备同样齐全通用，形成了效率较高的社会效益。用户可以通过选择自己需要的部品目录进行购买，在装饰装修方面的建筑产业化发展中应用广泛。

美国的 BIM 研究和应用都走在世界前列，目前美国大多建筑项目已经应用 BIM 技术，应用种类繁多，而且拥有 BIM 协会，也出台了 BIM 标准。2012 年，工程建设行业采用 BIM 的比例就已经达到 71%，其中 74% 的承包商应用 BIM 技术，超过了建筑师（70%）及机电工程师（67%）；2014 年，约 50% 的客户在深度应用 BIM；直至 2016 年，无论是设计方还是施工方，美国建筑业使用 BIM 技术的比例已经高达 85% 以上。

（2）英国

在 2010 年之前，BIM 技术在英国的发展不算突出，但到 2011 年，英国政府要求强制使用 BIM 技术。2011 年 5 月，英国内阁办公室发布了“政府建设战略”文件，其中有一整个关于建筑信息模型的章节，章节中明确要求，到 2016 年，政府要求全面协同的 3D BIM 技术，并将全部的文件进行信息化管理。为了实现这一目标，文件制定了明确的阶段性目标，如：2011 年 7 月发布 BIM 实施计划；2012 年 4 月，为政府项目设计一套强制性的 BIM 标准；2012 年夏季，BIM 中的设计、施工信息与运营阶段的资产管理信息实现结合；自 2012 年夏季起，分阶段为政府所有项目推行 BIM 计划；至 2012 年 7 月，在多个部门确立试点项目，运用 3D BIM 技术来协同交付项目。文件也承认由于缺少兼容性的系统、标准和协议，以及客户和主导设计师的要求存在区别，大大限制了 BIM 技术的应用。因此，政府将重点放在制定标准上，确保 BIM 链上的所有成员能够通过 BIM 技术实现协同工作。

2012 年，针对“政府建设战略”文件，英国内阁办公室还发布了《年度回顾与行动计划更新》报告，报告显示，英国司法部下有 4 个试点项目在制定 BIM 的实施计划；在 2013 年，7 个大的部门的政府采购项目都使用 BIM 技术；BIM 技术相关的法律、商务、保险条款制定基本完成；大量企业、机构在研究基于 BIM 技术的实践。英国的设计公司在 BIM 技术实施方面已经相当领先了，因为伦敦是众多全球领先设计企业的总部，如 Foster and Partners、Zaha Hadid Architects、BDP 等，英国的 AEC 企业与世界其他地方相比，在 BIM 技术上发展速度更快。

2015 年年底，英国电子承包商协会调研显示，在营业额超过 2000 万英镑的公司中，89% 都宣称已经或者很快将做好准备，来迎接 2016 年政府合同必须使用“BIM Level 2”的政府强制令。

（3）新加坡

新加坡负责建筑业管理的国家机构是建筑管理署（BCA）。在 BIM 这一术语引进之前，新加坡当局就注意到信息技术对建筑业的重要作用。早在 1982 年，BCA 就有了人工智能规划审批的想法，2000 ～ 2004 年，发展 CORENET（Construction and Real Estate Network）项目，用于电子规划的自动审批和在线提交，是世界首创的自动化审批系统。

2011 年，BCA 发布了新加坡 BIM 发展路线规划，规划明确推动整个建筑业在 2015

年前广泛使用 BIM 技术。为了实现这一目标，BCA 分析了面临的挑战，并制定了相关策略，BCA 将强制要求提交建筑 BIM 模型（2013 年起）、结构与机电 BIM 模型（2014 年起），并且最终在 2015 年前实现所有建筑面积大于 5000m^2 的项目都必须提交 BIM 模型的目标。到 2015 年，建筑工程 BIM 应用率达到 80%。在建立 BIM 能力与产量方面，BCA 鼓励新加坡的大学开设 BIM 课程、为毕业学生组织密集的 BIM 培训课程、为行业专业人士建立了 BIM 专业学位。

2016 年，在《全球 BIM 实施水平分析报告》中，通过分析全球 12 个 BIM 应用国家的政策、管理、经济三重因素，判断其 BIM 实施的效果，新加坡被评为“2016 年全球最佳 BIM 应用国”。

（4）北欧国家

北欧国家包括挪威、丹麦、瑞典和芬兰，是一些主要的建筑业信息技术的软件厂商所在地，如 Tekla 和 Solibri，而且对发源于邻近匈牙利的 ArchiCAD 的应用率也很高。因此，这些国家是全球最先一批采用模型设计的国家，也在推动建筑信息技术的互用性和开放标准（主要指 IFC）。北欧国家冬天漫长多雪，这使得建筑的预制化非常重要，这也促进了包含丰富数据、基于模型的 BIM 技术的发展，这也导致了这些国家及早地进行了 BIM 技术的部署。

由于当地气候的要求以及先进建筑信息技术软件的推动，BIM 技术的发展主要是企业的自觉行为。如 Senate Properties 是一家芬兰国有企业，也是芬兰最大的物业资产管理公司。2007 年，Senate Properties 发布了一份建筑设计的 BIM 技术要求。自 2007 年 10 月 1 日起，Senate Properties 的项目仅强制要求建筑设计部分使用 BIM 技术，其他设计部分可根据项目情况自行决定是否采用 BIM 技术，但目标是全面使用 BIM 技术。该报告还提出，在设计招标时应有强制的 BIM 技术要求，这些 BIM 技术要求将成为项目合同的一部分，具有法律约束力；建议在项目协作时，建模任务需创建通用的视图，需要准确的定义；需要提交最终 BIM 模型，且建筑结构与模型内部的碰撞需要进行存档。

（5）日本

在日本，有“2009 年是日本的 BIM 元年”之说，同年日本建筑师协会设计环境委员会成立了综合项目交付工作组 IPD-WG（Integrated Project Delivery-WorkingGroup），专门研究 BIM 理论和标准的制定，并于 2012 年发布了设计师视角的《BIM 应用标准》“JLABIM Guideline”。大量的日本设计公司、施工企业于 2009 年开始应用 BIM 技术，而日本国土交通省也在 2010 年 3 月表示，已选择一项政府建设项目作为试点，探索 BIM 技术在设计可视化、信息整合方面的价值及实施流程。

2010 年秋季，日经 BP 社调研了 517 位设计院、施工企业及相关建筑行业从业人士，了解他们对于 BIM 的认知度与应用情况。结果显示，BIM 的知晓度从 2007 年的 30.2% 提升至 2010 年的 76.4%。

日本软件业较为发达，在建筑信息技术方面也拥有较多的国产软件，日本 BIM 相关软件厂商认识到，BIM 需要多个软件互相配合，是数据集成的基本前提，因此多家日本

BIM软件商在IAI日本分会的支持下，以福井计算机株式会社为主导，成立了“日本国产解决方案软件联盟”。

日本建筑学会于2012年7月发布了《日本BIM指南》，从BIM团队建设、BIM数据处理、BIM设计流程、应用BIM进行预算、模拟等方面为日本的设计院和施工企业应用BIM技术提供了指导。2014年日本国土交通省发布了《基于IFC标准的BIM导则》。

3. BIM技术在国内的发展

在我国，2000～2005年BIM概念才被正式引入；2006～2012年，BIM技术迈入试点推广阶段，BIM技术、标准及软件得以正式研究，大型建筑项目开始试用BIM技术；从2013年至今，BIM技术进入深化应用以及快速发展阶段，政府出台BIM标准并出台一系列政策支持其使用，许多大规模的工程开始使用它。近几年，BIM技术为国内建筑行业带来一股热潮，各行业协会与专家、政府相关单位、设计单位、施工单位等逐渐开始重视并推广BIM技术，已经形成了BIM应用的高潮。

2000年，国际协同工作联盟（IAI）开始向我国政府有关部门、科研组织等推广IFC标准应用等。

2001年，建设部提出“建设领域信息化工作基本要点”，并组织了“十五”国家科技攻关项目“城市规划、建设、管理和服务的数字化工程”，其中包含了70多个示范项目。

2003年，建设部发布了《2003—2008年全国建筑业信息化发展规划纲要》，并开展了对BIM技术的研究，主要涉及“建筑业信息化标准体系及关键标准研究”与“基于BIM技术的下一代建筑工程应用软件研究”在标准的引进转化，软件开发上建立了良好的基础。

2004年，中国首个建筑生命周期管理（BLM）实验室在哈尔滨工业大学成立，并召开BLM国际论坛会议。清华大学、同济大学、华南理工大学在2004～2005年先后成立BLM实验室及BIM课题组，BLM正是BIM技术的一个应用领域。

2007年，建设部颁布了《建筑对象数字化定义》JG/T 198—2007。

2008年，中国首个BIM门户网站（www.chinabim.com）正式成立；2010年中国勘察设计协会与欧特克联合举办了首届“创新杯”设计大赛。

2011年，华中科技大学成立BIM科研技术中心，面向社会各界提供专业的BIM咨询服务。同年，北京组建首届全国范围内的BIM技能等级考评工作委员会，为以后BIM大赛的举办打下基础。2012年3月28日，中国BIM（建筑信息模型）发展联盟成立会议在北京召开。

2011年，住房和城乡建设部颁布了《2011—2015年建筑业信息化发展纲要》，明确将“加快建筑信息模型（BIM）、基于网络的协同工作等新技术在工程中的应用，推动信息化标准建设……”

2014年9月，由北京市勘察设计和测绘地理信息管理办公室、北京工程勘察设计行业协会负责完成的北京市地方标准《民用建筑信息模型设计标准》DB11/T 1069—2014正式颁布实施，这是我国颁布和发行的第一部BIM技术应用标准。

2014年10月，上海市政府发文要求《关于在本市推进建筑信息模型技术应用的指导意见》，文件中要求“……建立一个由政府引导、企业参与的 BIM 技术应用推进平台，加强各参与方的统筹协调和信息互通，组织开展 BIM 技术应用模式，收费标准和相关政策制定。扩大 BIM 试点应用范围。”

2016 年至今，《建筑信息模型应用统一标准》GB /T 51212—2016、《建筑信息模型施工应用标准》GB/T 51235—2017、《建筑信息模型分类和编码标准》GB /T 51269—2017、《建筑信息模型设计交付标准》GB/T 51301—2018 等国家标准相继发布，使我国的 BIM 技术应用更上一个台阶。

1.1.2 BIM 技术的特点及优势

1. BIM 技术特点

（1）三维可视化

可视化就是“所见即所得”，与二维图纸的表达方式相比，其更加完整、准确、清晰。传统二维设计中，利用线条将不同构件绘制在平面图纸上，需要建筑施工人员通过主观联想设计现实的构造样式。而利用 BIM 技术的可视化，能把传统的线条式构件进行三维处理，实现三维直观化，无须依靠专业人士的空间想象能力。

（2）信息完备性

BIM 技术可对工程项目进行拓扑关系和 3D 几何信息的描述及完整的工程信息描述。BIM 模型除了给施工对象展开 3D 几何形态与拓扑关系的叙述，也涵盖完整的施工信息叙述，如规划信息与施工信息，还有维护信息与对象间的施工逻辑联系等。通过设计能把想法实际化，能够有一个具象的反应，能够直观地表现出所表达的意义，其中做到信息的充分理解和表达是关键环节。BIM 模型内具有一些建筑物的零件，以及所有设备的详细信息，为项目估计预算提供数据支持，不仅提升了效率与精确度，还为使用者计算好了成本与后期一系列保养的建议。

（3）参数化

参数化建模是指通过参数而不是某个固定的数字建立和分析模型，简单地改变模型中参数值就能建立和分析模型，用专业知识和规则来确定几何参数和约束的一套建模方法。同类构件之间的差异通过参数的调整可以方便地反映出来，参数保存图元作为数字化建筑构件的所有信息。参数化的建模极大地提高了建模工作效率和工作质量。

（4）优化便利性

建筑项目设计、施工与运营的完善，是一个循序渐进的过程，基于 BIM 技术建模，能够在繁杂环境条件下，为相关人员调整参数信息创造便利条件，促进项目持续改进、优化进程。一些复杂项目可以通过 BIM 软件中的优化工具进行优化。通过参数建立和分析模型，简单地改变模型中的参数值就能建立和分析新的模型，使模型方案得以优化。BIM 技术使得项目建设方案、工程设计方案及施工方案的优化工程更为简单、直观和连续。

（5）共享性和一致性

BIM 技术利用计算机提升信息共享效率，比如设计阶段多个成员、专业、系统之间共同分析过往处于独立状态中的设计成绩，减少或规避设计偏差，整体提升项目设计效果。

在建筑全寿命期，各个阶段都在共同的模型中进行信息共享，不需要重新输入相同的信息。而且信息模型能够自动演化，在不同阶段模型对象可以简单地进行修改和完善，而无需重新创建，可解决大型建设项目一系列复杂数据之间的一致性和共享问题。BIM 技术可实现贯穿工程项目的全生命周期的一体化管理。

（6）协调性

BIM 技术可以在建筑物建造前期发现各专业方面的冲突问题并进行协调解决，会大大减少错、漏、缺、重等各类问题的出现，减少施工过程中的变更。

在信息模型中，对象彼此间可互相产生关联，电脑系统可以在收集模型信息后通过一系列计算分析产生对应的图片或者文档。一旦对象模型产生更改，将更新一切跟它有联系的对象，来实现模型的规整性与协调性。关联性规划不但提升规划的效率、降低图纸重建工作量，还消除了图纸一直存在的误区与纰漏问题。

（7）模拟性和数值可分析性

模拟性是只对创建好的建筑 BIM 模型进行操作，在项目不同建设阶段模拟真实世界中的状态和操作。

在工程设计阶段，利用 BIM 技术能完成各种分析工作，比如环境影响模拟、节能模拟、紧急疏散模拟、日照模拟、热能传导模拟等；在工程施工阶段，使用 BIM 模型加上时间轴，可进行施工进度模拟；加上造价信息，还可以进行工程造价模拟；对复杂施工部位还可进行工序模拟，依托工序模拟对作业人员进行技术交底，降低施工难度，同时通过施工模拟可预估工程施工中可能出现的突发问题，并制定有针对性的应急预案。

2. 优势

（1）各专业的协同便利、及时、高效

随着建筑业的不断发展，工程项目的复杂程度不断增加，建设工程领域中不同学科专业间的合作逐渐成为发展趋势。在 CAD 背景下，没有统一的技术平台，各专业之间的交流存在很大障碍，而建筑信息模型为各专业提供了一个理想的技术协作平台。在同一数据模型下，BIM 模型中的大型数据库允许多人在设计、施工、管理等阶段进行访问，使得协同工作方式更加灵活、快捷。技术人员可以共享设计成果、设计进度、预算信息、施工进度、成本信息、工程使用情况、财务信息等数据。项目参与方可以把建筑信息模型作为一个良好的基础操作平台，如施工企业可以在建立的基础模型上添加时间参数模拟施工进度，政务部门可以进行电子审图等。这种平台改变了建筑项目中各专业、各参与方的协调模式，各方可以根据同一个数据模型进行协同工作。

（2）参数驱动，各种数据实时关联

模型中由软件自动创建或由设计者在开发期间创建的图元之间的关系就是“参数化”。BIM 的协调能力和生产率优势都是基于参数化来实现的，对模型中任意构件或位置进行修改时，整个项目内部会协调修改。BIM 软件利用数据关联技术进行三维建模，模型可生成各种平面图、立面图、剖面图，区别于传统分别画图的方式，避免影响不同视图间的一致性。各种工程数据之间联系紧密、一致，当对数据库中任意数据进行修改时，模型中与其关联的部分将同时反映出来。如果对平面图进行了修改，在立面图、剖面图、效果图、明细表以及其他相关图纸中均会进行修改，从而提高工作效率，保证项目的质量。同时，当改变 Revit 中的任何一个构件参数时，平面图、立面图、三维视图中也会自动进行修改。

（3）信息多元化、丰富且多层次

建筑信息模型中的建筑构件不单指视觉可见的三维构件，它还可以模拟诸如重量、受力状况、材料的传热系数、耐火等级、构件的造价、采购信息等非几何属性。

BIM 模型的基本构件是模型单元，可用“族”来分类，可以进行参数化，包含了构件的物理信息和功能信息。这些参数都是以单元构件为载体，储存于系统数据库中，可以应用于整个生命周期。将 BIM 模型中的基本构件信息整合便是一个完整的建筑物所包含的全部项目信息，包括屋面明细表、楼梯明细表等各种综合表格。

1.2 BIM 技术相关政策

1.2.1 国家相关政策

1. 国务院

2017 年 2 月，国务院办公厅发布《关于促进建筑业持续健康发展的意见》，提出加快推进建筑信息模型（BIM）技术在规划、勘察、设计、施工和运营维护全过程的集成应用，实现工程建设项目全生命周期数据共享和信息化管理，为项目方案优化和科学决策提供依据，促进建筑业提质增效。

2. 住房和城乡建设部

2011 年 5 月，住房和城乡建设部发布《2011—2015 年建筑业信息化发展纲要》，明确提出“十二五”期间基本实现建筑企业信息系统的普及应用,加快建筑信息模型（BIM）基于网络的协同工作等新技术在工程中的应用，这正式拉开了 BIM 在我国应用的序幕。

2014 年 7 月，住房和城乡建设部发布《关于推进建筑业发展和改革的若干意见》，要求推进建筑信息模型（BIM）等信息技术在工程设计、施工和运行维护全过程的应用，提高综合效益。

2015 年 6 月，住房和城乡建设部发布《关于推进建筑信息模型应用的指导意见》，要求到 2020 年年末，建筑行业甲级勘察、设计单位以及特级、一级房屋建筑工程施工企业应掌握并实现 BIM 与企业管理系统和其他信息技术的一体化集成应用。到 2020 年年末，新立项项目在勘察设计、施工、运营维护中，集成应用 BIM 的项目比率达到 90%。

2016 年 8 月，住房和城乡建设部在《2016—2020 年建筑业信息化发展纲要》中明确提出，“十三五”时期全面提高建筑业信息化水平，着力增强 BIM、大数据、智能化、移动通信、云计算、物联网等信息技术集成应用能力，建筑业数字化、网络化、智能化取得突破性进展，初步建成一体化行业监管和服务平台，数据资源利用水平和信息服务能力明显提升，形成一批具有较强信息技术创新能力和信息化应用达到国际先进水平的建筑企业及具有关键自主知识产权的建筑业信息技术企业。

3. 交通部

2016 年 1 月，交通运输部印发《交通运输标准化“十三五”发展规划的通知》，指出在公路水运工程建设和养护重点领域，建立建筑信息模型（BIM）和信息数据编码标准。

2016 年 6 月，交通运输部公路局发布《关于推荐公路钢结构桥梁建设的指导意见》，提出要积极推进 BIM 技术在钢结构桥梁设计制造和管理养护中的应用。

2017 年 1 月，交通运输部办公厅印发《推进智慧交通发展行动计划（2017—2020 年）的通知》，指出到 2020 年逐步实现目标：在基础设施智能化方面。推进建筑信息模型（BIM）技术在重大交通基础设施项目规划、设计、建设、施工、运营、检测维护管理全生命周期的应用，基础设施建设和管理水平大幅度提升；深化 BIM 技术在公路、水运领域应用，鼓励企业在设计、建设、运维等阶段开展 BIM 技术应用。

我国近几年制定了较完善的推进 BIM 技术应用的相关政策，详见表 1.2-1。

我国近几年出台的 BIM 政策一览表 表 1.2–1

序号	发布单位	发布时间	文件名称	文件主要内容
1	国务院办公厅	2017.2	《国务院办公厅关于促进建筑业持续健康发展的意见》	加快推进建筑信息模型（BIM）技术在规划、勘察、设计、施工和运营维护全过程的集成应用
2	住房和城乡建设部	2011.5	《2011—2015 年建筑业信息化发展纲要》	提出“十二五”期间基本实现建筑企业信息系统的普及应用，加快建筑信息模型（BIM）等新技术在工程中的应用。这正式拉开了 BIM 在中国应用的序幕
3		2014.7	《关于推进建筑业发展和改革的若干意见》	推进建筑信息模型（BIM）等信息技术在工程设计、施工和运行维护全过程的应用
4		2015.6	《关于推进建筑信息模型应用的指导意见》	提出目标：到 2020 年年末，新立项项目勘察设计、施工、运营维护中，集成应用 BIM 的项目比率达到 90%
5		2016.8	《2016—2020 年建筑业信息化发展纲要》	目标：“十三五”时期全面提高建筑业信息化水平，着力增强 BIM、大数据等信息技术集成应用能力，建筑业数字化、网络化、智能化取得突破性进展
6		2017.3	《“十三五”装配式建筑行动方案》	建立适合 BIM 技术应用的装配式建筑工程管理模式，推动 BIM 技术在装配式建筑规划、勘察、设计、生产、施工、装修、运行维护全过程的集成应用
7		2017.8	《住房城乡建设科技创新“十三五”专项规划》	特别指出发展智慧建造技术，普及和深化 BIM 应用，建立基于 BIM 的运营与监测平台，促进建筑产业提质增效
8		2018.5	印发《城市轨道交通工程 BIM 应用指南》	引导城市轨道交通工程建筑信息模型应用及数字化交付，提高信息应用效率，提升城市轨道交通工程建设信息化水平

续表

序号	发布单位	发布时间	文件名称	文件主要内容
9	住房和城乡建设部、国家发展改革委、科技部等 13 部委	2020.7	《关于推动智能建造与建筑工业化协同发展的指导意见》	加快推动新一代信息技术与建筑工业化技术协同发展，在建造全过程加大建筑信息模型（BIM）、互联网、物联网、大数据、云计算、移动通信、人工智能、区块链等新技术的集成与创新应用
10	交通运输部办公厅	2016.1	《交通运输标准化“十三五”发展规划的通知》	指出在公路水运工程建设和养护重点领域，建立建筑信息模型（BIM）和信息数据编码标准
11		2017.1	《推进智慧交通发展行动计划（2017—2020 年）》	到 2020 年在基础设施智能化方面，推进建筑信息模型（BIM）技术在重大交通基础设施项目规划、设计、建设、施工、运营、检测维护管理全生命周期的应用
12		2017.9	《关于开展公路 BIM 技术应用示范工程建设的通知》	在公路项目设计、施工、养护、运维管理全过程开展 BIM 技术应有示范，或围绕项目管理各阶段开展 BIM 技术专项示范工作
13		2018.1	《交通运输办公厅关于推进公路水运工程 BIM 技术应用的指导意见》	推动 BIM 在公路水运工程等基础设施领域的应用，加强项目信息全过程整合，实现公路水运工程全生命期管理信息畅通传递，到 2020 年，公路水运行业 BIM 技术应用深度、广度明显提升

1.2.2 地方相关政策

在国家相关政策的推动下，各省市地方也相继制定了较具体的推进 BIM 技术应用的相关政策，详见表 1.2-2（表中只列举部分省市）。

各省市地方近几年出台的 BIM 政策文件一览表　　表 1.2–2

序号	发布单位	发布时间	文件名称	文件主要内容
1	北京市住房和城乡建设委员会	2017.7	《北京市建筑信息模型（BIM）应用示范工程的通知》	确定“北京市朝阳区 CBD 核心区 Z15 地块项目（中国尊大厦）”等 22 个项目为 2017 年北京市建筑信息模型（BIM）应用示范工程立项项目
2		2018.5	《关于加强建筑信息模型应用示范工程管理的通知》	推进建筑信息模型（以下简称 BIM）技术在建设工程中的广泛应用，促进行业信息化管理水平整体提升
3	上海市住房和城乡建设委员会	2017.4	《关于进一步加强上海市建筑信息模型技术推广应用的通知》	将 BIM 技术应用相关管理要求纳入国有建设应用地出让合同；在规划设计方案审批或建设工程规划许可环节，运用 BIM 模型进行辅助审批；对建设单位填报的有关 BIM 技术应用信息进行审核；施工图审查对项目应用 BIM 技术的情况进行抽查，年度抽查项目数量不少于应当应用 BIM 技术项目的 20%；采用 BIM 模型归档，在竣工验收备案中审核建设单位填报的 BIM 技术应用成果信息

续表

序号	发布单位	发布时间	文件名称	文件主要内容
4	上海市人民政府	2017.7	《上海市住房发展"十三五"规划》	建立健全推广建筑信息模型（BIM）技术应用的政策标准体系和推进考核机制，创建国内领先的 BIM 技术综合应用示范城市
5	上海市人民政府	2017.9	《关于促进本市建筑业持续健康发展的实施意见》	《意见》明确提出到 2020 年的总体目标是，市政府投资工程全面应用 BIM 技术，实现政府投资项目成本下降 10% 以上，项目建设周期缩短 5% 以上，全市主要设计、施工、咨询服务等企业普遍具备 BIM 技术应用能力，新建政府投资项目在规划设计施工阶段应用比例不低于 60%。推进 BIM 技术与工业化和绿色建筑融合，提升城市建设和管理信息化和智慧化水平
6	广东省住房和城乡建设厅	2017.8	《广东省 BIM 技术应用费的指导标准》（征求意见稿）	根据建造过程中的应用阶段、专业、工程复杂程度确定 BIM 应用费用标准，鼓励全过程、全专业应用 BIM
7	广州市住房和城乡建设委员会	2017.1	广州市《关于加快推进信息模型（BIM）应用意见的通知》	到 2020 年，形成完善的建设工程 BIM 应用配套政策和技术支撑体系。建设行业甲级勘察设计单位以及特、一级房屋建筑和市政工程施工总承包企业掌握 BIM；政府投资和国有资金投资为主的大型房屋建筑和市政基础设施项目在勘察设计、施工和运营维护中普遍应用 BIM
8	江苏省住房和城乡建设厅	2017.1	《江苏建造 2025 行动纲要》	到 2020 年，BIM 技术在大中型项目应用占比 30%，初步推广基于 BIM 的项目管理信息系统应用；60% 以上的甲级资质设计企业实现 BIM 技术应用，部分企业实现基于 BIM 的协同设计。到 2025 年，BIM 技术在大中型项目应用占比 70%，基于 BIM 的项目管理信息应得到普遍应用；设计企业基本实现 BIM 技术应用，普及基于 BIM 的协同设计
9	江西省人民政府办公厅	2020.11	《江西省人民政府办公厅关于促进建筑业转型升级高质量发展的意见》	提高建筑业信息化水平。推动建筑业与工业化信息化深度融合，实现工程建设项目全生命周期数据共享和信息化管理。推进建筑信息模型（BIM）、大数据、移动物联网、人工智能等技术在规划、勘察、设计、施工、运营维护全过程的集成应用，推广工程建设数字化成果交付与应用。试点推进 BIM 报建审批和施工图 BIM 审图模式，推进与城市信息模型（CIM）平台的融通联动
10	山东省住房和城乡建设厅	2017.5	《山东省住房城乡建设信息化发展规划（2017—2020 年）》	到 2020 年，基本完成智慧规划、智慧建设、智慧管理等应用体系整体布局，物联网、GIS、BIM、移动互联网、人工智能等技术应用逐渐深入，实现山东省住房和城乡建设领域信息化协同发展，应用水平全面提升

续表

序号	发布单位	发布时间	文件名称	文件主要内容
11	湖南省住房和城乡建设厅	2017.1	《湖南省建设领域 BIM 技术应用"十三五"发展规划》	在 2018 年年底前，新建政府投资的医院、学校、文化、体育设施、保障性住房、交通设施、水利设施、标准厂房、市政设施等工程采用 BIM 技术，社会资本投资额在 6000 万元以上（或 2 万 m^2 以上）的建设项目采用 BIM 技术，设计、施工、房地产开发、咨询服务、运维管理等企业基本掌握 BIM 技术。2020 年年底，90% 以上的新建项目采用 BIM 技术，设计、施工、房地产开发、咨询服务、运维管理等企业全面普及 BIM 技术
12	四川省人民政府办公厅	2018.1	《关于促进建筑业持续健康发展的实施意见》	制定四川省推进建筑信息模型（BIM）技术应用指导意见，推广 BIM 技术在规划、勘察、设计、施工和运营维护全过程的集成应用，提升工程建设和管理信息化智慧化水平。到 2025 年，四川省甲级勘察、设计单位以及特级、一级房屋建筑工程和公路工程施工企业普遍具备 BIM 技术应用能力

1.3 BIM 技术相关标准

1.3.1 国际组织 BIM 技术标准

BIM 技术的发展离不开相关标准的建立。BIM 行业数据标准体系主要由三大部分构成，分别为 IFC 标准（工业基础类）、IFD 标准（国际数据字典）和 IDM 标准（信息交付手册）。这三个标准由国际 BIM 组织（Building SMART）根据数据存储（Storage）、数据处理（Process）和数据语义（Terminology）三个方面提出，并经 ISO 认定逐步形成 BIM 标准体系。它们构成了项目数据交换的格式，是实现 BIM 价值的三大支柱。

1997 年 IAI（国际协同工作联盟，即 Building SMART）发布了对于建筑层级的 IFC 信息标准（Industry Foundation Classes，工业基础类标准），该标准用于规范项目工程中各参与方之间的数据交换格式，通过对文件格式的规范，以解决不同 BIM 应用方之间的数据交换、数据继承与数据管理。而 IFC 格式作为数据存储载体，在过程信息手册 IDM 标准中，加大了对于数据完整性、互通性与协调性的管理。Building SMART 于 2010 年通过 ISO 认证了 IDM 标准中方法与格式模块。IFD 标准作为数据框架体系标准，主要由对象信息框架与信息分类框架组成。IFC、IDM、IFD 三项数据标准是世界范围内各个国家制定 BIM 技术标准与实施指南的重要依据，能够保证本国 BIM 技术标准与国际接轨。国际标准组织 BIM 技术标准体系见图 1.3-1。

BIM 技术标准体系与建筑行业标准、IT 领域标准有相应的联系，它们之间的关系见图 1.3-2。

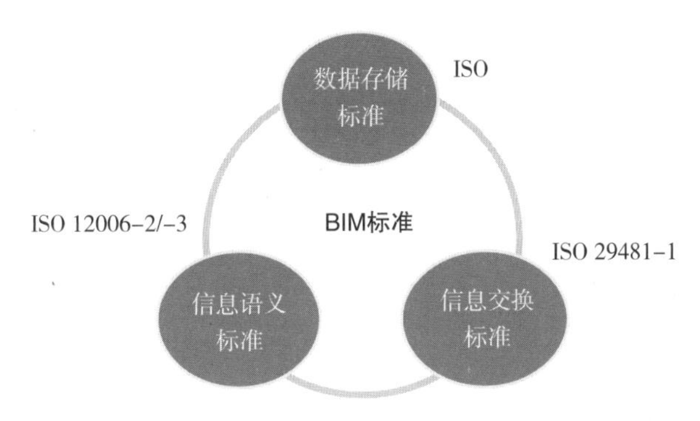

图 1.3-1　国际标准组织 BIM 技术标准体系

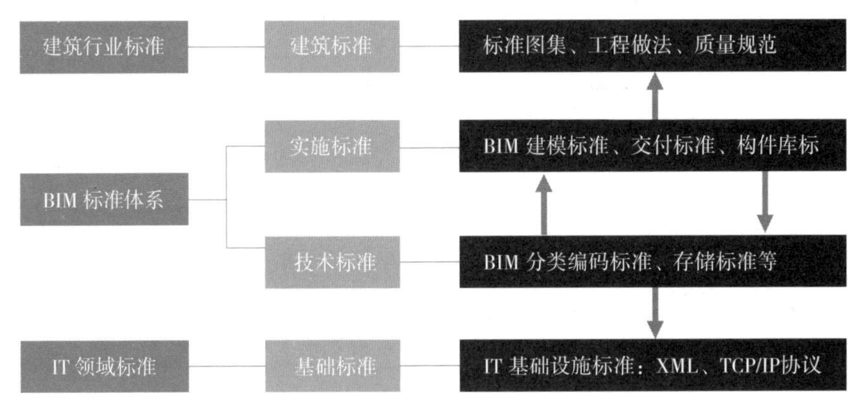

图 1.3-2　BIM 技术标准与其他标准体系的关系

1.3.2　国外 BIM 技术标准

在国家级 BIM 标准与实施规范层面中，美国、英国、日本等发达国家已经拥有了基于行业 BIM 数据标准而修订的适合本国国情的 BIM 体系标准。

1. 美国

2007 年，美国建筑科学研究院发布了第一版美国国家 BIM 标准——NBIMS（National Building Information Model Standard Ver.1）。该标准基于 IFC 标准制定，根据项目各参与方在工程中不同阶段与不同需求，规定了 BIM 模型标准，为本国 BIM 技术的发展起到很好的促进作用。此后，美国于 2012 年、2015 年相继发布了 BIM 国家标准第二版及第三版，为促进建筑工程运用 BIM 技术起到推广作用。图 1.3-3 为 NBIMS 标准体系架构图。

2. 英国

2009 年，英国建筑 BIM 标准委员会（该标准委员会由英国本土设计与施工企业合作组成）发布了英国本土首个 BIM 标准“AEC（UK）BIM Standard”第一版；该委员会于 2011 年发布了《建筑工程施工工业（英国）建筑信息模型规程（第二版）》；同时于 2010 年、2011 年陆续发布面向 Revit 与 Bently 等主流建筑信息模型软件的设计标准，为本国的 BIM 技术应用提供了很高的社会指导性。

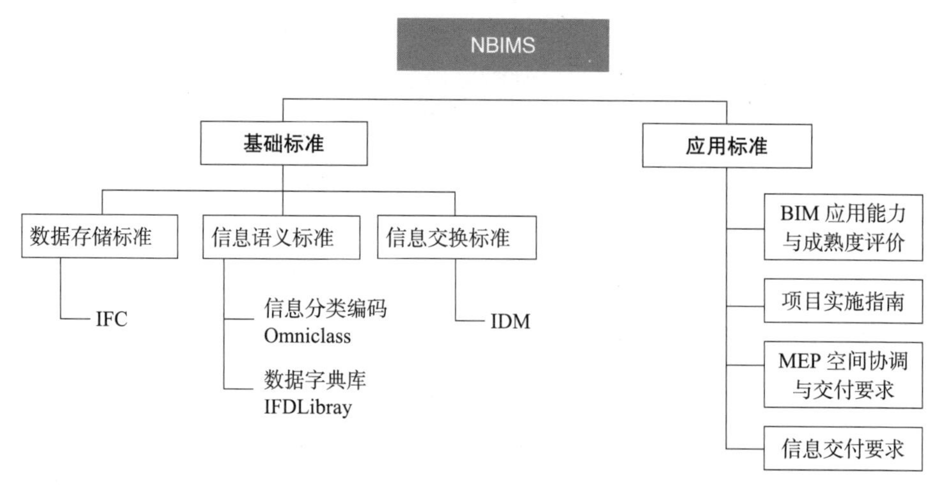

图 1.3–3　NBIMS 标准体系架构图

3. 芬兰

芬兰是全球 BIM 研究和应用起步较早的国家之一，经历了从政府强制推广逐步向行业普及应用，形成了较完整的芬兰 BIM 标准体系，并不断推进 BIM 技术在整个建筑产业链及建筑全生命周期中的数据协同信息共享，在项目中实践应用。

2007 年，芬兰最大的国内资产管理机构（Senate Properties）发布了国家首部 BIM 指南文件（BIM Requirements 2007），要求从 2007 年 10 月起其辖下的所有公共建筑都强制采用 BIM。

2010 年，包括研究机构、建设企业、软件企业、建筑业主、建筑设计事务所、咨询公司等 10 家机构参与、4 家机构提供经费赞助，共同开展全芬兰建筑的通用 BIM 要求指南（Common BIM Requirement，简称 COBIM）的制定工作，其内容涉及建筑业全生命期的价值链，是 BIM 指南文件的更新和补充。

2012 年，COBIM 系列指南文件（共 14 册）正式发布，其中 13 册已翻译成英文。据统计，芬兰约有 99% 的项目实施 COBIM 指南要求。

2014 年，芬兰交通局启动基于 BIM 的数字化基础设施项目，将 BIM 应用扩展到基础设施领域。

2015 年 5 月，Building SMART 芬兰分部发布了基础设施通用 BIM 要求（InfraBIM）系列指南文件 1 ~ 7 卷，2016 年 2 月发布 8 ~ 12 卷。

2017 年 4 月，得到政府经费资助的 KIRA-digi 项目启动，旨在将标准化适用于建筑施工、实现开放式 BIM 数据交换。

4. 澳大利亚

澳大利亚 BIM 标准和技术政策制定采用由中间扩散的方式推动。由国家层面提出相应的战略方案与配套文件，各行业机构发布相应的实施政策和流程，推进本国 BIM 有序发展。

2009 年，澳洲工程创新合作研究中心发布《国家数码模型指南》，指导和推广 BIM 在建筑各阶段的全流程运用。

2011年，澳大利亚国家建筑规范协会（NATSPEC）制定了国家BIM指南文件，并于2016年修订。国家指南文件包括BIM在内的数字信息，为行业提供优化改进设计、施工和沟通的有效方法。BIM指南文件共包括15部分，内容包括：项目的BIM应用、角色和责任、协作程序、建模要求、文档标准、数字化可交付成果等。

5. 日本

日本建筑学会（JIA）于2012年发布了日本BIM指南，从设计师的角度出发，对设计事务所的BIM组织机构建设、BIM数据的版权与质量控制、BIM建模规则、专业应用切入点以及交付成果进行详细的指导，同时探讨了BIM技术在设计阶段概预算、性能模拟、景观设计、监理管理一级运维管理方面的一系列变革及对策。日本BIM标准可以分为三个组成部分：

（1）技术规范

日本BIM的技术规范主要包含日本的JIS工业标准等本国技术规范以及IFC、MVD等引入的国际BIM技术规范。

（2）国家BIM导则

2012年，日本建筑师学会发布《JIA BIM导则》；2014年日本国土交通省发布了公共项目中BIM的应用规范《国土交通省BIM导则》，成为政府最早的BIM指导规范。这两个导则是日本国家层面的指导BIM应用的文件。

（3）应用指南

在国土交通省发布BIM导则后，Autodesk、Graphisoft等大型的BIM软件公司纷纷制定软件层面的BIM操作指南，例如Autodesk对应BIM导则在BIM软件中导入IFC标准，为模拟空间构件给出设定房间名称、编号等属性的方法。

1.3.3　国内BIM技术标准

1. 国内BIM标准发展过程

2000年，国际协同工作联盟（IAI）开始向我国政府有关部门、科研组织等接触，帮助我国全面了解IAI的目标、组织规程、IFC标准应用等；2005年6月，中国的IAI分部在北京成立。

2007年，中国建筑标准设计研究院通过简化IFC标准提出了标准《建筑对象数字化定义》JG/T 198—2007；2010年，又提出了基于IFC共同联合起草的《工业基础类平台规范》GB/T 25507—2010。

2010年，清华大学BIM课题组、中建国际设计顾问有限公司、欧特克公司等单位联合开展中国BIM标准框架研究，并于2011年发布《中国建筑信息模型标准框架》（CBIMS，见图1.3-4）。CBIMS与美国NBIMS类似，从数据交换、信息分类与设计流程规则三个方面进行数据规范化，从技术选择、构件说明、对应说明提出CBIMS解决方案，从工程构件制作、工程建模及应用全面指导CBIMS应用。CBIMS从资源标准、行为标准和交付标准三个方面规范建筑设计、施工、运营三个阶段的信息传递。

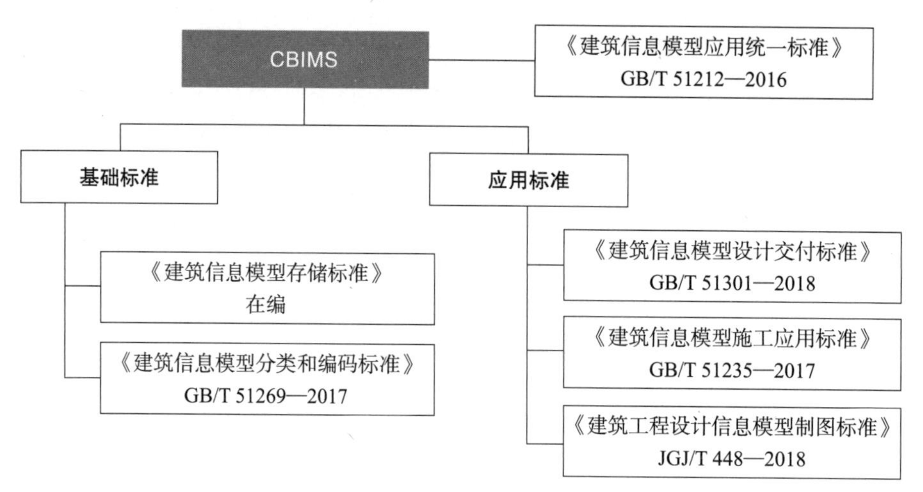

图 1.3-4 中国 BIM 标准框架（CBIMS）

2012 年 6 月 29 日，由中国 BIM 发展联盟、《建筑工程信息模型应用统一标准》编制组共同组织、中国建筑科学研究院主办的“中国 BIM 标准研究项目发布暨签约会议”在北京隆重召开。

2014 年以来，北京、深圳、上海、广州、广西、福建、陕西等全国十多个省市也纷纷发布 BIM 政策及相关标准，BIM 技术标准的编制和推广逐渐走向成熟。

2016 年至今，国家标准《建筑信息模型应用统一标准》GB/T 51212—2016、《建筑信息模型施工应用标准》GB/T 51235—2017、《建筑信息模型分类和编码标准》GB/T 51269—2017 等相继发布。国家标准《建筑信息模型应用统一标准》GB/T 51212—2016 的编制旨在为我国 BIM 标准的编制建立原则性框架，制定建筑信息模型的相关标准，及应当遵守该标准的规定，因此该标准可以理解为一本“标准的标准”，在模型体系、数据互用、模型应用等方面进行了规定。《建筑信息模型设计交付标准》GB/T 51301—2018 和《建筑信息模型施工应用标准》GB/T 51235—2017 主要面向工程建设行业。

2017 年，由中国工程建设标准化协会与国家建筑信息模型（BIM）产业技术创新战略联盟联合批准发布的 13 部 P-BIM 协会标准《建筑工程 P-BIM 软件功能与信息交换标准合集》相继出台发布并实施推广。

2. 国家及行业标准（表 1.3-1）

BIM 国家及行业标准一览表　　表 1.3-1

序号	标准分类	体系分类	标准名称	标准编号	发布机构 / 地区	发布时间
1	国家标准	统一标准	《建筑信息模型应用统一标准》	GB/T 51212—2016	住房和城乡建设部	2016 年 12 月 2 日
2		基础标准	《建筑信息模型分类和编码标准》	GB/T 51269—2017	住房和城乡建设部	2017 年 10 月 25 日
3			《建筑信息模型存储标准》	未发布	—	—

续表

序号	标准分类	体系分类	标准名称	标准编号	发布机构 / 地区	发布时间
4	国家标准	执行标准（应用标准）	《建筑信息模型设计交付标准》	GB/T 51301—2018	住房和城乡建设部	2018 年 12 月 26 日
5			《建筑信息模型施工应用标准》	GB/T 51235—2017	住房和城乡建设部	2017 年 5 月 4 日
6	行业标准		《建筑工程设计信息模型制图标准》	JGJ/T 448—2018	住房和城乡建设部	2017 年 5 月 4 日

3. 地方标准（表 1.3-2）

BIM 地方标准一览表　　表 1.3–2

序号	标准名称	标准编号	发布机构 / 地区	发布时间
1	北京市《民用建筑信息模型设计标准》	DB11/T 1069—2014	北京市规划和自然资源委员会	2014 年 1 月
2	深圳市《BIM 实施管理标准（2015 版）》	SZGWS 2015—BIM—01	深圳市建筑工务署	2015 年 4 月
3	《四川省建筑工程设计信息模型交付标准》	DBJ511/T047—2015	四川省住房和城乡建设厅	2015 年 8 月
4	上海市《建筑信息模型应用标准》	DG/TJ 08—2201—2016	上海市住房和城乡建设管理委员会	2016 年 5 月
5	上海市《城市轨道交通信息模型技术标准》	DG/TJ 08—2202—2016	上海市住房和城乡建设管理委员会	2016 年 5 月
6	上海市《城市轨道交通信息模型交付标准》	DG/TJ 08—2203—2016	上海市住房和城乡建设管理委员会	2016 年 5 月
7	上海市《市政道路桥梁信息模型应用标准》	DG/TJ 08—2204—2016	上海市住房和城乡建设管理委员会	2016 年 5 月
8	上海市《市政给排水信息模型应用标准》	DG/TJ 08—2205—2016	上海市住房和城乡建设管理委员会	2016 年 5 月
9	上海市《人防工程设计信息模型交付标准》	DG/TJ 08—2206—2016	上海市住房和城乡建设管理委员会	2016 年 5 月
10	河北省《建筑信息模型应用统一标准》	DB1（3J）T 213—2016	河北省住房和城乡建设厅	2016 年 7 月
11	《江苏省民用建筑信息模型设计应用标准》	DGJ32/TJ 210—2016	江苏省住房和城乡建设厅	2016 年 9 月
12	广西壮族自治区《城市轨道交通建筑信息模型（BIM）建模与交付标准》	DBJ/T 45—033—2016	广西壮族自治区住房和城乡建设厅	2016 年 12 月
13	安徽省《民用建筑设计信息模型（D-BIM）交付标准》	DB34/T 5064—2016	安徽省住房和城乡建设厅	2016 年 12 月
14	广西壮族自治区《建筑工程建筑信息模型施工应用标准》	DBJ/T 45—038—2017	广西壮族自治区住房和城乡建设厅	2017 年 2 月

续表

序号	标准名称	标准编号	发布机构 / 地区	发布时间
15	上海市《建筑信息模型应用标准》	DG/TJ 08—2201—2016	上海市住房和城乡建设管理委员会	2017 年 6 月
16	厦门市《轨道交通工程建设阶段建筑信息模型交付标准》	DB3502/Z 5024—2017	厦门市建设局 厦门市质量技术监督局	2017 年 7 月
17	重庆市《市政工程信息模型交付标准》	DBJ 50/T—283—2018	重庆市住房和城乡建设委员会	2018 年 3 月
18	浙江省《建筑信息模型（BIM）应用统一标准》	DB33/T 1154—2018	浙江省住房和城乡建设厅	2018 年 6 月
19	《广东省建筑信息模型应用统一标准》	DBJ/T 15—142—2018	广东省住房和城乡建设厅	2018 年 7 月
20	广州市《民用建筑信息模型（BIM）设计技术规范》	DB4401/T 9—2018	广州市质量技术监督局 广州市住房和城乡建设委员会	2018 年 8 月
21	江苏省《公路工程信息模型分类和编码规则》	DB32/T 3503—2019	江苏省市场监督管理局	2019 年 1 月
22	广东省《城市轨道交通建筑信息模型（BIM）建模与交付标准》	DBJ/T 15—160—2019	广东省住房和城乡建设厅	2019 年 8 月
23	广东省《城市轨道交通基于建筑信息模型（BIM）的设备设施管理编码规范》	DBJ/T 15—161—2019	广东省住房和城乡建设厅	2019 年 8 月
24	广州市《建筑信息模型（BIM）施工应用技术规范》	DB4401/T 25—2019	广州市质量技术监督局	2019 年 8 月
25	《天津市民用建筑信息模型设计应用标准》	DB/T 29—271—2019	天津市住房和城乡建设委员会	2019 年 10 月

4. 团体标准（表 1.3-3）

BIM 团体标准一览表　　表 1.3-3

序号	标准名称	标准编号	发布机构 / 地区	发布时间
1	《中国市政设计行业 BIM 实施指南（2015 版）》	—	中国勘察设计协会	2015 年 8 月
2	《建筑装饰装修工程 BIM 实施标准》	T/CBDA 3—2016	中国建筑装饰协会	2016 年 9 月
3	《规划和报建 P-BIM 软件功能与信息交换标准》	T/CECS–CBIMU 1—2017	中国工程建设标准化协会	2017 年 6 月
4	《规划审批 P-BIM 软件功能与信息交换标准》	T/CECS–CBIMU 2—2017	中国工程建设标准化协会	2017 年 6 月
5	《岩土工程勘察 P-BIM 软件功能与信息交换标准》	T/CECS–CBIMU 3—2017	中国工程建设标准化协会	2017 年 6 月
6	《建筑基坑设计 P-BIM 软件功能与信息交换标准》	T/CECS–CBIMU 4—2017	中国工程建设标准化协会	2017 年 6 月
7	《地基基础设计 P-BIM 软件功能与信息交换标准》	T/CECS–CBIMU 5—2017	中国工程建设标准化协会	2017 年 6 月

续表

序号	标准名称	标准编号	发布机构 / 地区	发布时间
8	《地基工程监理 P-BIM 软件功能与信息交换标准》	T/CECS–CBIMU 6—2017	中国工程建设标准化协会	2017 年 6 月
9	《混凝土结构设计 P-BIM 软件功能与信息交换标准》	T/CECS–CBIMU 7—2017	中国工程建设标准化协会	2017 年 6 月
10	《钢结构设计 P-BIM 软件功能与信息交换标准》	T/CECS–CBIMU 8—2017	中国工程建设标准化协会	2017 年 6 月
11	《砌体结构设计 P-BIM 软件功能与信息交换标准》	T/CECS–CBIMU 9—2017	中国工程建设标准化协会	2017 年 6 月
12	《给排水设计 P-BIM 软件功能与信息交换标准》	T/CECS–CBIMU 10—2017	中国工程建设标准化协会	2017 年 6 月
13	《供暖通风与空气调节设计 P-BIM 软件功能与信息交换标准》	T/CECS–CBIMU 11—2017	中国工程建设标准化协会	2017 年 6 月
14	《电气设计 P-BIM 软件功能与信息交换标准》	T/CECS–CBIMU 12—2017	中国工程建设标准化协会	2017 年 6 月
15	《绿色建筑设计评价 P-BIM 软件功能与信息交换标准》	T/CECS–CBIMU 13—2017	中国工程建设标准化协会	2017 年 6 月
16	《城市道路工程设计建筑信息模型应用规程》	T/CECS 701—2020	中国工程建设标准化协会	2020 年 5 月
17	《建筑工程信息交换实施标准》	T/CCES 11—2020	中国土木工程学会	2020 年 8 月

1.4 BIM 应用新技术

1.4.1 BIM+PM

“BIM+PM”就是将 BIM 与工程项目施工管理相结合，也就是将 BIM 技术充分运用于施工过程辅助与精细化管理中，是 BIM 技术在施工阶段最基本的应用。BIM 技术可充分运用于工程项目的质量管理、安全管理、进度管理及成本管理中。在项目管理中应用 BIM 技术可以实现可视化，管理复杂的三维模型的三维展示和动态管理，通过不断调整和更新实现动态化管理。

在质量管理方面，BIM 技术的应用主要体现在事前控制和事中控制，BIM 中的虚拟施工技术，能模拟出工程项目的施工过程，通过在计算机环境中对工程项目的建造过程进行预演，可以找到可能的重量控制点和质量风险点；在安全管理方面，结合现场工程项目，将工程施工范围内所有既有环境真实地创建，从各角度辨识危险源，让危险源辨识工作更加直观，安全交底中利用三维模型能够更清楚直观地进行可视化交底；在进度管理方面，利用 BIM 三维可视化特点以及时间维度功能，可将各施工阶段的现场情况直观地模拟显示出来，进行施工模拟，随时随地将施工计划与实际进度进行对比分析；在成本管理方面，运用 BIM 模型可直观地统计工程量和编制工程量清单，并加入时间维度，为成本控制提供极大的方便。

1.4.2 BIM+ 智慧工地

将 BIM 技术的成果与智慧工地技术反馈的现场信息进行对比，分析辨别现场实时信息与虚拟建造规划信息的各项要素是否吻合，然后直接通过智慧工地系统进行决策。目前可与 BIM 技术融合的智慧工程技术包括：实名制劳务管理系统、施工电梯升降机识别系统、物联网管理系统、智能塔吊可视系统、环境监测系统、远程视频监控系统、物料验收系统、工程云盘、智能监控系统以及 VR 体验系统等。

通过 BIM 技术可以对工人进行实名制管理，动态监控施工现场每天的人员、工种和施工部位；依托三维模型和施工现场布置智慧工地的大屏，整合显示关键的管理和控制信息，整合各种专业系统，整合决策指标和专业应用数据，来建立统一的决策分析展示服务平台，通过不同的权限分配为项目现场管理团队提供过程监控的应用程序服务，提供智能决策和统一数据对接，以进行各个级别的统一管理。

1.4.3 BIM+ 云计算

云计算是一种基于互联网的计算方式，以这种方式共享的软硬件和信息资源可以按需供给计算机和其他终端使用。BIM 与云计算集成应用，是利用云计算的优势将 BIM 应用转化为 BIM 云服务。云计算是推动信息技术能力实现按需供给、促进信息技术和数据资源充分利用的全新业态。工程建设行业信息化基础设施相当薄弱，云计算的成熟为建筑业信息化带来了极大的机遇。

项目协同、数据共享和三维模型快速处理是 BIM 技术需解决的重要问题。基于云计算强大的计算能力，将 BIM 应用中计算量大且复杂的工作转移到云端，以提升计算效率；基于云计算的大规模数据存储能力，可将 BIM 模型及其相关的业务数据同步到云平台，方便用户随时随地访问并与作者共享，更好地支持基于 BIM 模型的现场数据信息采集、模型高效存储分析、信息及时获取与沟通传递；云计算使得 BIM 技术走出办公室，用户在施工现场可通过移动设备随时连接云服务，及时获取所需的 BIM 数据和服务等。

1.4.4 BIM+ 物联网

物物相连的物联网是新一代信息技术的重要组成部分，通过射频识别、红外感应器、全球定位系统、激光扫描器等信息传感设备，按约定的协议将物品与互联网相连进行信息交换和通信，以实现智能化识别、定位、跟踪、监控和管理。物联网的核心目的是实现远程管理控制，未来物联网用户端可以延伸和扩展至任何物品与物品之间。

BIM 与物联网的关系中，BIM 是基础数据模型，是物联网的核心与灵魂。物联网技术是在 BIM 技术的基础上，将各类建筑运营数据通过传感器收集起来，并通过互联网实时反馈到本地运营中心和远程用户手上。没有 BIM，物联网的应用将受到限制，在看不见的物体构件或隐蔽处只有 BIM 模型是一览无余的，BIM 的三维模型涵盖了整个建筑物的所有信息，与建筑物控制中心集成关联。

BIM 与物联网集成应用，实质上是工程建设全过程信息的集成和融合。BIM 技术发挥上层信息集成、交互、展示和管理的作用，而物联网技术则承担底层信息感知、采集、传递、监控的能力。二者集成应用可以实现工程建设全过程“信息流闭环”，实现虚拟信息化管理与实体环境硬件之间的有机融合。利用现场监测、无损检测或各种传感技术进行安全、设备运行状态、施工环境监测以及现场人员、进场物资管理等，实现数据的自动采集与传输，在专业软件的辅助下，完成对施工状况的评估和预警。

基于 BIM 核心的物联网技术应用，不但能为建筑物实现三维可视化的信息模型管理，而且为建筑物的所有组件和设备赋予感知能力和生命力，从而将建筑物的运行维护提升到智慧建筑的全新高度。未来建筑智能化系统，将会出现以物联网为核心、以功能分类、相互通信兼容为主要特点的建筑“智慧化”大控制系统。

1.4.5 BIM+VR

虚拟现实（VR）也称作虚拟环境或虚拟真实环境，是一种三维环境技术，集先进的计算机技术、传感与测量技术、仿真技术、微电子技术等于一体，借此产生逼真的视、听、触、力等三维感觉环境，形成一种虚拟世界。

BIM 与虚拟现实技术集成应用，主要内容包括：虚拟场景构建、施工进度模拟、复杂局部施工方案模拟、施工成本模拟、多维模型信息联合模拟以及交互式场景漫游，目的是应用 BIM 信息库，辅助虚拟现实技术更好地在建筑工程项目全生命周期中应用。

BIM 与虚拟现实技术集成应用，可提高模拟的真实性。传统的二维、三维表达方式，只能传递建筑物单一尺度的部分信息，使用虚拟现实技术可展示一栋活生生的虚拟建筑物，使人产生身临其境之感。并且，可以将任意相关信息整合到已建立的虚拟场景中，进行多维模型信息联合模拟。可以实时、任意视角查看各种信息与模型的关系，指导设计、施工，辅助监理、监测人员开展相关工作。

BIM 与虚拟现实技术集成应用，可提高模拟工作中的可交互性。在虚拟的三维场景中，可以实时切换不同的施工方案，在同一个观察点或同一个观察序列中感受不同的施工过程，有助于比较不同施工方案的优势与不足，以确定最佳施工方案。同时，还可以对某个特定的局部进行修改，并实时地与修改前的方案进行分析比较。此外，还可以直接观察整个施工过程的三维虚拟环境，快速查看不合理或者错误之处，避免施工过程中的返工。

1.4.6 BIM+ 倾斜摄影

倾斜摄影技术（Oblique Photography）是国际测绘领域近些年发展起来的一项高新技术，它颠覆了以往正射影像只能从垂直角度拍摄的局限，通过在同一飞行平台上搭载多台传感器，同时从一个垂直、四个倾斜、五个不同的角度采集影像，将用户引入符合人眼视觉的真实直观世界。它不仅能够真实地反映地物情况，高精度地获取物方纹理信息，还可通过先进的定位、融合、建模等技术，生成真实的三维城市模型。

基于倾斜摄影技术的城市模型提供了现实世界的真实环境，可还原基础设施在工程、施工和运营中的宏观场景。BIM 技术贯穿于基础设施的全生命周期中，为建设及运维过程的各阶段提供更精细化的数据支撑，两者的融合实现了宏观和微观上信息化、智能化的高度融合。

1.4.7 BIM+ 三维激光扫描

三维激光扫描技术是 20 世纪 90 年代中期开始出现的一项技术，是继 GPS 空间定位系统之后又一项测绘技术新突破。三维激光扫描是集光、机、电和计算机技术于一体的高新技术，通过高速激光扫描测量等方法，大面积高分辨率地快速获取被测对象表面的三维坐标数据。可以快速、大量地采集空间点位信息，为快速建立物体的三维影像模型提供了一种全新的技术手段。其具有快速性、不接触性、实时性、动态性、主动性、高密度、高精度、数字化、自动化等特性。

三维激光扫描系统主要由三维激光扫描仪、计算机、电源供应系统、支架以及系统配套软件构成。三维激光扫描仪作为三维激光扫描系统的主要组成部分，是由激光射器、接收器、时间计数器、电机控制可旋转的滤光镜、控制电路板、微电脑、CCD 机以及软件等组成。

现阶段，三维激光扫描技术与 BIM 模型的集成在项目管理中的主要应用包括：工程质量检测与验收、建筑物改造、变形监测以及工业化精装修等。

在建设工程施工阶段，将 BIM 模型用于现场管理需要集成有效的技术手段作为辅助。三维激光扫描技术可以高效、完整地记录施工现场的复杂情况，与设计 BIM 模型进行对比，为工程质量检查、工程验收带来巨大帮助。三维激光扫描与 BIM 模型的结合是指对 BIM 模型和所对应的三维扫描模型，进行模型对比、转化和协调，从而达到辅助工程质量检查、快速建模、减少返工的目的。

1.4.8 BIM+3D 打印

3D 打印（3DP，3 Dimensional Printing）即快速成型技术的一种，又称增材制造，它是一种以数字模型文件为基础、运用粉末状金属或塑料等可粘合材料、通过逐层打印的方式来构造物体的技术。3D 打印与激光成型技术一样，采用了分层加工叠加成型来完成 3D 实体打印，每一层的打印过程分为两步，首先在需要成型的区域喷洒一层特殊的胶水，胶水液滴本身很小且不易扩散，然后喷洒一层均匀的粉末，粉末遇到胶水会迅速固化粘结，而没有胶水的区域仍保持松散状态。这样在一层胶水一层粉末的交替下，实体模型将会被“打印成型”，打印完毕后只要扫除松散的粉末即可“刨”出模型，而剩余粉末还可循环利用。

在设计阶段，利用 3D 打印机将 BIM 模型微缩打印出来，供方案展示、审查并进行模拟分析。传统的沙盘制作还是较为复杂的，不仅耗时多，需要的人工也多。如果将 BIM 与 3D 打印技术结合起来，利用事前建好的 BIM 模型稍加修改用 3D 打印机将其打印出来，然后再对打印出来的建筑模型进行修改与完善，这样效率不仅大大提高了，也节省不少开支。

在施工阶段，采用 3D 打印机直接将 BIM 模型打印成实体构件和整体建筑，部分替代传统施工工艺来建造建筑；基于 BIM 和 3D 打印可制作复杂构件，传统工艺制作复杂构件，受人为因素影响较大，精度和美观程度不可避免地会产生偏差，而 3D 打印机由计算机操控，只要有数据支撑，便可将任何复杂的异型构件快速、精确地制造出来。用 3D 打印制作的施工方案微缩模型，可以辅助施工人员更为直观地理解方案内容，方便携带、展示，不需要依赖计算机或其他硬件设备，还可以 360° 全视角观察，克服了打印 3D 图片和三维视频角度单一的缺点。

1.4.9 BIM+GIS

地理信息系统（Geographic Information System 或 Geo-Information System，GIS）有时又称为“地学信息系统”。它是一种特定的十分重要的空间信息系统。它是在计算机硬件、软件系统支持下，对整个或部分地球表层（包括大气层）空间中的有关地理分布数据进行采集、储存、管理、运算、分析、显示和描述的技术系统。GIS 技术主要用来采集、存储、管理、分析和呈现地理空间信息的系统，对整个地球空间上的信息进行宏观地分析与管理，具有极强的空间综合分析能力，常常被用来协助工程规划设计，还有城市中与地理空间有关的各类管理分析。

BIM 用来整合和管理建筑物全生命周期的信息，GIS 则是用来整合及管理建筑外部环境信息。BIM 与 GIS 有一种天然的互补关系：BIM 全生命周期的管理需要 GIS 的参与，BIM 也将开拓三维 GIS 的应用领域，把 GIS 从宏观领域带入微观领域。

在规划阶段，BIM+GIS 技术可以应用于场地分析、规划审批、方案论证等。例如，将设计方案叠加到倾斜摄影模型上，进行方案对比论证。另外，规划报建系统中的自动化审批也需要 BIM 与 GIS 融合，实现更加精确的分析与决策，例如：精确估算周边服务区、医院床位数、学校建筑面积等。

在设计阶段，设计师可以参考更多源的 GIS 数据和空间信息，更方便、更直观地在宏观场景中设计建筑、道路等。

在施工阶段，BIM+GIS 技术可进行施工进度模拟、施工组织模拟等。例如：某智慧监管项目平台采用了超图二三维一体化 GIS 平台，主要业务包括：视频监控与视频会商、劳务监控与进度监控、环境监测与设备监控，其中 BIM 监管平台通过前期预判、过程记录、事后追溯来实现全建造过程的管理，主要功能包括：进度管理子系统、劳务子系统、视频监控子系统、大型设备监控子系统、环境监测子系统等。

1.4.10 BIM 与 CIM

CIM（City Information Modeling，城市信息模型），是以 3D GIS（Geographic Information System，地理信息系统）与 BIM 技术为基础，集成了互联网和物联网（IoT）、云计算（Cloud

Computing）、大数据（Big Data）、虚拟现实（VR）、增强现实（AR）、人工智能（AI）等先进技术进行数据采集、数据分析、数据整合、数据挖掘、信息发现、信息展示，是反映整个区域或者城市规划、建设、发展、运行的数字化信息模型，可用于区域以及城市的规划决策、城市建设、城市管理等工作。

CIM 平台作为城市数字空间基础设施，是实现数字孪生城市的时空载体，包含了地上、地面、地下、过去、现在、将来的全时空信息的城市全尺度的数字化表达，通过建立城市数字化档案，形成数字化资产，可以更好地为政府治理、社会民生、产业经济、应急处置等提供有效的决策依据。

BIM 是构成 CIM 的重要基础数据之一。CIM 中的信息包括组织（政府部门、企业、学校、家庭等）、人、交通、通信、能源、建筑以及道路等城市基础设施、人与组织的生产、生活等活动动态信息。

BIM 与 CIM 之间是有机不可分割的关系。BIM 是单体，CIM 是群体，BIM 离开了 CIM 就如同细胞脱离了有机体，其功能和作用将受到局限和孤立。CIM 离开了 BIM 就如同有机体丢失了细胞，将沦为与传统 3D GIS 无异的三维系统。BIM 给了 CIM 承载更多细节信息、更多微观应用的可能。

对于 BIM 技术而言，可以获得城市中每一个建设工程的虚拟三维模型，以及与这个模型对应的完整的、与实际情况一致的建筑工程信息库，从而实现建筑信息全寿命周期的集成，设计团队、施工单位、设施运营部门和业主等各方人员可以基于 BIM 进行协同工作，有效提高工作效率、节省资源、降低成本，以实现可持续发展。

对于 CIM 技术而言，可以汇集多源、高精度、全市域各要素的城市模型数据，通过对这些数据的深度挖掘、分析，产生新的涌现，实现对城市规律的识别，为改善和优化城市系统提供有效的指引。CIM 是数字孪生城市智能化运作的核心，通过数字孪生城市的构建可以改变传统的城市发展模式，全面提高城市物质资源、智力资源、信息资源配置效率，形成虚实结合、孪生互动、迭代优化的城市发展新形态，开辟新型智慧城市的建设和治理新模式。

1.5 目前 BIM 技术应用存在的问题

1.5.1 政府支持的力度不够

就目前的建筑行业来说，政府的相关职能部门在对建筑行业提出严格要求的同时却没有出台相关的支持政策，在信息化建设时，企业的经济压力和人力投入压力增大，再加上 BIM 技术效益不直观、不明显，使得企业的信息化建设缺乏积极性。另外，对软件开发方面的标准不明确使得企业自行开发适用软件的难度加大。

政府需要加大力度开发基础性的 BIM 平台软件。目前，从设计到施工，国内使用的 BIM 软件均以国外为主，国内的 BIM 应用软件很少，特别是基础性的平台软件。BIM 基础性的平台软件开发需要巨大的投入，开发周期也很长，开发风险很大，仅靠企业的力量去开发基础性平台软件非常困难。目前，国内的一些平台软件是基于国外软件二次开发的，核心技术在国外，也存在数据安全的问题，故作为工程建设大国，我国应开发自己的基础性的软件平台。

1.5.2　标准体系不健全

由于国内 BIM 技术的起步比较晚，国家标准《建筑信息模型应用统一标准》GB/T 51212—2016 于 2017 年 7 月正式实施，国家标准《建筑信息模型设计交付标准》GB/T 51301—2018、《建筑信息模型施工应用标准》GB/T 51235—2017 均在 2018 年后实施。在 2018 年之前，各地方的 BIM 技术相关标准存在许多不同，没有形成一个统一的体系，协调性差。在工程应用中从项目初期到项目结束，不同阶段对应着不同交付标准，致使 BIM 技术应用较为混乱。

从 BIM 的内涵来看，建筑全生命周期中设计的问题包括建模环境、建筑、机电、构造、设备、模型合并、造价、可视化、机电分析等内容，那么它就要求有统一的标准对各项内容进行约束和管理，并进行专业衔接与有效分工。建筑产业化的大规模发展需要在标准化设计的基础上，依托标准进行建筑部品的选择，从而将民用、工业、农业建筑进行标准设计，交付工厂对建筑构件、部品进行生产。目前国家统一的建筑工程的建筑信息设计交付标准已制定，但不够具体，还需要修订完善；市政、铁路、公路、水利水电等行业的建筑信息设计的国家或行业标准都没有发布，还需要补充完善。

1.5.3　BIM 技术不成熟

BIM 技术是基于计算机技术发展而来，虽说国内近几年计算机技术得到高速发展，但是与建筑行业的结合发展还在初期，BIM 技术是对整个项目各个阶段数据进行整合，以实现更直观、更高效、更一体化、更节省资源的技术手段，但是这些涉及的方面太广，数据太多，对 BIM 技术的发展形成了一定阻碍。

在我国，常用 BIM 软件大多是国外软件，包括三维建模软件 Autodesk Revit、Bentley、CATIA，模型可视化软件 Autodesk Navisworks、Synchro Pro 4D，集成管理平台软件 Autodesk BIM 360、Bentley Projectwise，以及动画制作软件 Lumion 等。我国的 BIM 软件开发能力相对较低，特别是基础 BIM 软件，这也是我国 BIM 技术不成熟的一个表现。

1.5.4　BIM 技术的普及率不高

BIM 技术在建筑设计阶段推进困难。目前我国 BIM 技术的应用与实践主要是政府部门、地产开发商及大型国有施工企业着力推进，然而设计单位在设计费用并未增加的情况下，在前期设计阶段使用 BIM 增大了工作量，同时改变了长期积累的高效工作方式，所以 BIM 在设计阶段的推进动力不足。在建筑设计院，使用 BIM 还需要设计师在业余时间进行软件培训，无形之中增加短期内的成本与时间，所以需要建筑设计师开展 BIM 培训或引进 BIM 建模师在各阶段配合工作。目前国内存在较大的 BIM 建模师缺口，需要培养专业人才弥补建筑产业化过程中推进的困难。

目前我国的建筑 BIM 模型大都是“翻模”，而非正向设计。所谓“翻模”就是设计单位在项目前期规划及设计阶段基本不采用 BIM 进行绘图，而是在传统方式下进行设计，最终利用设计成果进行翻模，进行翻模的单位有可能是设计单位，也有可能是外包给咨询单位或者由施工单位建模。正向设计是 BIM 建模的最有效方式，正因为 BIM 技术的普及率不高，设计单位建立的 BIM 不完善，从工作效率的角度才采用翻模的方式。从长远和发展的眼光，BIM 正向设计是未来的发展趋势和必然路径。

1.5.5 BIM 技术人才不充足

在现阶段具有专业知识的 BIM 技术人员少。从建筑施工企业的人员配备方面来看，计算机专业人员的配备不足，使得企业软件开发的能力不足；加上建筑软件的开发不仅需要具备相应的计算机知识，还要具备较高水平的建筑相关专业知识，此类人才较为缺乏，进一步加大了软件开发的难度。

最能接受新技术的便是大学生以及刚工作的青年，然而国内开展 BIM 课程的高校很少，许多大学生并不能利用在校期间接受 BIM 相关课程，而且目前 BIM 软件市场比较混乱，并不能形成高度的统一。BIM 技术的发展更需要一些交叉学科的人才，例如土木工程与计算机专业的交叉，而目前高校有这种交叉专业的人也是少之又少。

1.5.6 BIM 技术效益不明显

BIM 技术对信息化管理的投入要求较高。要实现企业的信息化管理，就必须投入大量的资金，才能满足相关软件研发的需求，但信息化管理的建设离不开相关设备的引入、硬件的升级等，需要较大的资金投入且短期内很难有建设的回报。

另外，还存在 BIM 应用价值如何量化评价的问题。BIM 技术应用使企业的管理行为明显标准化和精细化，这一点很难量化衡量，却为企业提升科学管理水平带来很大的价值。需要有一个较科学合理的 BIM 应用价值评级体系，给管理层、操作层提供更明确的标准来衡量 BIM 应用的实际效果。

1.5.7 BIM 协同管理与全过程管理程度不高

目前，我国项目信息化管理基本上还在使用传统的项目管理信息化平台，即基于二维设计图纸建立的工程项目管理体系。其原因一个是运用 BIM 技术的工程项目普及率不高，另一个是基于 BIM 的项目信息化管理平台还不成熟。

由于很多工程项目 BIM 模型不是正向设计，这自然造成 BIM 协同设计管理平台的运用不深入。另外，在工程全过程管理中，由于缺乏统一的协调或具体的技术标准，造成我国现阶段 BIM 模型尚未实现设计、施工和运维阶段的融会贯通，在项目的不同阶段往往会出现重复投入的问题。国家需要从政策层面进行引导，采取必要的解决方案，保证 BIM 模型传递的连续性。

第 2 章　市政工程 BIM 技术应用点

市政工程是指市政基础设施建设工程。在我国，市政基础设施是指在城市区、镇（乡）规划建设范围内设置、基于政府责任和义务为居民提供有偿或无偿公共产品和服务的各种建筑物、构筑物、设备等。城市生活配套的各种公共基础设施建设都属于市政工程范畴，比如常见的城市道路、桥梁、地铁、地下管线、隧道、河道、轨道交通、污水处理、垃圾处理处置等工程，又比如与生活紧密相关的各种管线：雨水、污水、给水、中水、电力（红线以外部分）、电信、热力、燃气等，以及广场、城市绿化等建设，都属于市政工程范畴。

随着城镇化地不断推进，城市规模不断扩大，市政基础设施项目向大型化和复杂化方向发展。随之而来必然要求项目投资控制精确、进度控制严格、组织管理复杂、各参与方全过程信息通畅、技术管理连续，这些新的挑战使得建设项目的决策、管理和控制问题日益突出。国内市政工程项目建设现代化、信息化、工业化的方向已成为未来的主旋律和行业转型升级的必然选择。

近年来，随着 BIM 技术的大力发展，软硬件技术的提升，以及相应市政工程 BIM 技术标准的支持，BIM 技术在市政工程领域有了显著的应用和发展，借助 BIM 技术可以有效提高整个工程建设质量，提升市政工程建设水平。

BIM 技术在市政工程中可用于规划阶段、设计阶段、施工阶段及运维阶段等，以下是某市政基础设施全生命周期的 BIM 管理平台（图 2.0-1）。

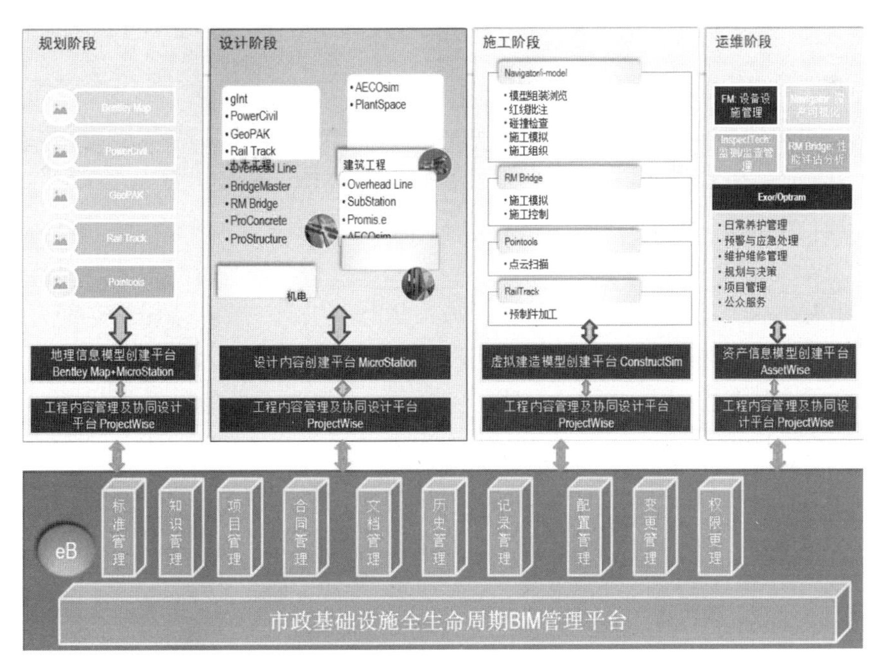

图 2.0-1　市政基础设施全生命周期的 BIM 管理平台

2.1 规划阶段

2.1.1 城市总体规划

利用 BIM 技术进行城市规划管控，二、三维一体化数据展示将各类数据资源信息等进行有效地整合、共享，实现二、三维数据的展示、查询等，实现城市建设管理的图、文档的全生命周期信息化管理。利用 BIM 技术有利于构建统一、协调、权威的空间规划体系，建立机制通畅、平台互通、流程清晰的“多规合一”规划信息平台（图 2.1-1），实现空间规划的有效管控，推动规划有效衔接，提高空间规划管理的能力和效率。

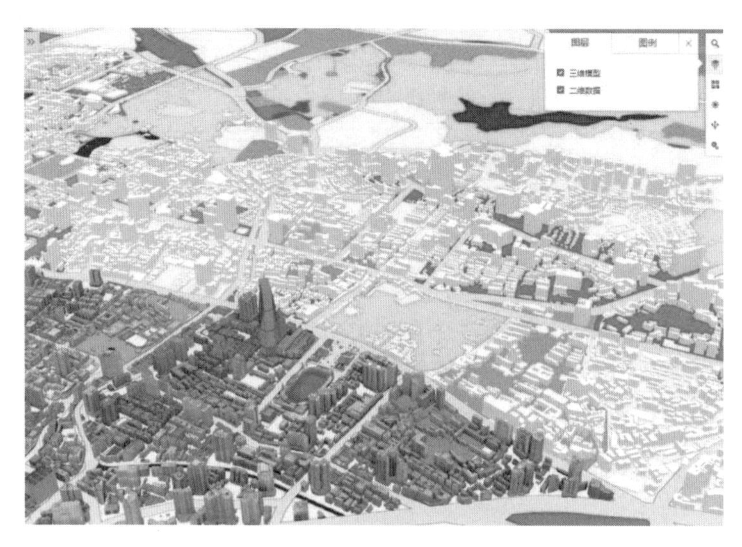

图 2.1-1 城市空间总体规划

城市规划领域信息化主要依赖 BIM+GIS 平台。通过 BIM 与 GIS 平台的结合，建立的 BIM 模型不仅能够立体、真实地表现规划人员的规划思想，而且能够详细展示建筑的内部信息。另外，结合数字城市的规划信息，BIM 强大的数据收集能力和协同能力能够准确表现地上和地下设施的现状和变更，从宏观上协调配合城市的整体规划。微观上，运用 BIM 技术模拟分析城市空间微环境，包括光照分析、噪声分析、建筑群热工分析等方面来保证人员的舒适度。从宏观和微观两方面着手规划，有利于城市空间开发与地面建设相协调，与各个基础设施相协调，形成城市空间系统。

2.1.2 项目建设规划

利用 BIM 技术对工程的地形进行建模，规划建筑物和施工活动的场所，并作为工程施工总布置的基础。同时，基于 BIM 技术构造建筑物模型进行枢纽布置，确定枢纽中各组成建筑物之间的相互位置、制约关系，比选方案，从而节省工程量、方便施工、缩短工期。

在项目规划阶段，BIM 技术通过建立建筑物的模型、模拟真实环境下的关键信息，可以帮助业主及设计人员更好地规划设计方案，从而降低能耗及成本；对于交通项目，通过工程测量等手段获取工程设计相关的地质、空间等信息，运用三维建模技术、BIM 技术以及三维 GIS 技术，实现交通工程的线路选线，选择合理的走线方案。

在桥梁建设的前期规划阶段，对工程的位置、规模等进行确定时需要考虑到高标准的建筑要求和复杂的建设环境。利用基于 BIM 技术的 Civil 3D 等软件将施工现场复杂的地形制成模型（图 2.1-2），并将建设环境等数据存入数据库，综合考虑场地环境优劣势进行工程项目整体规划布局设计，通过数据分析在对不同建设方案进行技术经济比选、交通仿真模拟分析之后，选择合理科学的方案并确定相应的投资目标，能够确保方案设计满足业主要求。

图 2.1-2　桥梁建设项目规划模型

2.1.3　规划方案比选

将不同规划方案模型与现状实景模型融合，结合不同方案的指标（容积率、建筑限高、建筑密度、绿化率、建筑面积、用地面积等），进行规划方案的动态可视化实时比选（图 2.1-3）。

2.1.4　规划核查

城乡规划的强制性审核内容较多，主要是归纳为面积尺寸类的指标，反映住区的开发强度，如容积率、建筑密度、绿地率、限高、退线等。将重点规划模型与现状实景模型融合，结合规划基础模型环境控制要素，综合评价项目方案对周边环境的影响分析，例如可以借助规划模型对用地属性和选线进行分析，提前发现规划中的不合理部分并及时更正。

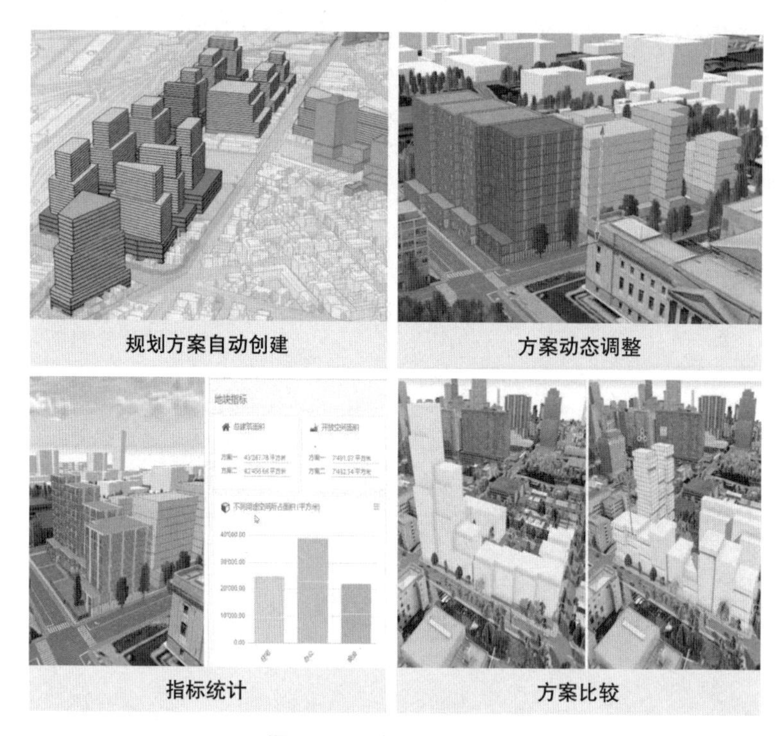

图 2.1–3　规划方案比选

规划审查工具模块提供系统定量化的测量工具，用于方案评审过程中进行水平、垂直等空间距离量测，提供面积量测和模型要素的核查工具。同时还可以输出图片、特定的场景以及局部区域的场景作为业务审批的附图使用。

2.1.5　规划碰撞检查

通常规划涉及的工程种类繁多，利用组装后的规划模型，采用碰撞检查工具对模型进行分析（图 2.1-4），可以快速发现各规划单元的冲突问题，提高规划效率。

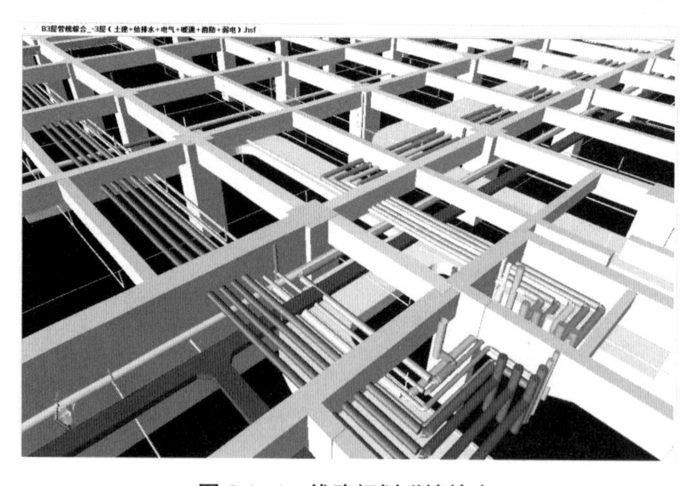

图 2.1–4　线路规划碰撞检查

2.1.6　设计方案核查

将规划模型与实景模型进行叠加，通过在同一角度进行对比查看，可以直观地看出规划方案和设计方案的区别（图 2.1-5），判断建筑的设计方案是否满足规划的相关要求。

图 2.1-5　规划方案与设计方案对比

2.1.7　三维可视化数字报批

城市规划管理将摒弃传统的纸质施工图设计审查手段，全面开展建设方案数字审查工作。在这样的背景下，三维可视化技术将为规划数字报批提供支撑（图 2.1-6），从平面管控到立体城市规划服务，有效提高规划管理和审批效率。推行工程建设项目审批联合审图，利用 BIM+CIM+GIS，结合“互联网 +”，实行各部门并联审查。

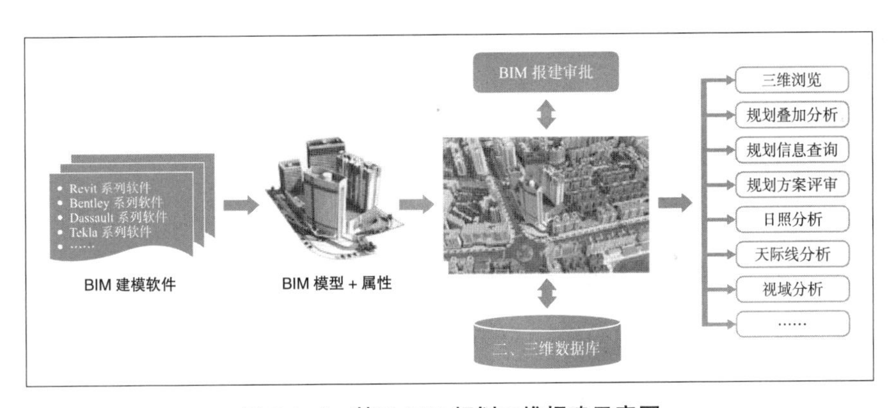

图 2.1-6　基于 BIM 规划三维报建示意图

2.2　设计阶段

2.2.1　方案设计阶段

1. 场地分析

BIM 技术在场地与规划条件分析的应用，主要是借助场地分析软件，建立场地 BIM

模型，在建筑方案设计过程中，利用场地模型分析建筑场地的主要影响因素，为不同的建筑方案评审提供依据。

场地模型应体现场地边界（例如项目用地红线、道路红线、建筑控制线等）、地形表面、场地道路、建筑地坪、场地内既有管线、三维地质信息等；场地分析报告应体现场地模型图像、场地分析结果、不同场地设计方案分析数据比对结果等（图 2.2-1）。

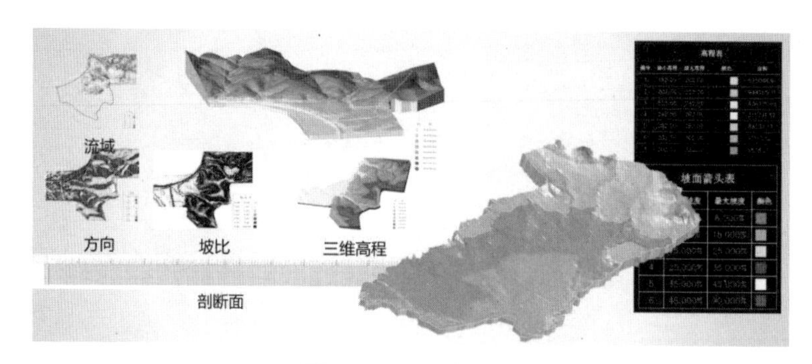

图 2.2–1　场地分析

2. 建筑性能模拟分析

建筑性能模拟分析的主要目的是利用专业的性能分析软件，使用建筑信息模型或者通过建立分析模型，对建筑物的日照、采光、通风、能耗、人员疏散、火灾烟气、声学、结构、碳排放等进行模拟分析，以提高建筑的舒适、绿色和合理性。

风环境模拟主要采用 CFD 技术对建筑周围的风环境进行模拟评价，对建筑物的体型、布局，并对设计方案进行优化，以达到有效改善建筑物周围风环境的目的。

遮阳和日照模拟是对建筑和周边环境的遮阳和日照进行模拟分析（图 2.2-2），在满足建筑日照规范的基础上，从而帮助设计师进行日照方案比对，以达到提升建筑的日照要求，降低对周围建筑物遮阳影响。

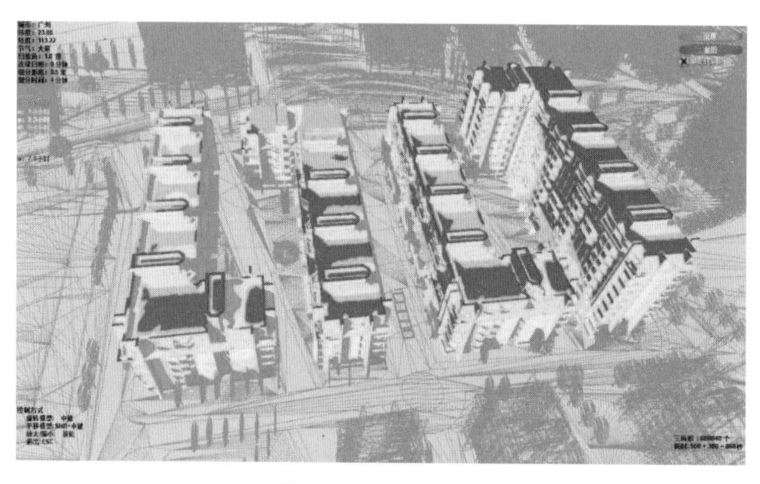

图 2.2–2　日照分析

不同分析软件对建筑信息模型的深度要求不同，专项分析模型应满足该分析项目的数据要求；分项模拟分析报告应体现三维建筑信息模型图像、分项分析数据结果、建筑设计方案性能对比说明等。

3. 设计方案比选分析

设计方案比选是利用三维模型的直观比较选出最佳的设计方案（图 2.2-3），通过构建或局部调整方式，形成多个备选的设计方案模型（包括建筑、结构、设备）进行比选，使项目方案的沟通讨论和决策在可视化的三维仿真场景下进行，实现项目设计方案决策的直观和高效。

方案设计模型应体现建筑基本造型、结构主体框架、设备方案等；方案比选报告应包含体现项目的模型截图、图纸和方案对比分析说明，重点分析建筑造型、结构体系、机电方案以及三者之间的匹配可行性。

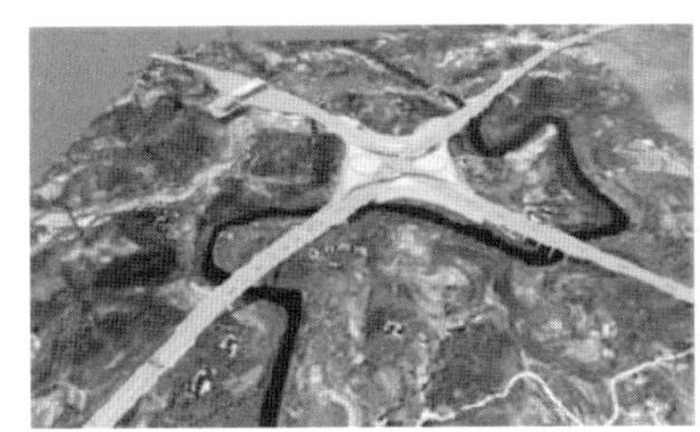

（a）比选方案一

（b）比选方案二

图 2.2-3 立交设计方案比选

4. 虚拟仿真漫游

虚拟仿真漫游是利用 BIM 软件模拟建筑物的三维空间关系和场景，通过漫游、动画和 VR 等形式提供身临其境的视觉、空间感受，有助于相关人员在方案设计阶段进行方案预览和比选。

动画视频应能清晰表达建筑物的设计效果，并反映主要空间布置、复杂区域的空间构造等；虚拟仿真漫游文件应包含全专业模型、动画视点和漫游路径等（图 2.2-4）。

图 2.2-4 虚拟仿真漫游

2.2.2 初步设计阶段

1. 三维地表建模

三维地表模型的数据来源应与勘察设计环节紧密结合（图 2.2-5），并应提供各类接口，如 AutoCAD、DEM、DOM、ASCLL 等， 使三维地表建模数据源具有普遍性、通用性和可拓性。建立的三维地表模型应能满足后期 BIM 应用的需要，如地形交线的求取、区域地形面的切割、填挖方的计算等，以较好地配合后期 BIM 设计应用。

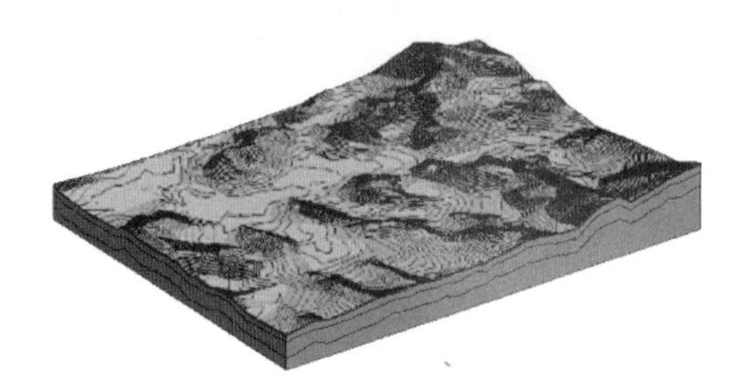

图 2.2-5 三维地表模型

2. 三维地质建模

三维地质模型的数据来源应与勘察设计环节紧密结合（图 2.2-6），并应提供各类接口如 AutoCAD、ASCLL、TXT 等，数据格式宜与地质勘察成果符合，减少数据中转处理的环节，尽可能直接读取地质断面数据、钻探数据。

建立的三维地质模型应能满足后期 BIM 应用的需要，如地质开挖面的求取、地质开挖体的切割、填挖方的计算、地质纵横断面的剖切等，以较好地配合后期 BIM 设计应用。根据地质勘察报告，通过 BIM 技术模拟场地内地质情况，直观呈现各土层的几何分布，便于统计各土层工程量和估算开挖成本。

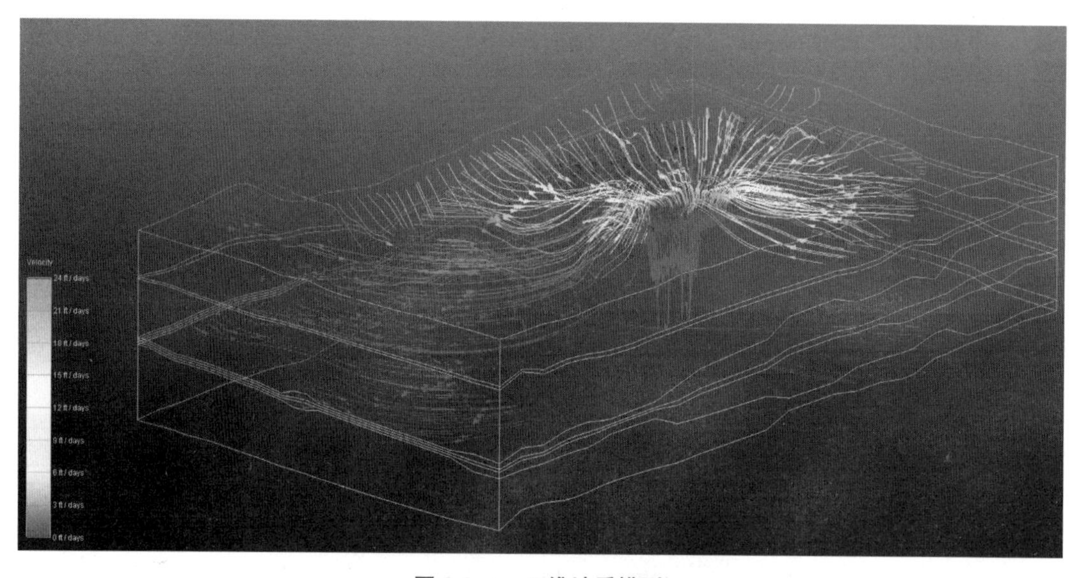

图 2.2-6 三维地质模型

3. 三维线路模型

三维线路模型的建模参数现阶段应与传统设计一致（图 2.2-7），如曲线要素、关键点桩号等，数据来源应与勘察设计环节紧密结合，并应提供各类接口，如 AutoCAD、ASCLL、TXT 等。

建立的三维线路模型应能体现骨架设计的理念，可为后期各专业开展 BIM 三维设计提供坚实的骨架基础，模型精度应满足目前规范、标准的要求，保证后期三维 BIM 设计的精细度。

图 2.2–7　三维线路模型

4. 线路三维选线

对于道路、桥梁、管廊等线路工程，在多源数据集成共享和辅助选线的基础上，集成三维选线工具进行技术标准和线路方案研究，动态地集成各个设计成果到三维场景中，达到实时动态互检的目的。在线路规划的各个阶段，也需考虑社会、经济、运量、既有路网等各个方面的因素。在应用 BIM 技术时,可将上述因素进行数值化,并设置相应的权值，并结合多专业数据进行三维选线，使线路设计成果更加科学，减少评审和优化的过程。

5. 初步设计阶段专业模型建立

在初步设计阶段，线路、桥梁、隧道、建筑、结构等专业模型建立是在总体模型骨架的基础上进行（图 2.2-8），以保证建立模型的绝对位置和相对位置。建立原则应满足现阶段相关规范、标准的要求，其建模过程、参数设置、模型签署审核应满足传统设计的要求，建模数据来源应与传统设计一致，便于设计人员开展模型建立工作。建立的专业模型应具备较好的参数驱动特性，为后期模型加工奠定基础。

6. 数据集成共享及协同

在走向规划、线路方案研究的过程中，需要集成相关的测绘、地质、环评等多专业、多格式数据，因此应提供相应数据的接口，如 AutoCAD、ASC、DXF、SHP、WFS 等，便于设计人员上传和更新，同时这些数据能够通过网络共享的方式发布到客户端，为线路协同设计提供一个共享集成的三维环境。

（a）立交桥梁模型实例

（b）道路模型实例

图 2.2-8　初步设计阶段专业模型

2.2.3　施工图设计阶段

1. 施工图设计阶段专业模型建立

在施工图设计阶段，专业模型建立宜在初步设计阶段专业模型的基础上进一步深化（图 2.2-9），使其满足施工图设计阶段的模型深度要求，使得项目各专业的沟通、讨论、决策等协同工作在基于三维模型的可视化情境下进行，为碰撞检查、三维管线综合分析及后续深化设计等提供基础模型。

（a）跨江桥梁模型实例

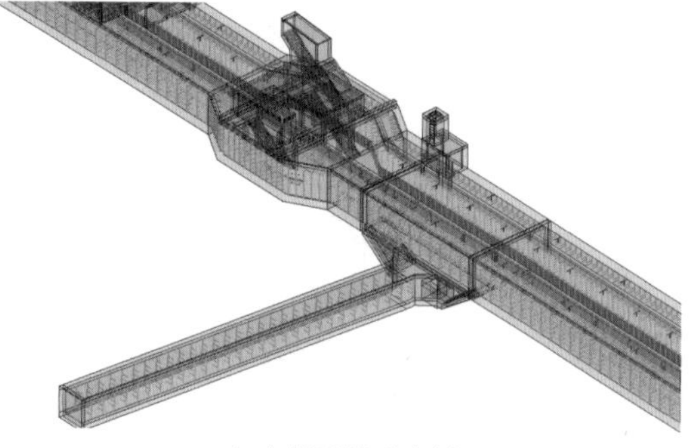

（b）管廊模型实例

图 2.2-9　施工图设计阶段专业模型

2. 三维管线综合设计

各专业 BIM 模型在基础模型上进行专业之间的工作与协调，建筑结构与各机电专业进行施工图设计管线碰撞检查，提出碰撞报告。依据碰撞报告和建筑结构专业提资的净高需求进行管线综合优化设计，提交解决方案，供各专业作为修改依据。

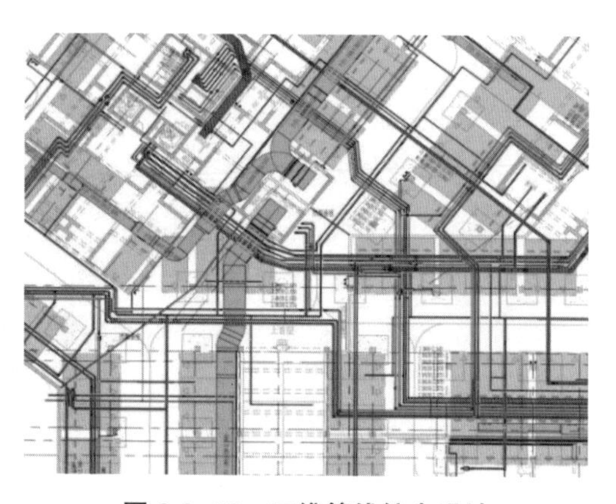

图 2.2-10　三维管线综合设计

利用 BIM 技术辅助管线综合深化设计，可以三维轴测、平面、剖面多方位展示各专业管线信息（图 2.2-10），多专业协同综合考虑管线分布，对管线之间和各专业之间的碰撞、空间布置、检修空间、净高进行检测优化协调，减少施工前期图纸中的错漏碰缺，最终利用模型输出综合管线、剖面、预留洞图纸。

3. 碰撞检查（设计阶段）

在设计阶段，碰撞检查是基于各专业模型，应用 BIM 三维可视化技术检查施工图设计阶段的碰撞，检查出设计范围内结构之间、各种管线之间、管线与结构之间在平面、空间位置等相互冲突之处（图 2.2-11），以减少碰撞、避免空间冲突、避免设计错误。

碰撞检查报告应详细记录调整前各专业模型之间的碰撞，记录碰撞检查及管线综合的基本原则及冲突和碰撞的解决方案，对空间冲突、管线综合优化前后进行对比说明。

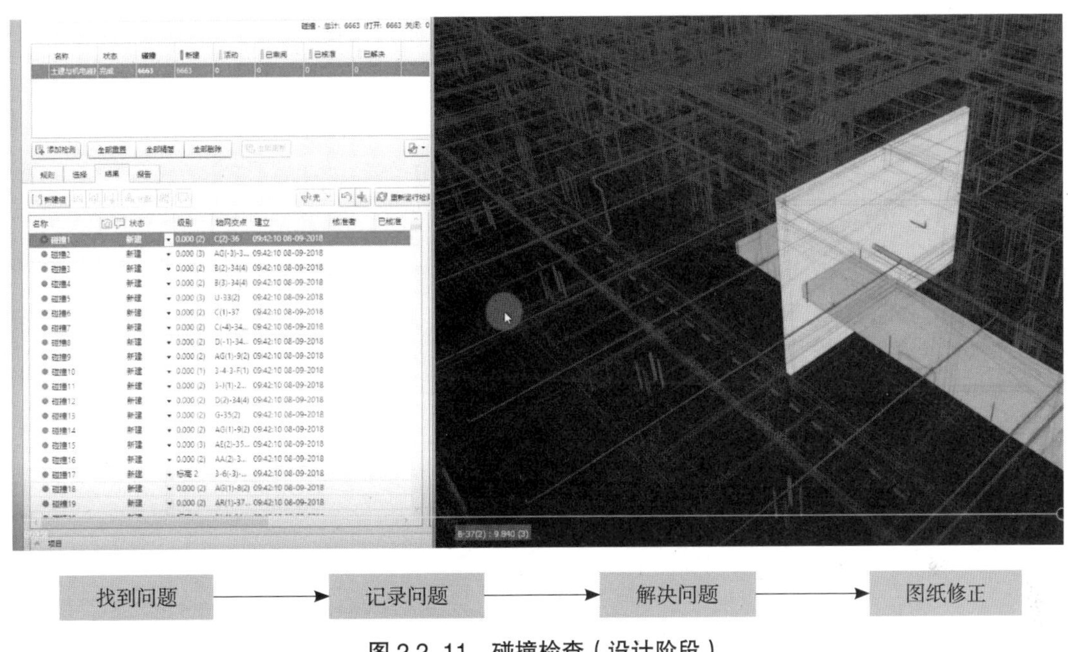

图 2.2-11　碰撞检查（设计阶段）

4. 净空优化

竖向净空优化的主要目的是基于各专业模型，优化机电管线排布方案，对建筑物最终的竖向设计空间进行检测分析，并给出最优的净空高度。

优化报告应记录建筑竖向净空优化的基本原则，对管线排布优化前后进行对比说明。优化后的机电管线排布平面图和剖面图，应当精确地反映竖向标高标注。

5. 基于三维模型的二维出图

基于 BIM 的二维制图表达是以三维设计模型为基础，通过剖切的方式形成平面、立面、剖面、节点等二维设计图，可结合相关制图标准，补充相关二维标识的方式出图，或在满足审批审查、施工和竣工归档的要求下，直接使用二维断面图方式出图。对于复杂局部空间，宜借助三维透视图和轴测图进行表达。

现阶段利用三维模型及相关参数生成相应的二维工程图是 BIM 三维设计必不可少的一个环节，生成的二维工程图应满足符合现阶段相关规范、标准的要求，具备与三维模型、建模参数的关联性，便于后期快速修改与变更。

基于 BIM 的二维出图，需要结合选取的软件平台制定一系列与市政行业各专业相关的标准、字体、图框等，并进行一定的软件二次开发，从而快速、准确地生成二维工程图。

6. 工程量统计

工程量计算宜包含传统二维计算方法和三维遍历计算方法（图 2.2-12）。对于模型难以完全生成的线性结构，且传统二维计算方法精度完全满足要求的情况，可以采用传统计算方法和参数联动的方法统计工程量；对于模型结构复杂、体量较小、传统方法难以精确计算的情况，可以采用生成完成模型利用程序进行三维遍历的方法统计工程量。实际工程量计算时建议根据实际情况综合利用以上两种办法。

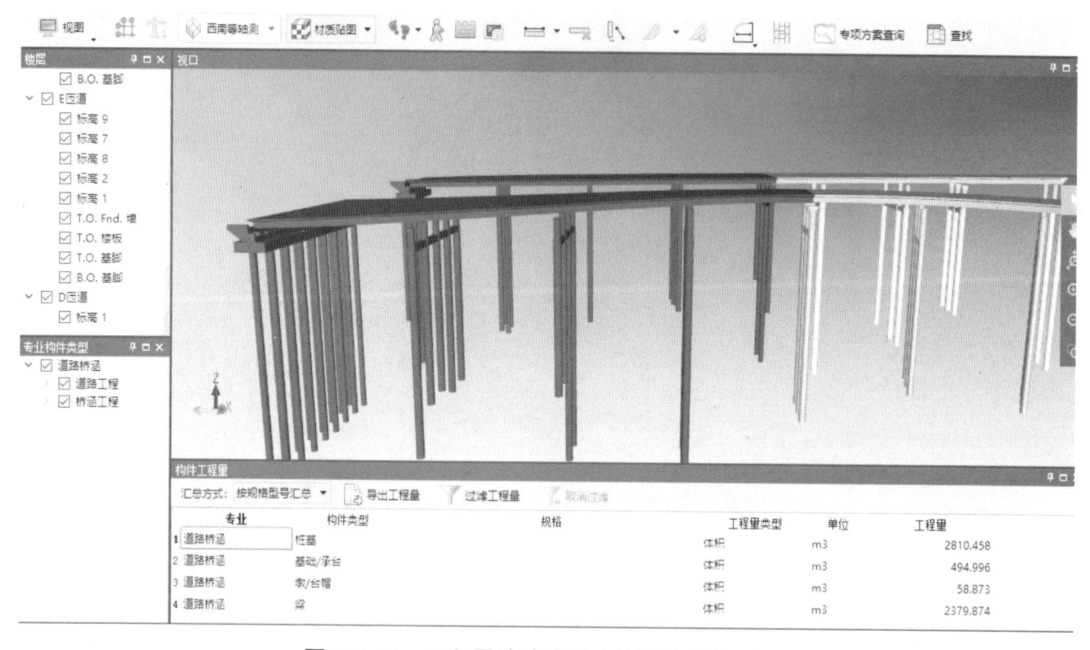

图 2.2-12　工程量统计实例（某轨道交通工程）

7. 信息附加

BIM 技术应用的核心思想就是以模型为载体集成海量的信息，因此，信息附加工作是整个设计阶段最为重要的一个环节，关系到后续阶段信息流转效率的高低。应结合选取的软件平台，在充分利用软件自身功能的前提下，结合二次开发实现信息附加功能，附加的信息应包含与专业模型相关的几何信息和非几何属性信息，应满足全面性、系统性、科学性、可拓性、有效性等要求，为后期模型功能拓展提供数据保障。

8. 全专业 BIM 协同设计

协同设计是当下设计行业技术更新的一个重要方向（图 2.2-13），也是设计技术发展的必然趋势。通过协同设计建立统一的设计标准，包括图层、颜色、线形、打印样式等，在此基础上，所有设计专业及人员在一个统一的平台上进行设计，从而减少现行各专业之间（以及专业内部）由于沟通不畅或沟通不及时导致的错、漏、碰、缺，实现所有图纸信息元的单一性，实现一处修改其他自动修改，提升设计效率和质量。

协同设计协调包括土建、钢结构、公共区域等相关设计单位，根据递交相关的图纸，代入模型中，在模型中进行设计校核，将发现的问题提交相关设计单位更新，从而提升项目所获设计服务的质量。

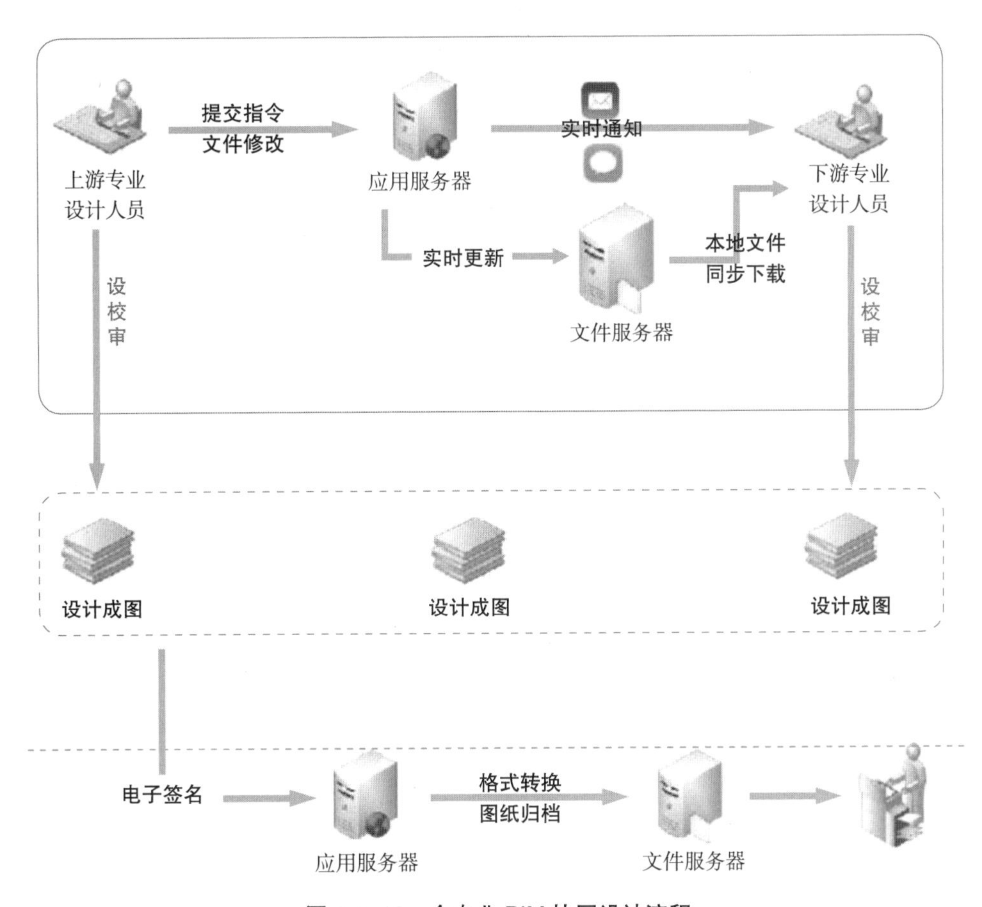

图 2.2–13　全专业 BIM 协同设计流程

2.3　施工阶段

2.3.1　施工深化设计及图纸会审

施工深化设计的主要目的是提升深化后建筑信息模型的准确性、可校核性（图 2.3-1）。将施工操作规范与施工工艺融入施工作业模型，使施工图满足施工作业的需求。

在三维建模过程中对设计图纸进行校核和深化。包括对建筑、结构、机电安装等各专业图纸进行碰撞审核、机电深化设计、基于项目净高控制要求的净高问题排查、结构

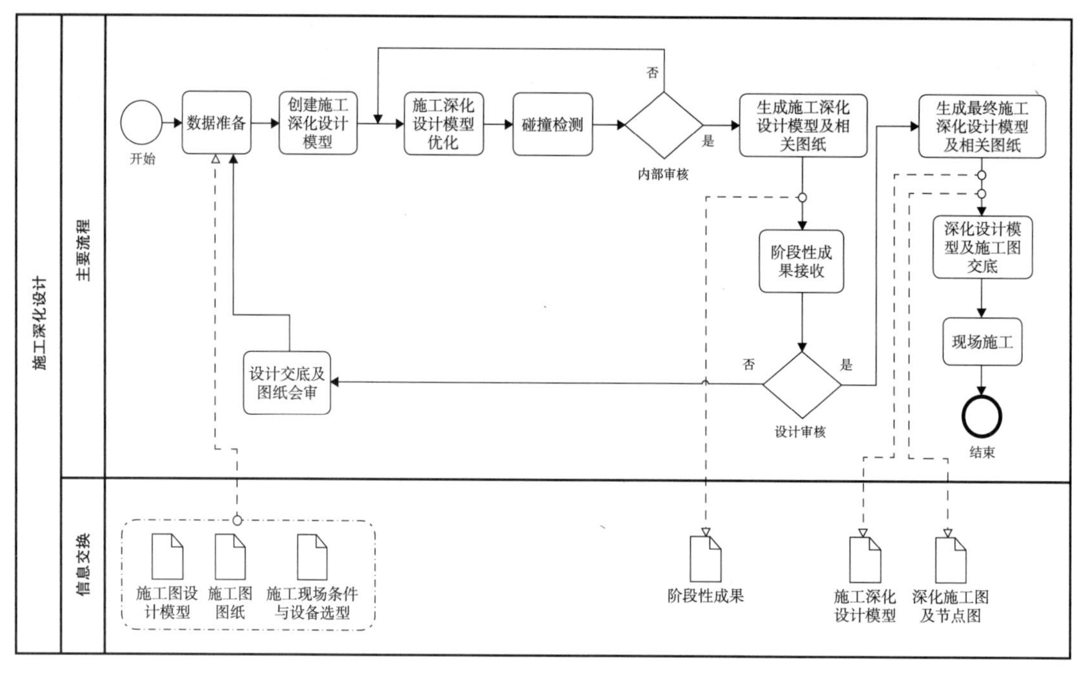

图 2.3–1　施工深化设计流程

深化设计等；现浇混凝土结构深化设计和钢结构深化设计，包括二次结构设计、预埋件和预留孔洞设计、重大节点设计等，并提前整理预留孔洞定位图，避免施工过程中需二次开洞等问题；还包括钢结构焊缝和螺栓等连接验算以及与其他专业协调等深化设计内容。

由于市政管线系统繁多、布局复杂，常出现各专业工程管线在水平或垂直空间位置上产生互相干扰碰撞，或者管线与其他管道附属构筑物冲突的情况。利用 BIM 技术建立既有管线与新增管道的对比模型，直观表达各专业管线的大致走向及设计意图，明确管线构筑物的复杂构造及管线之间的相互关系，通过对新增管线进行路径优化，大大节省材料成本。

2.3.2　碰撞检查（施工阶段）

在二次深化设计的基础上，建立三维 BIM 模型，对模型内建筑结构与管线之间、机电专业设备管线之间、结构构件之间、结构与地物之间等进行碰撞检查（图 2.3-2），根据碰撞结果调整设计图纸。在施工阶段的碰撞检查可以找到设计阶段碰撞检查的遗漏之处，并且可以检查出设计图纸与现场地形地物、交通疏导方案等存在冲突的地方。

2.3.3　施工场地布置

施工场地规划是对施工各阶段的场地地形、既有建筑设施、周边环境、施工区域、临时道路、临时设施、加工区域、材料堆场、临水临电、施工机械、安全文明施工设施等进行规划布置和分析优化，以实现场地布置科学合理。

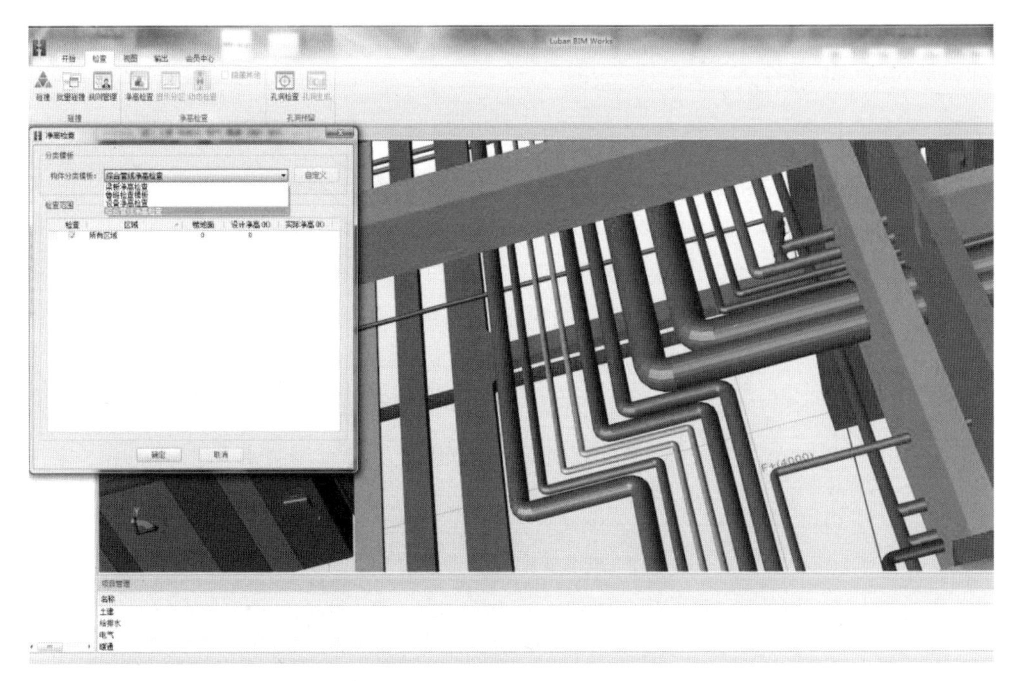

图 2.3–2　碰撞检查（施工阶段）

图 2.3–3　施工临时设施布置

在施工前运用 BIM 技术建立施工临时设施模型及场地布置模型（图 2.3-3），根据项目总平面图及工程进度计划规划场地平面布置方案，结合施工组织计划、材料计划等合理安排施工工作面，提高施工效率；利用 BIM 技术可对不同场地布置方案进行方案比选，可以直观、方便地进行施工临时设施布置及调整。

2.3.4 施工方案模拟及可视化交底

在施工图设计模型或深化设计模型的基础上附加建造过程、施工顺序、施工工艺等信息，进行施工过程的可视化模拟，并充分利用建筑信息模型对方案进行分析和优化，提高方案审核的准确性，实现施工方案的可视化交底。

根据专项施工方案进行土方工程、大型设备及构件安装、垂直运输、脚手架工程、模板工程、预制构件拼装等施工工艺以及复杂节点施工工艺模拟（图 2.3-4）。直观地对复杂工序进行分析，将复杂区域简单化、可视化，提前模拟现场施工状态，对现场可能存在的危险源、安全隐患、消防隐患等提前排查，并提出合理建议。

施工过程演示模型应表达施工过程中的活动顺序、相互关系及影响、施工资源、措施等施工管理信息。施工过程演示动画视频应能清晰表达施工方案的模拟。

图 2.3-4　钢箱梁吊装施工方案模拟

2.3.5 装配式构件预制加工

工厂化建造是未来绿色建造的重要手段之一。运用 BIM 技术提高构件预制加工能力，将有利于降低成本、提高工作效率、提升建筑质量等。构件预装配模型应当正确反映构件的定位及装配顺序，能够达到虚拟演示装配过程的效果；构件预制加工图应当体现构件编码，达到工厂化制造要求，并符合相关行业出图规范。

利用 BIM 技术对施工现场的场地布置和车辆开行路线进行优化，减少预制构件、材料场地内二次搬运，提高垂直运输机械的吊装效率；根据预制构件、设备实际参数并结合装配施工工艺等，应用 BIM 模型开展装配式深化设计，对结构进行拆分和节点设计、预埋件和预留孔洞设计，为预制件加工提供模拟参数，指导构件的预制加工（图 2.3-5）。

图 2.3–5　某预制管廊加工厂

2.3.6　施工进度管理

通过构件编码将虚拟的建筑信息模型与现实的构件联系起来，将施工现场的质量检查信息、进度状况等数据反映到建筑信息模型中，实现三维可视化施工管理。

根据施工进度计划在各个预制构件中添加生产、运输、吊装等时间信息，生成施工进度管理模型；利用施工进度管理模型进行可视化施工模拟；根据构件编码将施工现场实际的进度信息关联到施工进度管理模型上，并与计划进度进行对比分析，对进度偏差进行调整，更新目标计划，实现进度管理（图 2.3-6）。

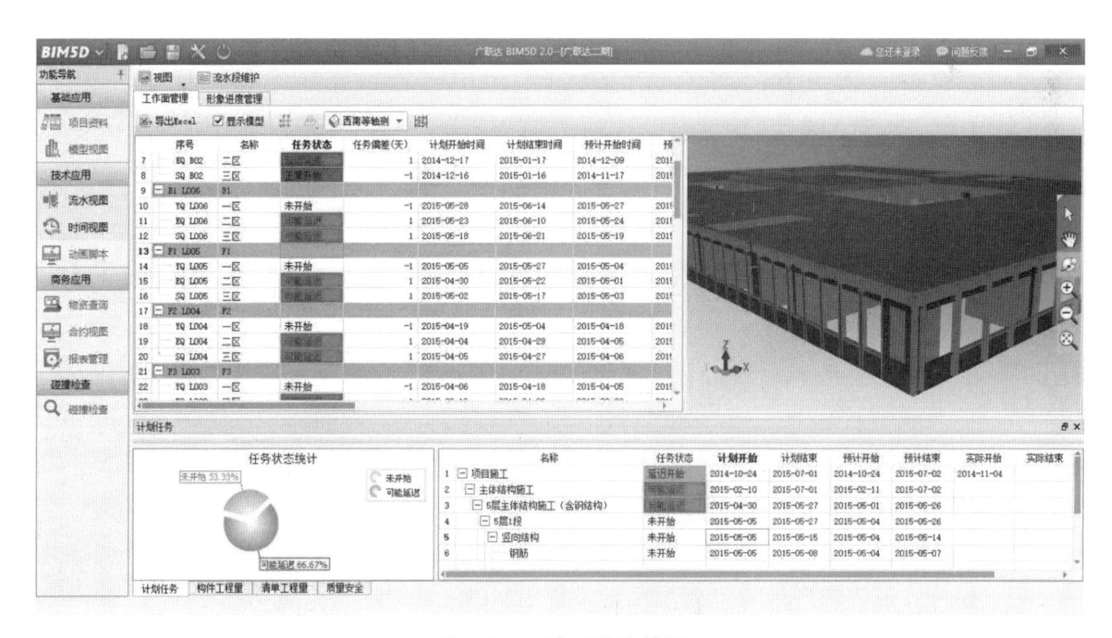

图 2.3–6　施工进度管理

2.3.7 质量安全管理

基于 BIM 技术的质量安全管理是通过现场施工情况与模型的比对，提高质量安全检查的效率与准确性，并有效控制危险源，进而实现项目质量安全可控的目标。

建立安全文明施工管理模型，附加或关联安全生产及防护设施、文明施工、安全检查、风险源、安全事故等信息，制定临边围护方案和安全文明施工措施（图 2.3-7），模拟实施效果，进行安全文明施工技术交底。

图 2.3–7 临边安全防护

2.3.8 预算与成本管理

从施工作业模型获取的各子目工程量清单与项目特征信息，能够提高造价人员编制各阶段工程造价的效率与准确性。针对施工作业模型，加入构件参数化信息与构件项目特征及相关描述信息，完善建筑信息模型中的成本信息。

施工过程造价管理工程量计算是在施工图设计模型和施工图预算模型的基础上，按照合同规定深化设计和工程量计算要求深化模型，同时依据设计变更、签证单、技术核定单、工程联系函等相关资料，及时调整模型，进行变更工程量快速计算和计价，同时附加进度与造价管理相关信息，通过结合时间和成本信息实现施工过程造价动态成本的管理与应用、资源计划制定中相关量的精准确定、招标采购管理的材料与设备数量计算与统计应用、用料数量统计与管理应用，提高施工实施阶段工程量计算效率和准确性。

利用 BIM 软件获取施工作业模型中的工程量信息，根据工程量信息及施工人机料成本的投入情况，可实时进行工程成本管理（图 2.3-8）。

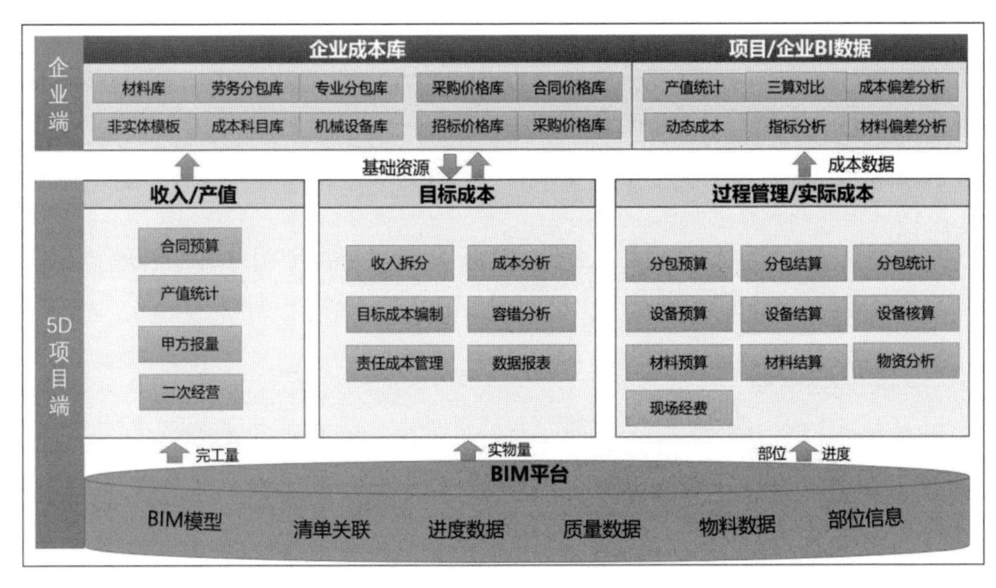

图 2.3-8 BIM 成本管理模块

2.4 运维阶段

运维阶段是建筑全生命期中时间最长的阶段，基于 BIM 技术的运营管理将增加管理的直观性、空间性和集成度，能够有效帮助建设和物业单位管理建筑设施和资产（建筑实体、空间、周围环境和设备等），进而降低运营成本，提高用户满意度。

本阶段的 BIM 应用工作步骤包括：运维管理方案策划、运维管理系统搭建、运维模型构建、运维数据自动化集成、运维系统维护等。基于 BIM 的运维管理其主要功能模块包括：空间管理、资产管理、设施设备维护管理、能源管理、应急管理等。

2.4.1 运维管理方案策划

运维管理方案是指导运维阶段 BIM 技术应用不可或缺的重要文件，宜在项目竣工交付和项目试运行期间制定。运维管理方案宜由业主运维管理部门牵头，专业咨询服务商支持（包括 BIM 咨询、FM 设施管理咨询、IBMS 集成建筑管理系统等），运维管理软件供应商参与共同制定。

运维方案制定应进行需求调研、功能分析与可行性分析。应在需求调研的基础上，梳理出针对应用对象的功能性模块，以及支持运维应用的非功能性模块，如角色、管理权限等；还需要进行可行性分析，分析功能实现所具备的前提条件，尤其是集成进入运维系统的智能弱电系统或者嵌入式设备的接口开放性。

2.4.2 运维管理系统搭建

运维管理系统搭建是该阶段的核心工作。运维系统应在管理方案的总体框架下，结合短期、中期、远期规划，本着“数据安全、系统可靠、功能适用、支持拓展”的原则进行软件选型和搭建。

运维管理系统可选用专业软件供应商提供的运维平台，在此基础上进行功能性定制开发，也可自行结合既有三维图形软件或 BIM 软件，在此基础上集成数据库进行开发。运维平台宜利用、或集成业主既有的设施管理软件的功能和数据。运维系统宜充分考虑利用互联网、物联网和移动端的应用。

运维管理系统选型应考察 BIM 运维模型与运维系统之间的 BIM 数据的传递质量和传递方式，确保建筑信息模型数据的最大化利用。

2.4.3　运维模型构建

运维模型构建是运维系统数据搭建的关键性工作。运维模型来源于竣工模型，如果竣工模型为竣工图纸模型，并未经过现场复核，则必须经过现场复核后进一步调整，形成实际竣工模型。

根据运维系统的功能需求和数据格式，将竣工模型转化为运维模型。在此过程中，应注意模型的轻量化。模型轻量化工作包括：优化、合并、精简可视化模型；导出并转存与可视化模型无关的数据；充分利用图形平台性能和图形算法提升模型显示效率。运维模型应准确表达构件的外表几何信息、运维信息等（图 2.4-1）。

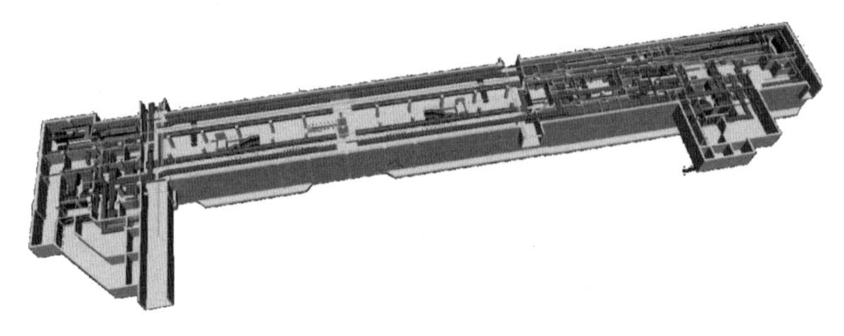

图 2.4–1　地铁车站运维模型

2.4.4　空间管理

为了有效管理建筑空间，保证空间的利用率，结合建筑信息模型进行建筑空间管理，其功能主要包括空间规划、空间分配、人流管理（人流密集场所）等。

基于建筑信息模型对建筑空间进行合理分配，方便查看和统计各类空间信息，并动态记录分配信息，提高空间的利用率；对人流密集的区域，实现人流检测和疏散可视化管理，保证区域安全。

利用 BIM 进行空间管理时，将空间管理的建筑信息模型根据运维系统所要求的格式加载到运维系统的相应模块中；将空间管理的属性数据根据运维系统所要求的格式加载到运维系统的相应模块中；两者集成后，在运维系统中进行核查，确保两者集成一致性；在空间管理功能的日常使用中，进一步将人流管理、统计分析等动态数据集成到系统中；空间管理数据为建筑物的运维管理提供实际应用和决策依据。

2.4.5　资产管理

利用建筑信息模型对资产进行信息化管理，辅助建设单位进行投资决策和制定短期、长期的管理计划。利用运维模型数据，评估、改造和更新建筑资产的费用，建立维护和模型关联的资产数据库。

资产管理 BIM 系统的功能包括：形成运维和财务部门需要的可直观理解的资产管理信息源，实时提供有关资产报表；生成企业的资产财务报告，分析模拟特殊资产更新和替代的成本测算；记录模型更新，动态显示建筑资产信息的更新、替换或维护过程，并跟踪各类变化。

利用 BIM 技术对项目系统中的设备、设施进行资产管理，主要包括对设备型号、设备状态、设备保质期、维护方式、维护人员、维护内容等进行管理，以及对上述信息的查询、统计、更新等。

2.4.6　设施设备管理

将设备自控（BA）系统、消防（FA）系统、安防（SA）系统及其他智能化系统和建筑运维模型结合，形成基于 BIM 技术的建筑运行管理系统和运行管理方案，有利于实施建筑项目信息化维护管理。

设施设备 BIM 系统的功能包括：设备设施资料管理；制定设施设备日常巡检路线；制定设施设备及系统的维保计划；按维护保养计划对设施设备进行维护保养；进行报修管理，快速确定故障位置及故障原因，进而及时处理设备运行故障；自动根据维护等级发送给相关人员进行现场维护；维护更新设施设备数据。

在设备设施监测、调试和故障检修时，运维管理人员通常需要定位部件在建筑物空间中的位置，并同时查询其检修所需要的相关信息。而设备的定位工作是重复的，不仅耗费工作人员的时间和劳动力，而且大大降低了工作效率。通过引入 BIM 技术，可以确定电气、暖通、给水排水等重要设施设备在建筑物中的具体位置，实现了运维现场的可视化定位管理，同时能够同步显示设备设施的运维管理内容（图 2.4-2）。

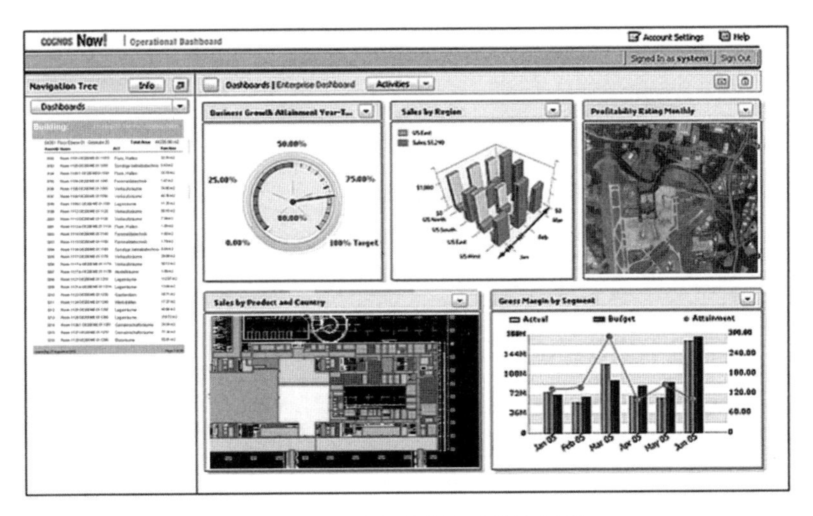

图 2.4-2　设备设施管理模块界面

2.4.7 能源管理

利用建筑模型和设施设备及系统模型，结合楼宇计量系统及楼宇相关运行数据，生成按区域、楼层和房间划分的能耗数据，对能耗数据进行分析，发现高耗能位置和原因，并提出有针对性的能效管理方案，降低建筑能耗。

能源管理 BIM 系统的功能包括：通过传感器将设备能耗进行实时收集，并将收集到的数据传输至中央数据库进行收集；运维系统对中央数据库收集的能耗数据信息进行能耗分析；针对能源使用历史情况，可以自动调节能源使用情况或者根据建筑环境自动调整运行方案；根据能耗历史数据预测设备能耗未来一定时间内的能耗使用情况，合理安排设备能源使用计划。

2.4.8 应急管理

利用建筑模型和设施设备及系统模型，制定应急预案，开展模拟演练。当突发事件发生时，在建筑信息模型中直观显示事件发生位置，显示相关建筑和设备信息，并启动相应的应急预案，以控制事态发展，减少突发事件的直接和间接损失。

通过调取 BIM 中存储的应急管理数据，在获取信息不足的情况下，做出相应的应急响应决策；利用 BIM，识别系统中可能发生的突发事件并协助工作人员做出应急响应，确定危险发生的位置；BIM 中存储的空间信息可以判断疏散线路和周围危险环境之间潜在的关系，从而降低制定应急决策的不确定性。BIM 也可以作为模拟工具培养运维管理人员在紧急情况下的应急响应能力，并评估突发事件导致的损失。

利用 BIM 存储的设备保质期数据，对设备临近保质期进行报警，或当设备出现故障时，利用 BIM 寻找适合的解决方案，形成应急工单、人员、物资的联动模式，增强应急处理能力，提高交通运营的可靠性。

利用 BIM 制定生命线工程的管理维护方案、防灾应急预案等，同时提供相关数据，对城市防灾指挥给予支持，根据健康诊断与安全评估系统模块的研判，做出响应。

第 2 篇

广州市市政工程 BIM 建模与交付标准

第 3 章　总则

1. 为规范市政工程信息模型的建立与交付，提高市政工程 BIM 技术应用水平，特制定本标准。

【条文说明】：本标准的制定主要是落实《广州市信息化发展第十三个五年规划（2016—2020 年）》和《广州市住房和城乡建设委员会“十三五”信息化规划》的文件精神，统一广州市市政工程建模与交付标准。

2. 本标准适用于广州市市政工程全生命期内的建筑信息模型建立和交付管理。

【条文说明】：本标准适用于市政工程范围内的道路、桥梁、隧道、轨道交通、给水排水、综合管廊及燃气工程等专业领域。

3. 市政工程信息模型的建立与交付，除应符合本标准外，尚应符合相关现行国家标准的规定。

【条文说明】：现行国家标准主要包括《建筑信息模型设计交付标准》GB/T 51301、《建筑信息模型施工应用标准》GB/T 51235、《建筑信息模型分类和编码标准》GB/T 51269、《广东省建筑信息模型应用统一标准》DBJ/T 15—142—2018 等标准。

第 4 章　术语

1. BIM

BIM 是建筑信息模型的缩略语，是指在建设工程及设施全生命期内，对其物理和功能特性进行数字化表达，并依此设计、施工、运营的过程和结果的总称。

2. 市政工程信息模型 municipal engineering information model

市政工程全生命期或部分阶段的几何信息及非几何信息的数字化模型，并具备数据共享、传递和协同的功能。

3. 模型单元　model unit

建筑信息模型中承载建筑信息的实体及其相关属性的集合，是工程对象的数字化表述。

4. 最小模型单元 minimal model

根据市政工程项目的应用需求所构建的无法进行拆分的模型单元。

5. 几何信息 geometric information

表示市政工程构筑物或构件的空间位置、几何尺寸，通常还包括构件之间的空间相互约束关系，如相连、平行、垂直等。

6. 属性信息 non-geometric information

表示市政工程构筑物或构件除几何信息以外的其他信息，如材料信息、价格信息、时间信息及各种专业参数信息等。

7. 模型精细度 level of details

市政工程信息模型中所容纳的模型单元丰富程度的衡量指标。

8. 几何表达精度 level of geometric detail

模型单元在视觉呈现时，几何表达真实性和精确性的衡量指标。

9. 信息深度 information depth

表示市政工程模型单元中承载的属性信息详细程度。

10. 交付物 deliverable

基于建筑信息模型交付的成果。

第 5 章　基本规定

1. 市政工程信息模型的精细度应满足工程项目相应阶段的工作需求。

【条文说明】：市政工程信息模型的精细度应适应方案设计阶段、初步设计阶段、施工图设计阶段、施工阶段以及运维阶段的需求。

2. 模型单元的几何表达精度和信息深度应满足相应阶段的专业使用要求。

【条文说明】：考虑到市政工程不同专业领域模型单元区别较大，本标准中信息模型细分为桥梁、道路、隧道、给水排水、轨道、综合管廊、燃气工程 7 个专业领域。

3. 市政工程信息模型的信息输入应保证信息源头的准确性，实现各阶段、各专业的信息有效传递。

【条文说明】：市政工程信息模型建模及交付应保证信息有效传递，并满足相应阶段模型精细度要求。部分成果如图纸、文档等，若不能由模型直接获取，需对其仔细核查，保证与模型的相关信息一致，且可转化为通用文件格式。

4. 市政工程信息模型的建模及交付过程中，应采取措施保证信息安全。

第 6 章　建模标准

6.1　一般规定

（1）市政工程信息模型应统一度量单位。

（2）市政工程信息模型应统一坐标系统和高程系统。

【条文说明】：一些分区模型、构件模型宜采用真实坐标，当未采用真实工程坐标时，所选择基点应建立与真实坐标的转换关系。

（3）各模型单元颜色的设置应以能区分各专业和系统，利于专业间的协同工作为原则。

【条文说明】：各模型单元颜色的设置需兼顾各专业的实际使用习惯，并能保持延续性，各阶段在无特殊要求的情况下，尽量使用同一的颜色设置标准，以便于各参与方之间更好地沟通和协作。

（4）同一个项目中宜采用统一的基础建模软件，当采用多款软件时，应满足不同软件间的数据交换要求。

【条文说明】：采用统一的基础建模软件有利于项目信息的有效传递，当根据项目的需要采用多个建模软件时，要充分考虑不同软件之间的模型整合、信息传递等是否满足要求。

（5）后一阶段的模型创建宜在前一阶段的基础上进行，应根据应用需求进行模型单元及信息的增加、删除或细化。

【条文说明】：对于多阶段应用的项目，后一阶段的模型宜根据需求在前阶段模型的基础上进行深化，尽量避免重复的建模工作。

6.2　命名规则

（1）市政工程模型及其交付物的命名应简明、易于辨识。

（2）市政工程信息模型文件的命名应符合下列规定：

1）模型文件命名宜由项目名称、工程阶段、专业代码、描述依次组成，以半角下划线“_”隔开，字段内部的词组宜以半角连字符“–”隔开；

2）项目名称宜采用识别项目的简要称号，可采用英文或拼音，项目简称不宜空缺；

3）项目阶段应划分为方案设计、初步设计、施工图设计、施工、运维等阶段；

【条文说明】：方案设计阶段泛指项目建议书以及可行性研究阶段，用于工程的方案论证。

4）专业代码宜符合但不限于表 6.2-1 的规定，当涉及多专业时可并列所涉及的专业；

专业代码　　表 6.2-1

专业（中文）	专业（英文）	专业代码（中文）	专业代码（英文）
道路	Road	路	R
桥梁	Bridge	桥	B
隧道	Tunnel	隧	T
轨道交通	Railway	轨	RW
给水排水	Plumbing	水	P
综合管廊	Utility Tunnel	管廊	UT
燃气	Gas Engineering	燃	GE

【条文说明】：在实际使用中需要用到其他专业的代码，可参照现行国家标准《建筑信息模型设计交付标准》GB/T 51301 执行，对于没有包含的专业可按照相同的原则进行取用。

5）用于说明模型文件特征的描述信息可自定义。

（3）模型单元命名规则宜符合下列规定：

1）市政工程信息模型单元的命名宜由一级系统、二级系统、三级系统、模型单元名称依次组成，以半角下划线“_”隔开，字段内部的词组宜以半角连字符“-”隔开；

2）一级系统、二级系统及三级系统划分应符合工程习惯；

3）模型单元名称应简述项目的子项或局部，宜使用汉字、数字的组合；

4）文字之间、符号之间、文字与符号之间均不应留有空格。

【条文说明】：系统的层级数量可以根据具体的专业需求来设置，一般情况下最多划分到三级系统。

6.3 版本管理

（1）市政工程信息模型应包括版本管理信息，并宜在文件夹以及文件类型字段中进行标识。

（2）文件夹及文件的版本标识应写明阶段名称。

（3）当在同一阶段有多个版本时，文件夹及文件版本应在标识中添加版本号，版本号宜由英文字母 A ~ Z 依次表示。

【条文说明】：版本控制可以有效地实现信息追溯，加强信息痕迹管理。

6.4 模型架构

（1）市政工程信息模型由模型单元组成，模型单元等级划分应符合表 6.4-1 的规定。

市政工程模型单元的分级 表 6.4-1

项目单元分级	模型单元用途
项目级模型单元	承载市政工程项目、子项目或局部的项目信息
功能级模型单元	承载市政工程完整功能的模块或空间信息
构件级模型单元	承载市政工程单一的构配件或产品信息
零件级模型单元	承载从属于市政工程构配件或产品的组成零件或安装零件信息

（2）市政工程信息模型包含的最小模型单元应由模型精细度等级衡量，模型精细度基本等级划分应符合表 6.4-2 的规定。并可根据市政工程项目的应用需求在基本等级之间扩充模型精细度等级。

市政工程模型精细度基本等级划分 表 6.4-2

等级	英文名	代号	包含的最小模型单元
1.0 级模型精细度	Level of Model Definition 1.0	LOD1.0	项目级模型单元
2.0 级模型精细度	Level of Model Definition 2.0	LOD2.0	功能级模型单元
3.0 级模型精细度	Level of Model Definition 3.0	LOD3.0	构件级模型单元
4.0 级模型精细度	Level of Model Definition 4.0	LOD4.0	零件级模型单元

【条文说明】：市政工程项目可根据具体的项目应用需求在基本等级之间扩充模型精细度等级。

6.5 模型单元

（1）市政工程信息模型应包含以下内容：

1）模型单元的系统分类；

2）模型单元的关联关系；

3）模型单元几何信息及几何表达精度；

4）模型单元属性信息及信息深度；

5）属性值的数据来源等。

（2）应根据信息将模型单元进行系统分类，并应在属性信息中表示。系统分类宜符合第 7 章中各专业模型单元交付深度表格中划分要求。

（3）模型单元的几何信息应符合下列规定：

1）应选取适宜的几何表达精度呈现模型单元几何信息；

2）在满足阶段深度和应用需求的前提下，应选取较低等级的几何表达精度；

3）不同模型单元可选取不同的几何表达精度。

【条文说明】：模型几何表达精度代表了模型单元与物理实体的真实逼近程度。模型精度的选取应在能满足应用需求的前提下，采用较低的精度，避免过度建模。

（4）市政工程模型几何表达精度分类标准应符合表 6.5-1 的规定。

市政工程模型几何表达精度分类标准　　表 6.5-1

等级	英文名	代号	几何表达精度要求
1 级几何表达精度	Level 1 of Geometric Detail	G1	满足市政工程二维化或者符号化的识别需求的几何表达精度
2 级几何表达精度	Level 2 of Geometric Detail	G2	满足市政工程空间占位、主要颜色等粗略识别需求的几何表达精度
3 级几何表达精度	Level 3 of Geometric Detail	G3	满足市政工程建造安装流程、制造加工准备、采购等精细识别需求的几何表达精度
4 级几何表达精度	Level 4 of Geometric Detail	G4	满足市政工程高精度渲染展示、产品管理等高精度识别需求的几何表达精度

【条文说明】：模型几何表达精度的 4 个等级并不能与工程阶段顺序一一对应，而是根据不同的项目应用需求来确定。

（5）模型单元的属性信息应符合下列规定：

1）应选取适宜的信息深度呈现模型单元属性信息；

2）属性应分类设置，属性分类宜符合本标准第 7 章中各专业模型单元交付深度表格中的要求；

3）属性值和属性应一一对应，且同一类型的属性、格式和精度应一致。

（6）市政工程模型信息深度分类标准应符合表 6.5-2 的规定。

市政工程模型信息深度分类标准　　表 6.5-2

等级	英文名	代号	等级要求
1 级信息深度	Level 1 of Information Detail	N1	宜包含市政工程模型单元的身份描述、项目信息、组织角色等信息
2 级信息深度	Level 2 of Information Detail	N2	宜包含和补充 N1 等级信息，增加市政工程实体系统关系、组成及材质、性能或属性等信息
3 级信息深度	Level 3 of Information Detail	N3	宜包含和补充 N2 等级信息，增加市政工程生产信息、安装信息
4 级信息深度	Level 4 of Information Detail	N4	宜包含和补充 N3 等级信息，增加市政工程资产信息和维护信息

（7）市政工程模型单元属性信息深度分类应符合表 6.5-3 的规定。

市政工程模型单元属性信息深度分类　　表 6.5–3

信息深度	属性分类	常见属性组	宜包含信息
N1	项目信息	项目标识	项目名称、编号、简称等
		建设说明	地点、阶段、自然条件、建设依据、坐标、采用的坐标系、高程基准等
		结构类别或等级	结构类别、等级、抗震等级、消防等级、防护等级等
		设计说明	各类设计说明
		技术经济指标	各类项目指标
		建设单位信息	名称、地址、联系方式等
		建设参与方信息	名称、地址、联系方式等
	身份信息	基本描述	名称、编号、类型、功能说明
	定位信息	项目内部定位	坐标、标高、标段、里程、建筑楼层等
		坐标定位	可按照平面坐标系或地理坐标系统或投影坐标系统分项描述
		占位尺寸	长度、宽度、高度、厚度、深度等
N2	系统信息	系统分类	系统分类名称
		材质性能	混凝土等级、钢筋等级、钢材等级
N3	技术信息	构造尺寸	长度、宽度、高度、厚度、深度、角度等主要方向上特征
		组成构件	主要组件名称、材质、尺寸等属性
		设计参数	系统性能、产品设计性能等
		技术要求	材料要求、施工要求、安装要求等
	生产信息	产品通用基础数据	应符合现行行业标准
		产品专用基础数据	应符合现行行业标准
N4	资产信息	资产等级	—
		资产管理	—
	维护信息	巡检信息	人员、时间、巡检结果
		维修信息	—
		维护预测	—
		备件备品	品种、数量

【条文说明】：对于有特殊要求的专业，可根据具体情况调整相应的内容。

第 7 章　模型交付标准

7.1　一般规定

（1）市政工程模型交付应保证模型的准确性、规范性和完整性。

【条文说明】：包括模型和模型单元的几何信息以及模型单元之间的位置关系准确无误，相关属性信息也应保证准确性。

（2）市政工程信息模型交付前应清除模型中的冗余信息。

【条文说明】：为保证信息模型应用的流畅性，需减少或清除不必要的模型信息。

（3）市政工程各参与方应根据项目不同阶段的应用需求，从对应阶段的建筑信息模型中提取所需的信息形成交付物，各阶段交付物应符合表 7.1-1 内容要求。

各阶段基本交付物　　表 7.1–1

序号	交付物类别	方案设计阶段	初步设计阶段	施工图设计阶段	施工阶段	运维阶段
1	市政工程信息模型	▲	▲	▲	▲	▲
2	项目需求书	▲	▲	▲	▲	▲
3	模型说明书	△	▲	▲	▲	▲
4	工程图纸	△	△	▲	▲	▲
5	模型工程量清单	—	△	▲	▲	▲

注：表中▲表示应具备，△表示宜具备，—表示可不具备

【条文说明】：表中交付物为模型交付时基本内容要求，具体内容要求可根据项目参与方的合同约定调整。

（4）市政工程信息模型在各阶段交付时，模型单元的精细度不宜低于表 7.1-2 的要求。

各阶段模型精细度　　表 7.1–2

阶段	方案设计阶段	初步设计阶段	施工图设计阶段	施工阶段	运维阶段
等级代号	LOD1.0	LOD2.0	LOD3.0	LOD3.0	LOD3.0

【条文说明】：表中模型精细度为最低要求，若因项目需求采用更高精细度时，可根据合同约定进行适当调整。

（5）市政工程信息模型应基于模型单元进行信息交换和迭代，应包含各阶段交付所需的全部信息。

【条文说明】：各阶段不同专业的模型单元系统分类原则上分三级，其几何表达精度（G）、信息深度（N）应符合 7.1（道路工程）~ 7.8（燃气工程）相关内容规定。

（6）项目需求书宜在模型建立之前制定，应包含下列内容：

1）项目简述，包含项目名称、地点、类型、代码、规模、坐标及高程等；

2）项目市政信息模型的应用需求；

3）项目参与方协同方式、数据存储和访问方式、数据访问权限；

4）交付物类别、交付方式及权属。

（7）模型说明书应与模型一并交付，应包含下列内容：

1）项目简述，包含项目名称、类型、代码、规模、应用需求及简要设计说明等；

2）模型及文件命名、分类及版本信息的说明；

3）模型精细度、模型单元几何表达精度及信息深度的说明；

4）软硬件工作环境说明；

5）模型组织要素。

（8）工程图纸应符合相关现行国家标准的规定，宜由市政工程信息模型生成。

（9）模型工程量清单应基于市政工程信息模型导出。

【条文说明】：模型工程量清单应包含项目简述、清单编制说明、模型单元工程量等信息。

（10）交付物宜集中管理并设置数据访问权限，不宜采用移动介质或其他方式分发交付。

（11）交付物中的图纸、表格、文档和动画等宜基于模型获得，且应保证模型各类信息的一致性。

【条文说明】：部分成果如图纸、文档等，若不能由模型直接获取，需对其仔细核查，保证与模型的相关信息一致，且可转化为通用文件格式。

（12）信息交付模型组织要素应包括项目参与各方名单、模型成果设计人员名单、模型交付方的单位及负责人等。

【条文说明】：模型交付说明书中应列出模型成果设计人员名单及负责内容，以方便接收人进行对接及答疑。若待交付模型为多方共同制作，则说明书中应列出模型各部分的相应制作方及负责人等。

（13）交付物宜以通用数据格式传递工程信息，并应保留原有数据格式。

【条文说明】：为保证数据的完整性，避免数据转换造成的数据损失，交付物除满足应用需求与合同要求外，还应保留原始软件所采用的数据格式。

7.2 道路工程

（1）市政道路工程信息模型的交付，宜根据道路结构的不同划分为一级系统、二级系统和三级系统。

（2）市政道路工程一级系统宜分为路线、路面、路基、排水设施、交通设施、照明设施及景观设施 7 类，各阶段模型单元交付深度应符合表 7.2-1 的规定。

道路工程各阶段模型单元交付深度　　表 7.2–1

一级系统	二级系统	三级系统	模型单元	方案设计	初步设计	施工图设计	施工阶段	运维阶段
道路工程	路线	线路平面	平面直线段、平面圆曲线段、平面缓和曲线段	G2/N1	G2/N2	G3/N2	G3/N3	G3/N4
		线路纵面	纵面直线段、纵面圆曲线段、纵面抛物线段	G2/N1	G2/N2	G3/N2	G3/N3	G3/N4
		里程	里程段	—	G2/N2	G3/N2	G3/N3	G3/N4
		横断面	机动车道、非机动车道、人行道、绿化带、中间分隔带、两侧分割带、路肩	—	G2/N2	G3/N2	G3/N3	G3/N4
	路面	路面结构	沥青混凝土层、水泥混凝土层、砌块层、砂浆层、无机结合料稳定层、粒料层、封层、透层、黏层	G2/N1	G2/N2	G3/N2	G3/N3	G3/N4
		缘石	缘石组合体	—	G2/N2	G3/N2	G3/N3	G3/N4
	路基	路基结构	路床、路堤填筑体、边坡	G2/N1	G2/N2	G3/N2	G3/N3	G3/N4
		支挡防护	植物防护、骨架防护、喷护防护、护面墙、重力式挡土墙、薄壁式挡土墙、锚定板挡土墙、锚杆挡土墙、加筋挡土墙、桩板挡土墙	—	G2/N2	G3/N2	G3/N3	G3/N4
		地基加固	垫层、袋装砂井、塑料排水板、粒料桩、加固土桩、灰土挤密桩、水泥粉煤灰碎石桩、压实地基、强夯地基	G2/N1	G2/N1	G2/N1	G2/N1	G2/N1
		公用构件	锚杆、土工布、土工膜、支护结构变形缝、粒料反滤层、泄水管、基础	—	G2/N2	G3/N2	G3/N3	G3/N4
	排水设施	—	排水管、管井、集水槽（雨水口）、排水沟、渗（盲）沟、粒料反滤层、泄水管	G2/N1	G2/N2	G3/N2	G3/N3	G3/N4
	交通设施	交通标志	标志牌、支撑杆件、基础	—	G2/N2	G3/N2	G3/N3	G3/N4
		交通标线	标线、突起路标、轮廓标	—	G2/N2	G3/N2	G3/N3	G3/N4
		防护设施	波形梁护栏杆、混凝土护栏杆、栏杆、隔离栅、声屏障、防眩板、基础	—	G2/N2	G3/N2	G3/N3	G3/N4
	照明设施	照明设施	灯具、灯杆、基础	—	G2/N2	G3/N2	G3/N3	G3/N4
		配电设施	箱式变电站、供电线缆、接线井、基础	—	G2/N2	G3/N2	G3/N3	G3/N4
	景观设施	街具	路铭牌、公共休息设施、广告灯箱、垃圾箱	—	G2/N2	G3/N2	G3/N3	G3/N4
		绿化	绿化带、树池	—	G2/N2	G3/N2	G3/N3	G3/N4

7.3　桥梁工程

（1）市政桥梁工程信息模型的交付，宜根据桥梁结构形式的不同，一级系统宜分为梁式桥、拱式桥、斜拉桥和悬索桥 4 种类别。

（2）梁式桥宜划分为上部结构、下部结构、附属结构和支撑系统，各阶段模型单元交付深度应符合表 7.3-1 的规定。

梁式桥各阶段模型单元交付深度　　表 7.3–1

一级系统	二级系统	三级系统	模型单元	方案设计	初步设计	施工图设计	施工阶段	运维阶段
梁式桥	上部结构	主梁	桥面板、腹板、底板	G2/N1	G2/N2	G3/N2	G3/N3	G3/N4
			加劲肋（钢桥）、承托（混凝土桥）	—	G2/N2	G3/N2	G3/N3	G3/N4
		横梁	横隔梁	—	G2/N2	G3/N2	G3/N3	G3/N4
			加劲肋（钢桥）、承托（混凝土桥）	—	G2/N2	G3/N2	G3/N3	G3/N4
		预应力系统	钢绞线、波纹管、锚具	—	G2/N2	G3/N2	G3/N3	G3/N4
	下部结构	桥墩	盖梁、墩柱、系梁	G2/N1	G2/N2	G3/N2	G3/N3	G3/N4
		桥台	台帽、台身	G2/N1	G2/N2	G3/N2	G3/N3	G3/N4
		基础	承台、桩基础	G2/N1	G2/N2	G3/N2	G3/N3	G3/N4
		预应力系统	钢绞线、波纹管、锚具	—	G2/N2	G3/N2	G3/N3	G3/N4
	附属结构	—	桥面铺装、人行道板、栏杆、防撞墙、伸缩缝、排水井、集水格栅、泄水管、隔声屏	—	G2/N2	G3/N2	G3/N3	G3/N4
	支撑系统	—	支座、垫石、梁底楔形块、阻尼器	—	G2/N2	G3/N2	G3/N3	G3/N4

注：模型精细度 G 和信息深度 N 的要求参照第 4 章的相关内容。

（3）拱桥宜划分为拱肋、加劲梁、吊杆、下部结构、附属结构和支撑系统，各阶段模型单元交付深度应符合表 7.3-2 的规定。

拱桥各阶段模型单元交付深度　　表 7.3–2

一级系统	二级系统	三级系统	包含模型单元	方案设计	初步设计	施工图设计	施工阶段	运维阶段
拱式桥	拱肋	—	拱圈、拱上建筑、拱座、横撑	G2/N1	G2/N2	G3/N2	G3/N3	G3/N4
	加劲梁	主梁	桥面板、腹板、底板	G2/N1	G2/N2	G3/N2	G3/N3	G3/N4
			加劲肋（钢桥）、承托（混凝土桥）	—	G2/N2	G3/N2	G3/N3	G3/N4
		横梁	横隔梁	—	G2/N2	G3/N2	G3/N3	G3/N4
			加劲肋（钢桥）、承托（混凝土桥）	—	G2/N2	G3/N2	G3/N3	G3/N4
		预应力系统	钢绞线、波纹管、锚具	—	G2/N2	G3/N2	G3/N3	G3/N4

续表

一级系统	二级系统	三级系统	包含模型单元	方案设计	初步设计	施工图设计	施工阶段	运维阶段
拱式桥	吊杆	—	钢丝	G2/N1	G2/N2	G3/N2	G3/N3	G3/N4
		—	锚具、保护罩	—	G2/N2	G3/N2	G3/N3	G3/N4
	下部结构	桥墩	盖梁、墩柱、系梁	G2/N1	G2/N2	G3/N2	G3/N3	G3/N4
		桥台	台帽、台身	G2/N1	G2/N2	G3/N2	G3/N3	G3/N4
		基础	承台、桩基础	G2/N1	G2/N2	G3/N2	G3/N3	G3/N4
		预应力系统	钢绞线、波纹管、锚具	—	G2/N2	G3/N2	G3/N3	G3/N4
	附属结构	—	桥面铺装、人行道板、栏杆、防撞墙、伸缩缝、排水井、集水格栅、泄水管、隔声屏	—	G2/N2	G3/N2	G3/N3	G3/N4
	支撑系统	—	支座、垫石、梁底楔形块、阻尼器	—	G2/N2	G3/N2	G3/N3	G3/N4

注：模型精细度 G 和信息深度 N 的要求参照第 4 章的相关内容。

（4）斜拉桥宜划分为主塔、加劲梁、斜拉索、辅助墩及边墩、附属结构和支撑系统，各阶段模型单元交付深度应符合表 7.3-3 的规定。

斜拉桥各阶段模型单元交付深度 表 7.3-3

一级系统	二级系统	三级系统	包含模型单元	方案设计	初步设计	施工图设计	施工阶段	运维阶段
斜拉桥	主塔	—	塔柱、系梁、承台、桩基础	G2/N1	G2/N2	G3/N2	G3/N3	G3/N4
	加劲梁	主梁	桥面板、腹板、底板	G2/N1	G2/N2	G3/N2	G3/N3	G3/N4
			加劲肋（钢桥）、承托（混凝土桥）	—	G2/N2	G3/N2	G3/N3	G3/N4
		横梁	横隔梁	—	G2/N2	G3/N2	G3/N3	G3/N4
			加劲肋（钢桥）、承托（混凝土桥）	—	G2/N2	G3/N2	G3/N3	G3/N4
		预应力系统	钢绞线、波纹管、锚具、钢锚箱（钢桥）	—	G2/N2	G3/N2	G3/N3	G3/N4
	斜拉索	—	拉索	G2/N1	G2/N2	G3/N2	G3/N3	G3/N4
		—	锚具、锚管、保护罩	—	G2/N2	G3/N2	G3/N3	G3/N4
	辅助墩及边墩	桥墩	盖梁、墩柱、系梁	G2/N1	G2/N2	G3/N2	G3/N3	G3/N4
		桥台	台帽、台身	G2/N1	G2/N2	G3/N2	G3/N3	G3/N4
		基础	承台、桩基础	G2/N1	G2/N2	G3/N2	G3/N3	G3/N4
		预应力系统	钢绞线、波纹管、锚具	—	G2/N2	G3/N2	G3/N3	G3/N4
	附属结构	—	桥面铺装、人行道板、栏杆、防撞墙、伸缩缝、排水井、集水格栅、泄水管、隔声屏	—	G2/N2	G3/N2	G3/N3	G3/N4
	支撑系统	—	支座、垫石、梁底楔形块、阻尼器	—	G2/N2	G3/N2	G3/N3	G3/N4

注：模型精细度 G 和信息深度 N 的要求参照第 4 章的相关内容。

（5）悬索桥宜划分为主塔、加劲梁、缆索系统、辅助墩及边墩、附属结构和支撑系统，各阶段模型单元交付深度应符合表 7.3-4 的规定。

悬索桥各阶段模型单元交付深度　　表 7.3–4

类别	一级系统	二级系统	包含模型单元	方案设计	初步设计	施工图设计	施工阶段	运维阶段
悬索桥	主塔	—	塔柱、系梁、承台、桩基础	G2/N1	G2/N2	G3/N2	G3/N3	G3/N4
		—	鞍座	—	G2/N2	G3/N2	G3/N3	G3/N4
	加劲梁	主梁	桥面板、腹板、底板	G2/N1	G2/N2	G3/N2	G3/N3	G3/N4
			加劲肋（钢桥）、承托（混凝土桥）	—	G2/N2	G3/N2	G3/N3	G3/N4
		横梁	横隔梁	—	G2/N2	G3/N2	G3/N3	G3/N4
			加劲肋（钢桥）、承托（混凝土桥）	—	G2/N2	G3/N2	G3/N3	G3/N4
		预应力系统	钢绞线、波纹管、锚具、钢锚箱（钢桥）	—	G2/N2	G3/N2	G3/N3	G3/N4
	缆索系统	—	主缆、吊杆	G2/N1	G2/N2	G3/N2	G3/N3	G3/N4
		—	锚碇、锁夹	—	G2/N2	G3/N2	G3/N3	G3/N4
	辅助墩及边墩	桥墩	盖梁、墩柱、系梁	G2/N1	G2/N2	G3/N2	G3/N3	G3/N4
		桥台	台帽、台身	G2/N1	G2/N2	G3/N2	G3/N3	G3/N4
		基础	承台、桩基础	G2/N1	G2/N2	G3/N2	G3/N3	G3/N4
		预应力系统	钢绞线、波纹管、锚具	—	G2/N2	G3/N2	G3/N3	G3/N4
	附属结构	—	桥面铺装、人行道板、栏杆、防撞墙、伸缩缝、排水井、集水格栅、泄水管、隔声屏	—	G2/N2	G3/N2	G3/N3	G3/N4
	支撑系统	—	支座、垫石、梁底楔形块、阻尼器	—	G2/N2	G3/N2	G3/N3	G3/N4

注：模型精细度 G 和信息深度 N 的要求参照第 4 章的相关内容。

7.4　隧道工程

（1）市政隧道工程信息模型的交付，一级系统宜分为明挖隧道、暗挖隧道、盾构隧道和沉管隧道 4 种类别。

（2）明挖隧道宜分为隧道结构、隧道建筑、隧道通风、隧道消防、隧道监控、隧道照明和附属设施，各阶段模型单元交付深度应符合表 7.4-1 的规定

明挖隧道各阶段模型单元交付深度　　表 7.4–1

一级系统	二级系统	三级系统	包含模型单元	方案设计	初步设计	施工图设计	施工阶段	运维阶段
明挖隧道	隧道结构	围护	围护桩、支撑、止水帷幕、基坑	—	G2/N2	G3/N2	G3/N3	G3/N4
		结构主体	侧墙、中隔墙、加腋底板、中板	G2/N1	G2/N2	G3/N2	G3/N3	G3/N4
			二次结构墙、加腋	—	G2/N2	G3/N2	G3/N3	G3/N4

续表

一级系统	二级系统	三级系统	包含模型单元	方案设计	初步设计	施工图设计	施工阶段	运维阶段
明挖隧道	隧道建筑	设备用房	墙、板、柱、梁、门、窗	—	G2/N2	G3/N2	G3/N3	G3/N4
		管理用房	墙、板、柱、梁、门、窗	—	G2/N2	G3/N2	G3/N3	G3/N4
	隧道通风	—	空调、风机、风管、风阀	—	G2/N2	G3/N2	G3/N3	G3/N4
	隧道消防	—	消火栓、灭火器、喷头、管道	—	G2/N2	G3/N2	G3/N3	G3/N4
	隧道监控	视频监控	摄像头、视频箱、显示屏	—	G2/N2	G3/N2	G3/N3	G3/N4
		交通监控	车道指示器、信号灯	—	G2/N2	G3/N2	G3/N3	G3/N4
		设备监控	环境检测器、风速仪、监控箱	—	G2/N2	G3/N2	G3/N3	G3/N4
		火灾报警	探测器、喷头	—	G2/N2	G3/N2	G3/N3	G3/N4
		无线对讲	对讲设备	—	G2/N2	G3/N2	G3/N3	G3/N4
	隧道照明	照明设施	灯具	—	G2/N2	G3/N2	G3/N3	G3/N4
		供配电设备	配电箱、电缆桥架	—	G2/N2	G3/N2	G3/N3	G3/N4
	附属设施	—	检修道、排水沟、沟槽盖板、防撞墙	—	G2/N2	G3/N2	G3/N3	G3/N4

注：模型精细度 G 和信息深度 N 的要求参照第 4 章的相关内容。

（3）暗挖隧道宜划分为隧道结构、隧道建筑、隧道通风、隧道消防、隧道监控、隧道照明和附属设施，各阶段模型单元交付深度应符合表 7.4-2 的规定。

暗挖隧道各阶段模型单元交付深度　　表 7.4-2

一级系统	二级系统	三级系统	包含模型单元	方案设计	初步设计	施工图设计	施工阶段	运维阶段
暗挖隧道	隧道结构	洞口	洞门端墙、挡墙	G2/N1	G2/N2	G3/N2	G3/N3	G3/N4
		支护	大管棚、锚杆、钢架、钢板	—	G2/N2	G3/N2	G3/N3	G3/N4
		结构主体	拱部、边墙、仰拱、顶板、底板、隧底填充	—	G2/N2	G3/N2	G3/N3	G3/N4
	隧道建筑	工作井	墙、板、柱	—	G2/N2	G3/N2	G3/N3	G3/N4
		设备用房	墙、板、柱、梁、门、窗	—	G2/N2	G3/N2	G3/N3	G3/N4
		管理用房	墙、板、柱、梁、门、窗	—	G2/N2	G3/N2	G3/N3	G3/N4
	隧道通风	—	空调、风机、风管、风阀	—	G2/N2	G3/N2	G3/N3	G3/N4
	隧道消防	—	消火栓、灭火器、喷头、管道	—	G2/N2	G3/N2	G3/N3	G3/N4
	隧道监控	视频监控	摄像头、视频箱、显示屏	—	G2/N2	G3/N2	G3/N3	G3/N4
		交通监控	车道指示器、信号灯	—	G2/N2	G3/N2	G3/N3	G3/N4
		设备监控	环境检测器、风速仪、监控箱	—	G2/N2	G3/N2	G3/N3	G3/N4

续表

一级系统	二级系统	三级系统	包含模型单元	方案设计	初步设计	施工图设计	施工阶段	运维阶段
暗挖隧道	隧道监控	火灾报警	探测器、喷头	—	G2/N2	G3/N2	G3/N3	G3/N4
		无线对讲	对讲设备	—	G2/N2	G3/N2	G3/N3	G3/N4
	隧道照明	照明设施	灯具	—	G2/N2	G3/N2	G3/N3	G3/N4
		供配电设备	配电箱、电缆桥架	—	G2/N2	G3/N2	G3/N3	G3/N4
	附属设施	—	检修道、排水沟、沟槽盖板、防撞墙	—	G2/N2	G3/N2	G3/N3	G3/N4

注：模型精细度 G 和信息深度 N 的要求参照第 4 章的相关内容。

（4）盾构隧道宜划分为隧道结构、隧道建筑、隧道通风、隧道消防、隧道监控、隧道照明和附属设施，各阶段模型单元交付深度应符合表 7.4-3 的规定。

盾构隧道各阶段模型单元交付深度　　表 7.4–3

一级系统	二级系统	三级系统	包含模型单元	方案设计	初步设计	施工图设计	施工阶段	运维阶段
盾构隧道	隧道结构	结构主体	混凝土管片	G2/N1	G2/N2	G3/N2	G3/N3	G3/N4
			口形件，π 形件、车道板	—	G2/N2	G3/N2	G3/N3	G3/N4
	隧道建筑	工作井	墙、板、柱	—	G2/N2	G3/N2	G3/N3	G3/N4
		设备用房	墙、板、柱、梁、门、窗	—	G2/N2	G3/N2	G3/N3	G3/N4
		管理用房	墙、板、柱、梁、门、窗	—	G2/N2	G3/N2	G3/N3	G3/N4
	隧道通风	—	空调、风机、风管、风阀	—	G2/N2	G3/N2	G3/N3	G3/N4
	隧道消防	—	消火栓、灭火器、喷头、管道	—	G2/N2	G3/N2	G3/N3	G3/N4
	隧道监控	视频监控	摄像头、视频箱、显示屏	—	G2/N2	G3/N2	G3/N3	G3/N4
		交通监控	车道指示器、信号灯	—	G2/N2	G3/N2	G3/N3	G3/N4
		设备监控	环境检测器、风速仪、监控箱	—	G2/N2	G3/N2	G3/N3	G3/N4
		火灾报警	探测器、喷头	—	G2/N2	G3/N2	G3/N3	G3/N4
		无线对讲	对讲设备	—	G2/N2	G3/N2	G3/N3	G3/N4
	隧道照明	照明设施	灯具	—	G2/N2	G3/N2	G3/N3	G3/N4
		供配电设备	配电箱、电缆桥架	—	G2/N2	G3/N2	G3/N3	G3/N4
	附属设施	—	检修道、排水沟、沟槽盖板、防撞墙	—	G2/N2	G3/N2	G3/N3	G3/N4

注：模型精细度 G 和信息深度 N 的要求参照第 4 章的相关内容。

（5）沉管隧道宜划分为隧道结构、隧道建筑、隧道通风、隧道消防、隧道监控、隧道照明和附属设施，各阶段模型单元交付深度应符合表 7.4-4 的规定。

沉管隧道各阶段模型单元交付深度　　表 7.4-4

一级系统	二级系统	三级系统	包含模型单元	方案设计	初步设计	施工图设计	施工阶段	运维阶段
沉管隧道	隧道结构	基槽	基槽结构	—	G2/N2	G3/N2	G3/N3	G3/N4
		干坞	围护桩、支撑、止水帷幕、基坑	—	G2/N2	G3/N2	G3/N3	G3/N4
		沉管管节	顶板、底板、侧板	G2/N1	G2/N2	G3/N2	G3/N3	G3/N4
			防锚层、护边块、剪切键、连接键、钢端封门、止水带	—	G2/N2	G3/N2	G3/N3	G3/N4
	隧道建筑	设备用房	墙、板、柱、梁、门、窗	—	G2/N2	G3/N2	G3/N3	G3/N4
		管理用房	墙、板、柱、梁、门、窗	—	G2/N2	G3/N2	G3/N3	G3/N4
	隧道通风	—	空调、风机、风管、风阀	—	G2/N2	G3/N2	G3/N3	G3/N4
	隧道消防	—	消火栓、灭火器、喷头、管道	—	G2/N2	G3/N2	G3/N3	G3/N4
	隧道监控	视频监控	摄像头、视频箱、显示屏	—	G2/N2	G3/N2	G3/N3	G3/N4
		交通监控	车道指示器、信号灯	—	G2/N2	G3/N2	G3/N3	G3/N4
		设备监控	环境检测器、风速仪、监控箱	—	G2/N2	G3/N2	G3/N3	G3/N4
		火灾报警	探测器、喷头	—	G2/N2	G3/N2	G3/N3	G3/N4
		无线对讲	对讲设备	—	G2/N2	G3/N2	G3/N3	G3/N4
	隧道照明	照明设施	灯具	—	G2/N2	G3/N2	G3/N3	G3/N4
		供配电设备	配电箱、电缆桥架	—	G2/N2	G3/N2	G3/N3	G3/N4
	附属设施	—	检修道、排水沟、沟槽盖板、防撞墙	—	G2/N2	G3/N2	G3/N3	G3/N4

注：模型精细度 G 和信息深度 N 的要求参照第 4 章的相关内容。

7.5　轨道交通工程

（1）轨道交通工程信息模型的交付，一级系统宜分为线路、轨道、车站建筑、地下结构、工程筹划、通风空调、照明系统、变电所、电力监控系统、通信系统、信号系统、火灾自动报警系统、综合监控系统、环境与设备监控系统、车站装修。

（2）线路专业宜分为正线和标注，各节段模型单元交付深度应符合表 7.5-1 的规定。

线路专业各阶段模型单元交付深度　　表 7.5-1

一级系统	二级系统	三级系统	模型单元	方案设计	初步设计	施工图设计	施工阶段	运维阶段
轨道交通工程	线路	正线	—	—	G2/N2	G3/N3	G3/N3	G3/N4
		标注	线路特征点里程及坐标（线路起终点、车站站中心、百米标、曲线要素点、断链等）	—	G2/N2	G3/N3	G3/N3	G3/N4
			曲线交点坐标	—	G2/N2	G3/N3	G3/N3	G3/N4

续表

一级系统	二级系统	三级系统	模型单元	方案设计	初步设计	施工图设计	施工阶段	运维阶段
轨道交通工程	线路	标注	车站站名、站间距	—	G2/N2	G3/N3	G3/N3	G3/N4
			道路、桥梁、河流、管线等控制性因素里程及坐标	—	G2/N2	G3/N3	G3/N3	G3/N4
			有效站台和区间分界、里程、道岔、车挡、区间附属（风井、泵房、联络通道等）里程及坐标	—	G2/N2	G3/N3	G3/N3	G3/N3

（3）轨道专业模型单元交付深度应符合表 7.5-2 的规定。

轨道各阶段模型单元交付深度 表 7.5–2

一级系统	二级系统	三级系统	模型单元	方案设计	初步设计	施工图设计	施工阶段	运维阶段
轨道交通工程	轨道	钢轨	标准钢轨	—	G2/N2	G3/N3	G3/N3	G3/N4
			异型轨、胶结绝缘轨	—	—	G3/N3	G3/N3	G3/N3
		钢轨接头	普通接头、绝缘接头、冻结接头、胶结绝缘接头	—	—	G3/N3	G3/N3	G3/N3
		扣件（要求一致可合并）	地下线扣件、高架线扣件、减振扣件、碎石道床扣件、车场线整体道床扣件	—	G2/N2	G3/N3	G3/N3	G3/N4
		轨枕	混凝土枕、树脂轨枕	—	G2/N2	G3/N3	G3/N3	G3/N4
		轨道板	地下线轨道板、高架线轨道板	—	G2/N2	G3/N3	G3/N3	G3/N4
		道岔	单开道岔、交叉渡线	—	G2/N2	G3/N3	G3/N3	G3/N4
		钢轨伸缩调节器	单向伸缩调节器、双向伸缩调节器	—	G2/N2	G3/N3	G3/N3	G3/N4
		碎石道床	单层碎石道床、双层碎石道床	—	G2/N2	G3/N3	G3/N3	G3/N4
		整体道床	一般整体道床、高等减振整体道床、特殊减振整体道床、车场线整体道床	—	G2/N2	G3/N3	G3/N3	G3/N4
		加强设备	轨距杆、轨撑	—	—	G3/N3	G3/N3	G3/N4
		附属设备	车挡、护轨	—	G2/N2	G3/N3	G3/N3	G3/N3
			线路标志、涂油器	—	—	G3/N3	G3/N3	G3/N3

（4）车站建筑专业模型单元交付深度应符合表 7.5-3 的规定。

车站建筑各阶段模型单元交付深度 表 7.5–3

一级系统	二级系统	三级系统	模型单元	工可方案	初步设计	施工图设计	施工阶段	运维阶段
轨道交通工程	车站建筑	建筑外墙	基层 / 面层	G2/N1	G2/N2	G3/N3	G3/N3	G3/N3
			保温层	—	G2/N2	G2/N3	G3/N3	G3/N3
			其他构造层	—	—	G1/N2	G3/N3	G3/N3

续表

一级系统	二级系统	三级系统	模型单元	工可方案	初步设计	施工图设计	施工阶段	运维阶段
轨道交通工程	车站建筑	建筑外墙	配筋、安装构件	—	—	G1/N3	G3/N3	G3/N3
			密封材料	—	—	G1/N3	G2/N3	G2/N3
		建筑内墙	基层 / 面层	G2/N1	G2/N2	G3/N3	G3/N3	G3/N3
			其他构造层	—	—	G2/N3	G3/N3	G3/N3
			安装构件、配筋	—	—	G1/N3	G3/N3	G3/N3
			密封材料	—	—	G1/N3	G2/N3	G2/N3
		建筑柱（含构造柱）	基层 / 面层	G2/N1	G2/N2	G3/N3	G3/N3	G3/N3
			安装构件、配筋	—	—	G1/N3	G3/N3	G3/N3
		圈梁、过梁	基层 / 面层	G2/N1	G2/N2	G3/N3	G3/N3	G3/N3
			安装构件、配筋	—	—	G1/N3	G3/N3	G3/N3
		门窗	框材 / 嵌板	G2/N1	G2/N2	G3/N3	G3/N3	G3/N3
			通风百叶 / 观察窗、把手、安装构件	—	—	G1/N3	G3/N3	G3/N3
		屋顶	基层 / 面层	G2/N1	G2/N2	G3/N3	G3/N3	G3/N3
			保温层	—	—	G2/N3	G3/N3	G3/N3
			防水层、保护层、檐口、配筋、安装构件、密封材料	—	—	G1/N3	G3/N3	G3/N3
		楼面、地面	基层 / 面层	G2/N1	G2/N2	G3/N3	G3/N3	G3/N3
			保温层、防水层	—	—	G2/N3	G3/N3	G3/N3
			配筋、安装构件	—	—	G1/N3	G3/N3	G3/N3
		幕墙	嵌板	G2/N1	G2/N2	G3/N3	G3/N3	G3/N3
			主要支撑构件	—	G2/N2	G2/N3	G3/N3	G3/N3
			支撑构件配件、安装构件、密封材料	—	—	G1/N3	G3/N3	G3/N3
		顶棚	板材	G2/N1	G2/N2	G3/N3	G3/N3	G3/N3
			主要支撑构件	—	G2/N2	G2/N3	G3/N3	G3/N3
			支撑构件配件、安装构件、密封材料	—	—	G1/N3	G3/N3	G3/N3
		楼梯、坡道、台阶	基层 / 面层	G2/N1	G2/N2	G3/N3	G3/N3	G3/N3
			其他构造层	—	—	G2/N3	G3/N3	G3/N3
			梯段 / 平台 / 梁	G1/N1	G2/N2	G3/N3	G3/N3	G3/N3
			栏杆 / 栏板	G1/N1	G1/N1	G2/N3	G3/N3	G3/N3
			防滑条、配筋、安装构件、密封材料	—	—	G1/N3	G3/N3	G3/N3
		运输系统	主要设备	G1/N1	G1/N2	G2/N3	G3/N3	G3/N3
			附属配件、安装构件	—	—	G1/N3	G2/N3	G2/N3

续表

一级系统	二级系统	三级系统	模型单元	工可方案	初步设计	施工图设计	施工阶段	运维阶段
轨道交通工程	车站建筑	散水、明沟	基层 / 面层	G2/N1	G2/N2	G3/N3	G3/N3	G3/N3
			其他构造层	—	—	G2/N3	G3/N3	G3/N3
			配筋、安装构件	—	—	G1/N3	G3/N3	G3/N3
		栏杆	扶手、栏板 / 护栏	G2/N1	G2/N2	G3/N3	G3/N3	G3/N3
			主要支撑构件	G2/N1	G2/N2	G2/N3	G3/N3	G3/N3
			支撑构件配件、安装构件、密封材料	—	—	G1/N3	G3/N3	G3/N3
		雨篷	基层 / 面层 / 板材	G2/N1	G2/N2	G3/N3	G3/N3	G3/N3
			主要支撑构件	—	G2/N2	G2/N3	G3/N3	G3/N3
			支撑构件配件、安装构件、密封材料	—	—	G1/N3	G3/N3	G3/N3
		阳台、露台	基层 / 面层	G2/N1	G2/N2	G3/N3	G3/N3	G3/N3
			其他构造层	—	—	G1/N3	G3/N3	G3/N3
			配筋、安装构件、密封材料	—	—	G1/N3	G3/N3	G3/N3
		压顶	基层 / 面层	G2/N1	G2/N2	G3/N3	G3/N3	G3/N3
			其他构造层、配筋	—	—	G1/N3	G3/N3	G3/N3
			安装构件、密封材料	—	—	G1/N3	G2/N3	G2/N3
				—	—	G1/N3	G2/N3	G2/N3
		变形缝	填充物	—	—	G1/N3	G2/N3	G2/N3
			盖缝板	—	—	G1/N3	G3/N3	G3/N3
			安装构件、密封材料	—	—	G1/N3	G2/N3	G2/N3
				—	—	G1/N3	G2/N3	G2/N3
		室内构造	基层 / 面层 / 嵌板	G2/N1	G2/N2	G3/N3	G3/N3	G3/N3
			支撑构件 / 龙骨、其他构造层、装饰物、安装构件	—	—	G1/N3	G3/N3	G3/N3
			密封材料	—	—	G1/N3	G2/N3	G2/N3
		家具、洁具	家具、洁具	G1/N1	G1/N2	G2/N3	G2/N3	G2/N3
			安装构件	—	—	G1/N3	G3/N3	G3/N3
		设备孔洞	孔洞	—	—	G2/N3	G3/N3	G3/N3
			保护层、预埋件、密封材料	—	—	G1/N3	G3/N3	G3/N3
		预埋件	基层 / 面层	—	—	G2/N3	G3/N3	G3/N3
			其他构造层、安装构件、配筋	—	—	G1/N3	G3/N3	G3/N3

（5）地下结构专业模型单元交付深度应符合表 7.5-4 的规定。

地下结构各阶段模型单元交付深度　　表 7.5-4

一级系统	二级系统	三级系统	模型单元	方案设计	初步设计	施工图设计	施工阶段	运维阶段
轨道交通工程	地下结构	明挖围护结构	冠梁	—	G2/N1	G3/N3	G3/N3	G3/N3
			钻孔灌注桩	—	G2/N2	G3/N3	G3/N3	G3/N3
			SMW	—	—	G2/N2	G3/N3	G3/N3
			钢管桩、止水帷幕、地下连续墙混凝土支撑、钢支撑、钢腰梁	—	G2/N2	G3/N3	G3/N3	G3/N3
			锚杆	—	G2/N1	G3/N3	G3/N3	G3/N3
			锚索	—	G2/N1	G3/N3	G3/N3	G3/N3
			导墙、挡墙	—	—	G3/N3	G3/N3	G3/N3
			坡面喷射混凝土、临时立柱、临时立柱桩基、立柱连系梁、截水沟、垫层、抗剪凳、明挖回填	—	G2/N2	G3/N3	G3/N3	G3/N3
		明挖主体结构	墙、板	G1/N1	G2/N2	G3/N3	G3/N3	G3/N3
			梁、混凝土柱、钢管混凝土柱、型钢柱、楼梯板	—	G2/N2	G3/N3	G3/N3	G3/N3
			腋角	—	G2	G3/N3	G3/N3	G3/N3
			混凝土回填	—	G2/N2	G3/N3	G3/N3	G3/N3
			预埋件、轨顶风道	—	G2/N1	G3/N3	G3/N3	G3/N3
			抗拔桩、压顶梁	—	G2/N2	G3/N3	G3/N3	G3/N3
		暗挖结构	超前锚杆、超前小导管、超前管棚、超前水平旋喷桩、掌子面封闭混凝土、临时仰拱、掌子面超前锚杆、临时构件支撑、锁脚锚杆、超前周边注浆、超前帷幕注浆、周边注浆、初期支护、系统锚杆、地表注浆、地表旋喷桩	—	G2/N2	G3/N3	G3/N3	G3/N3
				—	G2/N2	G3/N3	G3/N3	G3/N3
			拱部二衬结构、侧墙二衬结构、仰拱／底板二衬结构	G1/N1	G2/N2	G3/N3	G3/N3	G3/N3
		盾构区间	混凝土管片	G1/N1	G2/N2	G3/N3	G3/N3	G3/N3
			钢管片、钢垫圈、后浇环梁	—	G2/N1	G3/N3	G3/N3	G3/N3
				—	G2/N1	G3/N3	G3/N3	G3/N3
				—	G2/N1	G3/N3	G3/N3	G3/N3

（6）工程筹划专业模型单元交付深度应符合表 7.5-5 的规定。

（7）通风空调专业各节段模型单元交付深度应符合表 7.5-6 的规定。

工程筹划专业各阶段模型单元交付深度 表 7.5-5

一级系统	二级系统	三级系统	模型单元	方案设计	初步设计	施工图设计	施工阶段	运维阶段
轨道交通工程	工程筹划	房屋拆迁	拆迁红线	G2/N2	G2/N2	—	—	—
			角点及坐标	G2/N2	G2/N2	—	—	—
			拆迁房屋属性	G2/N2	G2/N2	—	—	—
			方位	G2/N2	G2/N2	—	—	—
		征地 / 占地	征地 / 占地红线	G2/N2	G2/N2	—	—	—
			角点及坐标	G2/N2	G2/N2	—	—	—
			征地 / 占地范围内建筑物	G2/N2	G2/N2	—	—	—
			征地 / 占地范围内地面附属物	G2/N2	G2/N2	—	—	—
		交通疏解	施工围挡	G2/N2	G2/N2	G3/N3	—	—
			临时道路	G2/N2	G2/N2	G3/N3	—	—
			标线 / 标志	G2/N2	G2/N2	G3/N3	—	—
			方位标示	G2/N2	G2/N2	G3/N3	—	—
		管线迁改	管线	G2/N2	G2/N2	G3/N3	—	—
			检查井	G2/N2	G2/N2	G3/N3	—	—
			施工竖井 / 基坑	G2/N2	G2/N2	G3/N3	—	—
			需处理的原管线	G2/N2	G2/N2	G3/N3	—	—

通风空调专业各阶段模型单元交付深度 表 7.5-6

一级系统	二级系统	三级系统	包含模型单元	方案设计	初步设计	施工图设计	施工阶段	运维阶段
轨道交通工程	通风空调	机械设备	风机、制冷机组 / 制热机组、空调机组、风机盘管、多联机空调、分体空调、冷却塔、分集水器、冷水机组、水泵、水处理装置	G1/N1	G2/N2	G3/N3	G3/N3	G3/N3
		风管	—	G1/N1	G2/N2	G3/N3	G3/N3	G3/N3
		风管附件	消声器、风阀、仪表及其他	G1/N1	G2/N2	G3/N3	G3/N3	G3/N3
				G1/N1	G2/N2	G3/N3	G3/N3	G3/N3
				G1/N1	G2/N2	G3/N3	G3/N3	G3/N3
		风管末端	—	G1/N1	G2/N2	G3/N3	G3/N3	G3/N3
		水管	冷冻水 / 冷却水管、冷凝水管	G1/N1	G2/N2	G3/N3	G3/N3	G3/N3
				G1/N1	G2/N2	G3/N3	G3/N3	G3/N3
			膨胀水管 / 补水管 / 泄水管等	G1/N1	G1/N1	G2/N2	G3/N3	G3/N3
		套管（风水管水管多联机）	—	G1/N1	G2/N2	G3/N3	G3/N3	G3/N3
		水管附件	—	G1/N1	G1/N1	G3/N3	G3/N3	G3/N3
		保温层	—	G1/N1	G1/N1	G3/N3	G3/N3	G3/N3
		其他	水箱等设备	G1/N1	G2/N2	G3/N3	G3/N3	G3/N3

（8）车站动力照明专业模型单元交付深度应符合表 7.5-7 的规定。

车站动力照明专业各阶段模型单元交付深度　　表 7.5–7

一级系统	二级系统	三级系统	模型单元	方案设计	初步设计	施工图设计	施工阶段	运维阶段
轨道交通工程	照明系统	配电箱	柜体	—	G2/N2	G3/N3	G3/N3	G3/N4
			指示灯	—	—	G2/N2	G3/N3	G3/N4
			附属配件	—	—	—	G3/N3	G3/N4
		配电柜	柜体	—	G2/N2	G3/N3	G3/N3	G3/N4
			指示灯	—	—	G2/N2	G3/N3	G3/N4
			附属配件	—	—	—	G3/N3	G3/N4
		环控电控柜	柜体	—	G2/N2	G3/N3	G3/N3	G3/N4
			指示灯	—	—	G2/N2	G3/N3	G3/N4
			附属配件	—	—	—	G3/N3	G3/N4
		EPS 应急照明电源屏	EPS	机柜	—	G2/N2	G3/N3	G3/N4
			控制电源柜	—	G2/N2	G3/N3	G3/N3	G3/N4
			驱动电源柜	—	G2/N2	G3/N3	G3/N3	G3/N4
			蓄电池柜	—	G2/N2	G3/N3	G3/N3	G3/N4
		照明灯具	主要设备	G1/N1	G1/N2	G2/N3	G3/N3	G3/N4
			附属配件	—	—	G1/N3	G2/N3	G2/N4
			安装构件	—	—	G1/N3	G2/N3	G2/N4
		开关	主要设备	G1/N1	G1/N2	G2/N3	G3/N3	G3/N3
			附属配件	—	—	G1/N3	G2/N3	G2/N3
			安装构件	—	—	G1/N3	G2/N3	G2/N3
		插座	主要设备	G1/N1	G1/N2	G2/N3	G3/N3	G3/N3
			附属配件	—	—	G1/N3	G2/N3	G2/N3
			安装构件	—	—	G1/N3	G2/N3	G2/N3
		电缆桥架	主要设备	—	G2/N2	G3/N3	G3/N3	G3/N3
			安装构件	—	—	G1/N3	G2/N3	G2/N3
		线槽、线管	线槽	—	G2/N2	G3/N3	G3/N3	G3/N3
			线管	—	G2/N2	G3/N3	G3/N3	G3/N3

（9）变电专业模型单元交付深度应符合表 7.5-8 的规定。

变电专业各阶段模型单元交付深度　　表 7.5–8

一级系统	二级系统	三级系统	模型单元	方案设计	初步设计	施工图设计	施工阶段	运维阶段
供电	变电所	设备	中压开关柜	—	G2/N1	G3/N2	G3/N3	G3/N3
			直流开关柜	—	G2/N1	G3/N2	G3/N3	G3/N3
			负极柜	—	G2/N1	G3/N2	G3/N3	G3/N3
			400V 开关柜	—	G2/N1	G3/N2	G3/N3	G3/N3
			交流屏	—	G2/N1	G3/N2	G3/N3	G3/N3
			直流屏	—	G2/N1	G3/N2	G3/N3	G3/N3
			蓄电池屏	—	G2/N1	G3/N2	G3/N3	G3/N3
			配电变压器	—	G2/N1	G3/N2	G3/N3	G3/N3
			牵引整流变压器	—	G2/N1	G3/N2	G3/N3	G3/N3
			逆变变压器	—	G2/N1	G3/N2	G3/N3	G3/N3
			整流器柜	—	G2/N1	G3/N2	G3/N3	G3/N3
			逆变器柜	—	G2/N1	G3/N2	G3/N3	G3/N3
			钢轨电位限制装置	—	G2/N1	G3/N2	G3/N3	G3/N3
			有源滤波柜	—	G2/N1	G3/N2	G3/N3	G3/N3
			可视化接地装置	—	G2/N1	G3/N2	G3/N3	G3/N3
		管线	中压电力电缆	—	—	G3/N2	G3/N3	G3/N3
			直流电力电缆	—	—	G3/N2	G3/N3	G3/N3
			低压电力电缆	—	—	G3/N2	G3/N3	G3/N3
			控制电缆	—	—	G3/N2	G3/N3	G3/N3
			通信电缆	—	—	G3/N2	G3/N3	G3/N3
			接地干线	—	—	G3/N2	G3/N3	G3/N3
			母线	—	—	G3/N2	G3/N3	G3/N3
			桥架	—	—	G3/N2	G3/N3	G3/N3
			支架	—	—	G3/N2	G3/N3	G3/N3
			线管	—	—	G3/N2	G3/N3	G3/N3
		预埋件	设备基础	—	—	G3/N2	G3/N3	G3/N3
			设备孔洞	—	—	G3/N2	G3/N3	G3/N3

（10）电力监控专业模型单元交付深度应符合表 7.5-9 的规定。

电力监控专业各阶段模型单元交付深度　　表 7.5–9

一级系统	二级系统	三级系统	模型单元	方案设计	初步设计	施工图设计	施工阶段	运维阶段
供电	电力监控系统	设备	控制信号屏	—	G2/N1	G3/N2	G3/N3	G3/N3
			电能管理屏	—	G2/N1	G3/N2	G3/N3	G3/N3
		管线	低压电力电缆	—	—	G3/N2	G3/N3	G3/N3
			控制电缆	—	—	G3/N2	G3/N3	G3/N3
			通信电缆	—	—	G3/N2	G3/N3	G3/N3
			通信光缆	—	—	G3/N2	G3/N3	G3/N3
			线管	—	—	G3/N2	G3/N3	G3/N3
		预埋件	设备基础	—	—	G3/N2	G3/N3	G3/N3
			设备孔洞	—	—	G3/N2	G3/N3	G3/N3

（11）通信专业模型单元交付深度应符合表 7.5-10 的规定。

通信专业各阶段模型单元交付深度　　表 7.5–10

一级系统	二级系统	三级系统	模型单元	方案设计	初步设计	施工图设计	施工阶段	运维阶段
系统专业	通信系统	通信系统模型单元	主要设备	G1/N1	G2/N2	G3/N3	G3/N3	G3/N3
			附属配件	—	—	—	G3/N3	G3/N3
			安装构件	—	—	—	G3/N3	G3/N3
		线槽	主要设备	—	—	G2/N2	G3/N3	G3/N3
		桥架	主要设备	—	—	G2/N2	G3/N3	G3/N3
		镀锌钢管等防护管	主要设备	—	—	G2/N2	G3/N3	G3/N3

（12）信号专业模型单元交付深度应符合表 7.5-11 的规定。

信号专业各阶段模型单元交付深度　　表 7.5–11

一级系统	二级系统	三级系统	模型单元	方案设计	初步设计	施工图设计	施工阶段	运维阶段
系统专业	信号系统	信号机	主要设备	G1/N1	G2/N2	G3/N3	G3/N3	G3/N3
			安装构件	—	—	—	G3/N3	G3/N3
		转辙机	主要设备	G1/N1	G2/N2	G3/N3	G3/N3	G3/N3
			安装构件	—	—	—	G3/N3	G3/N3
		计轴 / 轨道电路	主要设备	G1/N1	G2/N2	G3/N3	G3/N3	G3/N3
			安装构件	—	—	—	G3/N3	G3/N3

续表

一级系统	二级系统	三级系统	模型单元	方案设计	初步设计	施工图设计	施工阶段	运维阶段
系统专业	信号系统	应答器	主要设备	G1/N1	G2/N2	G3/N3	G3/N3	G3/N3
			安装构件	—	—	—	G3/N3	G3/N3
		车地通信设备	主要设备	G1/N1	G2/N2	G3/N3	G3/N3	G3/N3
			安装构件	—	—	—	G3/N3	G3/N3
		各类规旁箱盒	主要设备	G1/N1	G2/N2	G3/N3	G3/N3	G3/N3
			安装构件	—	—	—	G3/N3	G3/N3
		室内设备机柜	主要设备	G1/N1	G2/N2	G3/N3	G3/N3	G3/N3
			安装构件	—	—	—	G3/N3	G3/N3
		工作站	主要设备	—	G2/N2	G3/N3	G3/N3	G3/N3
		打印机	主要设备	—	G2/N2	G3/N3	G3/N3	G3/N3
		自动折返按钮	主要设备	—	G2/N2	G3/N3	G3/N3	G3/N3
			安装构件	—	—	—	G3/N3	G3/N3
		紧急关闭按钮	主要设备	—	G2/N2	G3/N3	G3/N3	G3/N3
			安装构件	—	—	—	G3/N3	G3/N3
		发车计时器	主要设备	—	G2/N2	G3/N3	G3/N3	G3/N3
			安装构件	—	—	—	G3/N3	G3/N3
		人员防护按钮（全自动驾驶工程适用）	主要设备	—	G2/N2	G3/N3	G3/N3	G3/N3
			安装构件	—	—	—	G3/N3	G3/N3
		站台门关闭按钮（全自动驾驶适用）	主要设备	—	G2/N2	G3/N3	G3/N3	G3/N3
			安装构件	—	—	—	G3/N3	G3/N3
		线槽	主要设备	—	—	G2/N2	G3/N3	G3/N3
		桥架	主要设备	—	—	G2/N2	G3/N3	G3/N3
		镀锌钢管等防护管	主要设备	—	—	G2/N2	G3/N3	G3/N3

（13）火灾自动报警系统专业模型单元交付深度应符合表 7.5-12 的规定。

火灾自动报警系统各阶段模型单元交付深度 表 7.5-12

一级系统	二级系统	三级系统	模型单元	方案设计	初步设计	施工图设计	施工阶段	运维阶段
系统专业	火灾自动报警系统	FAS 主机	主要设备	G1/N1	G2/N2	G3/N3	G3/N3	G3/N3
			附属配件	—	—	—	G3/N3	G3/N3
			安装构件	—	—	—	G3/N3	G3/N3
		消防专用电话机	主要设备	G1/N1	G2/N2	G3/N3	G3/N3	G3/N3
			附属配件	—	—	—	G3/N3	G3/N3
			安装构件	—	—	—	G3/N3	G3/N3

续表

一级系统	二级系统	三级系统	模型单元	方案设计	初步设计	施工图设计	施工阶段	运维阶段
系统专业	火灾自动报警系统	消防回路卡	主要设备	G1/N1	G2/N2	G3/N3	G3/N3	G3/N3
		联动操作盘	主要设备	G1/N1	G2/N2	G3/N3	G3/N3	G3/N3
		后备电池	主要设备	G1/N1	G2/N2	G3/N3	G3/N3	G3/N3
			附属配件	—	—	—	G3/N3	G3/N3
		自动 / 手动确认按钮	主要设备	G1/N1	G2/N2	G3/N3	G3/N3	G3/N3
		图形工作站	主要设备	G1/N1	G2/N2	G3/N3	G3/N3	G3/N3
		模块箱	安装构件	—	—	—	G3/N3	G3/N3
			主要设备	G1/N1	G2/N2	G3/N3	G3/N3	G3/N3
		FAS 主机柜	安装构件	—	—	—	G3/N3	G3/N3
			主要设备	G1/N1	G2/N2	G3/N3	G3/N3	G3/N3
		双切箱	主要设备	G1/N1	G2/N2	G3/N3	G3/N3	G3/N3
		蓄电池柜	主要设备	G1/N1	G2/N2	G3/N3	G3/N3	G3/N3
			安装构件	—	—	—	G3/N3	G3/N3
		线槽	主要设备	—	—	G2/N2	G3/N3	G3/N3
		火灾自动报警专业桥架及电缆爬架	主要设备	—	—	G2/N2	G3/N3	G3/N3
		镀锌钢管	主要设备	—	—	G2/N2	G3/N3	G3/N3

（14）综合监控系统专业模型单元交付深度应符合表 7.5-13 的规定。

综合监控系统各阶段模型单元交付深度　　表 7.5–13

一级系统	二级系统	三级系统	模型单元	方案设计	初步设计	施工图设计	施工阶段	运维阶段
系统专业	综合监控系统	IBP 盘面按钮	主要设备	G1/N1	G2/N2	G3/N3	G3/N3	G3/N3
		IBP 盘安装柜	主要设备	G1/N1	G2/N2	G3/N3	G3/N3	G3/N3
			安装构件	—	—	—	G3/N3	G3/N3
		值班站长工作站主机	主要设备	G1/N1	G2/N2	G3/N3	G3/N3	G3/N3
		IBP 盘操作台	主要设备	G1/N1	G2/N2	G3/N3	G3/N3	G3/N3
		值班站长工作站显示器	主要设备	G1/N1	G2/N2	G3/N3	G3/N3	G3/N3
		值班员工作站显示器	主要设备	G1/N1	G2/N2	G3/N3	G3/N3	G3/N3
		值班员工作站主机	主要设备	G1/N1	G2/N2	G3/N3	G3/N3	G3/N3
		临窗操作台	主要设备	G1/N1	G2/N2	G3/N3	G3/N3	G3/N3
		前端处理器	主要设备	G1/N1	G2/N2	G3/N3	G3/N3	G3/N3
		交换机	主要设备	G1/N1	G2/N2	G3/N3	G3/N3	G3/N3
		蓄电池柜	—	—	—	—	—	—
		UPS 主机	主要设备	G1/N1	G2/N2	G3/N3	G3/N3	G3/N3

续表

一级系统	二级系统	三级系统	模型单元	方案设计	初步设计	施工图设计	施工阶段	运维阶段
系统专业	综合监控系统	车站服务器	主要设备	G1/N1	G2/N2	G2/N2	G3/N3	G3/N3
		配电盘	主要设备	G1/N1	G2/N2	G2/N2	G3/N3	G3/N3
		KVM	主要设备	G1/N1	G2/N2	G2/N2	G3/N3	G3/N3
		PDU	主要设备	G1/N1	G2/N2	G2/N2	G3/N3	G3/N3
		光纤终端盒	主要设备	G1/N1	G2/N2	G2/N2	G3/N3	G3/N3
		标准机柜	主要设备	G1/N1	G2/N2	G2/N2	G3/N3	G3/N3
			安装构件	—	—	—	G3/N3	G3/N3
		架空地板下线槽	主要设备	—	—	G2/N2	G3/N3	G3/N3
		桥架及电缆爬架	主要设备	—	—	G2/N2	G3/N3	G3/N3
		镀锌钢管	主要设备	—	—	G2/N2	G3/N3	G3/N3

（15）环境与设备监控系统专业模型单元交付深度应符合表 7.5-14 的规定。

环境与设备监控系统各阶段模型单元交付深度　　表 7.5-14

一级系统	二级系统	三级系统	模型单元	方案设计	初步设计	施工图设计	施工阶段	运维阶段
系统专业	环境与设备监控系统	PLC	主要设备	G1/N1	G2/N2	G3/N3	G3/N3	G3/N3
		模块箱	主要设备	G1/N1	G2/N2	G3/N3	G3/N3	G3/N3
			安装构件	—	—	—	G3/N3	G3/N3
		DI	模块	主要设备	G1/N1	G2/N2	G3/N3	G3/N3
		DO	模块	主要设备	G1/N1	G2/N2	G3/N3	G3/N3
		AI	模块	主要设备	G1/N1	G2/N2	G3/N3	G3/N3
		AO	模块	主要设备	G1/N1	G2/N2	G3/N3	G3/N3
		通信模块	主要设备	G1/N1	G2/N2	G3/N3	G3/N3	G3/N3
		交换机	主要设备	G1/N1	G2/N2	G3/N3	G3/N3	G3/N3
		PLC 机柜	主要设备	G1/N1	G2/N2	G2/N2	G3/N3	G3/N3
			安装构件	—	—	—	G3/N3	G3/N3
		维护工作站	主要设备	G1/N1	G2/N2	G3/N3	G3/N3	G3/N3
		配电盘	主要设备	G1/N1	G2/N2	G3/N3	G3/N3	G3/N3
		BAS	线槽	主要设备	—	—	G2/N2	G2/N2
		桥架及电缆爬架	主要设备	—	—	G2/N2	G3/N3	G3/N3
		镀锌钢管	主要设备	—	—	G2/N2	G3/N3	G3/N3

（16）车站装修专业模型单元交付深度应符合表 7.5-15 的规定。

车站装修各阶段模型单元交付深度 表 7.5–15

一级系统	二级系统	三级系统	模型单元	方案设计	初步设计	施工图设计	施工阶段	运维阶段
轨道交通工程	车站装修	公共区地面	地砖	—	G2/N2	G3/N3	G3/N4	G3/N4
			行进盲道	—	G2/N2	G3/N3	G3/N4	G3/N4
			止步盲道	—	G2/N2	G3/N3	G3/N4	G3/N4
			地砖缝	—	G2/N2	G3/N3	G3/N4	G3/N4
			基层	—	G2/N2	G3/N3	G3/N4	G3/N4
			材料伸缩缝	—	G2/N2	G3/N3	G3/N4	G3/N4
			地面疏散指示	—	G2/N2	G3/N3	G3/N4	G3/N4
			排水沟箅子	—	G2/N2	G3/N3	G3/N4	G3/N4
		公共区墙面	干挂烤瓷铝板	—	G2/N2	G3/N3	G3/N4	G3/N4
			干挂搪瓷钢板	—	G2/N2	G3/N3	G3/N4	G3/N4
			干挂石材	—	G2/N2	G3/N3	G3/N4	G3/N4
			干挂水泥纤维板	—	G2/N2	G3/N3	G3/N4	G3/N4
			干挂钢化夹胶玻璃	—	G2/N2	G3/N3	G3/N4	G3/N4
			湿贴瓷砖	—	G2/N2	G3/N3	G3/N4	G3/N4
			基层	—	G2/N2	G3/N3	G3/N4	G3/N4
			龙骨及配件	—	G2/N2	G3/N3	G3/N4	G3/N4
			疏散指示	—	G2/N2	G3/N3	G3/N4	G3/N4
			广告灯箱	—	G2/N2	G3/N3	G3/N4	G3/N4
			踢脚线	—	G2/N2	G3/N3	G3/N4	G3/N4
			导向牌	—	G2/N2	G3/N3	G3/N4	G3/N4
			消火栓暗门	—	G2/N2	G3/N3	G3/N4	G3/N4
			窗套	—	G2/N2	G3/N3	G3/N4	G3/N4
		公共区顶面	铝方通、铝板、穿孔板、张拉网	—	G2/N2	G3/N3	G3/N4	G3/N4
			龙骨、吊杆、连接件、反支撑等	—	G2/N2	G3/N3	G3/N4	G3/N4
			灯具	—	G2/N2	G3/N3	G3/N4	G3/N4
			挡烟垂壁	—	G2/N2	G3/N3	G3/N4	G3/N4
		其他	栏杆	—	G2/N2	G3/N3	G3/N4	G3/N4
			闸机	—	G2/N2	G3/N3	G3/N4	G3/N4
			自动售票机	—	G2/N2	G3/N3	G3/N4	G3/N4
			自动售货机	—	G2/N2	G3/N3	G3/N4	G3/N4
			客服中心	—	G2/N2	G3/N3	G3N4	G3/N4
			安检机	—	G2/N2	G3/N3	G3/N4	G3/N4

续表

一级系统	二级系统	三级系统	模型单元	方案设计	初步设计	施工图设计	施工阶段	运维阶段
轨道交通工程	车站装修	卫生间	墙面瓷砖（防水）	—	G2/N2	G3/N3	G3/N4	G3/N4
			地面瓷砖（防水）	—	G2/N2	G3/N3	G3/N4	G3/N4
			顶面铝方通	—	G2/N2	G3/N3	G3/N4	G3/N4
			顶面铝板	—	G2/N2	G3/N3	G3/N4	G3/N4
			卫生间隔断	—	G2/N2	G3/N3	G3/N4	G3/N4
			洗手盆（台上盆、台下盆）	—	G2/N2	G3/N3	G3/N4	G3/N4
			银镜	—	G2/N2	G3/N3	G3/N4	G3/N4
			坐便器 / 蹲便器	—	G2/N2	G3/N3	G3/N4	G3/N4
			小便斗	—	G2/N2	G3/N3	G3/N4	G3/N4
			墩布池	—	G2/N2	G3/N3	G3/N4	G3/N4
		无障碍设计	无障碍卫生间扶手	—	G2/N2	G3/N3	G3/N4	G3/N4
			紧急呼叫按钮	—	G2/N2	G3/N3	G3/N4	G3/N4
			母婴室家具	—	G2/N2	G3/N3	G3/N4	G3/N4

7.6　给水排水工程

（1）市政给水排水工程信息模型的交付，一级系统宜分为给水工程、污水工程和管线工程。

（2）市政给水排水工程二级系统宜根据构筑物或管线类别划分；三级系统宜根据构筑物或管线构成划分。

（3）给水工程各节段模型单元交付深度见表 7.6-1。

给水工程各节段模型单元交付深度　　表 7.6–1

一级系统	二级系统	三级系统	模型单元	方案设计	初步设计	施工图设计	施工阶段	运维阶段
给水工程	絮凝沉淀池	前混合井	底板、壁板	G1/N1	G2/N2	G3/N3	G3/N3	G3/N4
		絮凝区（折板）	底板、壁板、折板、排泥斗、过渡段隔板、配水花墙	G1/N1	G2/N2	G3/N3	G3/N3	G3/N4
		沉淀区（平流）	底板、壁板、中央分隔板、集水坑	G1/N1	G2/N2	G3/N3	G3/N3	G3/N4
		出水区	底板、壁板、中央分隔板、指形槽、排水渠、集水坑、出水总渠	G1/N1	G2/N2	G3/N3	G3/N3	G3/N4
		后混合区	底板、壁板	G1/N1	G2/N2	G3/N3	G3/N3	G3/N4
		附属	栏杆、走道板、盖板、小天桥、楼梯、底板垫层、预留孔洞、管道及支架	G1/N1	G2/N2	G3/N3	G3/N3	G3/N4
		主要设备	刮泥机、阀门	G1/N1	G2/N2	G3/N3	G3/N3	G3/N4

续表

一级系统	二级系统	三级系统	模型单元	方案设计	初步设计	施工图设计	施工阶段	运维阶段
给水工程	滤池	管廊	柱、梁、楼、板门、窗、底板、屋面板、管廊出水井、中间管廊	G1/N1	G2/N2	G3/N3	G3/N3	G3/N4
		滤格	底板、纵向边壁板、横向壁板、滤池反冲洗排水孔、中间壁板、反冲洗排水渠、混凝土垫层、配气配水隔墙、滤池进水渠、反冲洗水槽、可调堰板、进水溢流口、肋板、V形槽、滤板、网架、滤头、滤板隔墙	G1/N1	G2/N2	G3/N3	G3/N3	G3/N4
		附属	走道板、楼梯、扶手、盖板、底板垫层、栏杆、管道及支架	G1/N1	G2/N2	G3/N3	G3/N3	G3/N4
		主要设备	阀门、闸门、泵、风机	G1/N1	G2/N2	G3/N3	G3/N3	G3/N4
	清水池	池体	顶板、底板、池壁、隔墙、导流墙、立柱、柱帽	G1/N1	G2/N2	G3/N3	G3/N3	G3/N4
		附属	钢梯、人孔、集水坑、通气管、顶板覆土、顶板挡土墙、管道及支架	G1/N1	G2/N2	G3/N3	G3/N3	G3/N4
		主要设备	阀门、闸门	G1/N1	G2/N2	G3/N3	G3/N3	G3/N4
	二级泵房	上部结构	墙、梁、屋面板、柱、窗、门、屋面板	G1/N1	G2/N2	G3/N3	G3/N3	G3/N4
		下部结构	外墙壁板、梁、走道板柱、泵基	G1/N1	G2/N2	G3/N3	G3/N3	G3/N4
		附属	起重机梁、牛腿、栏杆、楼梯、扶手、盖板、通风井、管道及支架	G1/N1	G2/N2	G3/N3	G3/N3	G3/N4
		主要设备	泵、阀门、起重机	G1/N1	G2/N2	G3/N3	G3/N3	G3/N4

（4）污水工程各节段模型单元交付深度见表 7.6-2。

污水工程各节段模型单元交付深度　　表 7.6-2

一级系统	二级系统	三级系统	模型单元	方案设计	初步设计	施工图设计	施工阶段	运维阶段
污水工程	粗格栅及进水泵房	车间	墙、梁、屋面板、柱、门、窗	G1/N1	G2/N2	G3/N3	G3/N3	G3/N4
		池体	顶板、底板、底板垫层、壁、中隔墙导流墙、防死水抹坡、防死水挡墙、进水挡墙	G1/N1	G2/N2	G3/N3	G3/N3	G3/N4
		附属	走道板、盖板、栏杆、楼梯、预留孔洞、排水沟、设备基础、管道支墩	G1/N1	G2/N2	G3/N3	G3/N3	G3/N4
		主要设备	泵、阀门、起重机、管道及支架	G1/N1	G2/N2	G3/N3	G3/N3	G3/N4
	细格栅及曝气沉砂池	细格栅	顶板、底板、底板垫层、壁、中隔墙、导流墙、防死水抹坡、防死水挡墙	G1/N1	G2/N2	G3/N3	G3/N3	G3/N4
		曝气沉砂池	顶板、底板、底板垫层、壁、柱、浮渣挡板固定墙、空气管廊、曝气区放坡、排砂区、排渣渠、出水溢流堰、防死水抹坡、防死水挡墙	G1/N1	G2/N2	G3/N3	G3/N3	G3/N4

续表

一级系统	二级系统	三级系统	模型单元	方案设计	初步设计	施工图设计	施工阶段	运维阶段
污水工程	细格栅及曝气沉砂池	附属	走道板、盖板、栏杆、楼梯、预留孔洞、排水沟、设备基础、管道支墩	G1/N1	G2/N2	G3/N3	G3/N3	G3/N4
		主要设备	闸门、泵、风机、管道及支架	G1/N1	G2/N2	G3/N3	G3/N3	G3/N4
	旋流沉砂池	分选区	池壁、顶板、底板、开洞	G1/N1	G2/N2	G3/N3	G3/N3	G3/N4
		集砂区	集砂斗、池壁、底板、底板垫层	G1/N1	G2/N2	G3/N3	G3/N3	G3/N4
		进、出水渠道	顶板、池壁、隔墙、底板	G1/N1	G2/N2	G3/N3	G3/N3	G3/N4
		主要设备	泵、闸门、砂水分离器、管道及支架	G1/N1	G2/N2	G3/N3	G3/N3	G3/N4
	平流沉淀池	池体	池壁、底板、垫层、顶板、配水花墙、排泥槽	G1/N1	G2/N2	G3/N3	G3/N3	G3/N4
		附属	钢盖板、爬梯、孔洞、过水堰、管道及支架	G1/N1	G2/N2	G3/N3	G3/N3	G3/N4
		主要设备	阀门、刮泥机	G1/N1	G2/N2	G3/N3	G3/N3	G3/N4
	生物池	厌 / 缺氧区	池壁、底板、垫层、顶板、导流墙	G1/N1	G2/N2	G3/N3	G3/N3	G3/N4
		好氧区	池壁、底板、垫层、顶板、导流墙、空气管廊	G1/N1	G2/N2	G3/N3	G3/N3	G3/N4
		回流渠	渠壁、渠底板、渠盖板	G1/N1	G2/N2	G3/N3	G3/N3	G3/N4
		附属	钢盖板、爬梯、孔洞、过水堰、管道及支架	G1/N1	G2/N2	G3/N3	G3/N3	G3/N4
		主要设备	阀门、闸门、泵、	G1/N1	G2/N2	G3/N3	G3/N3	G3/N4
	辐流沉淀池	池体	底板、垫层、池壁、底坡、中心筒、排泥斗	G1/N1	G2/N2	G3/N3	G3/N3	G3/N4
		附属	浮渣井、出水井、走道板、盖板、栏杆、楼梯、预留孔洞、设备基础、管道及支架	G1/N1	G2/N2	G3/N3	G3/N3	G3/N4
		主要设备	闸门、刮泥机	G1/N1	G2/N2	G3/N3	G3/N3	G3/N4
	高效沉淀池	进水区	池壁、池板	G1/N1	G2/N2	G3/N3	G3/N3	G3/N4
		混凝池	池壁、池板、底板、垫层	G1/N1	G2/N2	G3/N3	G3/N3	G3/N4
		反应池	池壁、池板、底板、垫层、防死水底坡	G1/N1	G2/N2	G3/N3	G3/N3	G3/N4
		沉淀池	池壁、池板、底板、垫层、防死水底坡、梁、支撑板	G1/N1	G2/N2	G3/N3	G3/N3	G3/N4
		附属	盖板、走道板、栏杆、过水堰、预留孔洞、楼梯、设备基础、管道及支架	G1/N1	G2/N2	G3/N3	G3/N3	G3/N4
		主要设备	泵、阀门、闸门、刮泥机、斜板	G1/N1	G2/N2	G3/N3	G3/N3	G3/N4

续表

一级系统	二级系统	三级系统	模型单元	方案设计	初步设计	施工图设计	施工阶段	运维阶段
污水工程	滤池	管廊	柱、梁、楼、板门、窗、底板、屋面板、管廊出水井、中间管廊	G1/N1	G2/N2	G3/N3	G3/N3	G3/N4
		滤格	底板、纵向边壁板、横向壁板、滤池反冲洗排水孔、中间壁板、反冲洗排水渠、混凝土垫层、配气配水隔墙、滤池进水渠、反冲洗水槽、可调堰板、进水溢流口、肋板、V形槽、滤板、网架、滤头、滤板隔墙	G1/N1	G2/N2	G3/N3	G3/N3	G3/N4
		附属	走道板、楼梯、扶手、盖板、底板垫层、栏杆、管道及支架	G1/N1	G2/N2	G3/N3	G3/N3	G3/N4
		主要设备	阀门、闸门、泵、风机	G1/N1	G2/N2	G3/N3	G3/N3	G3/N4
	紫外消毒渠	池体	池壁、池板、隔墙、底板、垫层、底坡	G1/N1	G2/N2	G3/N3	G3/N3	G3/N4
		附属	盖板、走道板、栏杆、楼梯、预留孔洞、过水堰、管道及支架	G1/N1	G2/N2	G3/N3	G3/N3	G3/N4
		主要设备	紫外线灯管、闸门	G1/N1	G2/N2	G3/N3	G3/N3	G3/N4
	贮泥池及污泥脱水机房	贮泥池	池壁、底板、垫层、顶板、集水坑	G1/N1	G2/N2	G3/N3	G3/N3	G3/N4
		脱水车间	外墙、屋顶、地面、柱、梁、门、窗、管沟	G1/N1	G2/N2	G3/N3	G3/N3	G3/N4
		附属	盖板、走道板、栏杆、楼梯、预留孔洞、管道及支架、设备基础	G1/N1	G2/N2	G3/N3	G3/N3	G3/N4
		主要设备	脱水机、起重机、泵、阀门、加药设备	G1/N1	G2/N2	G3/N3	G3/N3	G3/N4
	鼓风机房	风机房	外墙、屋顶、地面、门、窗、柱、梁、管沟、进风廊道	G1/N1	G2/N2	G3/N3	G3/N3	G3/N4
		附属	盖板、栏杆、楼梯、预留孔洞、管道及支架、设备基础	G1/N1	G2/N2	G3/N3	G3/N3	G3/N4
		主要设备	鼓风机、阀门	G1/N1	G2/N2	G3/N3	G3/N3	G3/N4

（5）管线工程各节段模型单元交付深度见表 7.6-3。

管线工程各节段模型单元交付深度 表 7.6-3

一级系统	二级系统	三级系统	模型单元	方案设计	初步设计	施工图设计	施工阶段	运维阶段
管线工程	排水管线	排水管（沟）	管道、渠道、基础	G1/N1	G2/N2	G3/N3	G3/N3	G3/N4
		检查井	井壁、井盖、井底、导流槽	G1/N1	G2/N2	G3/N3	G3/N3	G3/N4
		附属及主要设备	阀门、闸门、踏步、防坠网	G1/N1	G2/N2	G3/N3	G3/N3	G3/N4
	给水管线	给水管	管道、基础	G1/N1	G2/N2	G3/N3	G3/N3	G3/N4
		检查井	井壁、井盖、井底、集水坑	G1/N1	G2/N2	G3/N3	G3/N3	G3/N4
		附属及主要设备	阀门、踏步	G1/N1	G2/N2	G3/N3	G3/N3	G3/N4

7.7　综合管廊工程

（1）综合管廊工程信息模型的交付，一级系统宜分为总图、建筑、结构、通风、电气、仪表自控、排水以及标识系统。

（2）综合管廊工程总图专业各阶段模型单元交付深度见表 7.7-1。

综合管廊工程总图专业模型单元交付深度　表 7.7–1

一级系统	二级系统	三级系统	模型单元	方案设计	初步设计	施工图设计	施工阶段	运维阶段
综合管廊工程	总图	地形	地形	G2/N1	G2/N2	G3/N3	G3/N3	G3/N4
		管廊线路	管廊线路	G1/N1	G2/N2	G3/N3	G3/N3	G3/N4

（3）综合管廊工程建筑专业各阶段模型单元交付深度见表 7.7-2。

综合管廊工程建筑专业各阶段模型单元交付深度　表 7.7–2

一级系统	二级系统	三级系统	模型单元	方案设计	初步设计	施工图设计	施工阶段	运维阶段
综合管廊工程	建筑外围护系统	建筑外墙	基层 / 面层	G2/N1	G2/N2	G3/N3	G3/N3	G3/N4
			保温层	—	G2/N2	G2/N3	G3/N3	N4
			其他构造层	—	—	G1/N3	G3/N3	N4
			配筋	—	—	G1/N3	G3/N3	N4
			安装构件	—	—	G1/N3	G3/N3	N4
			密封材料	—	—	G1/N3	G2/N3	N4
		外门外窗	框材 / 嵌板	G2/N1	G2/N2	G3/N3	G3/N3	G3/N4
			通风百叶 / 观察窗	—	—	G1/N3	G3/N3	N4
			把手	—	—	G1/N3	G3/N3	N4
			安装构件	—	—	G1/N3	G3/N3	N4
		屋顶	基层 / 面层	G2/N1	G2/N2	G3/N3	G3/N3	G3/N4
			保温层	—	—	G2/N3	G3/N3	N4
			防水层	—	—	G1/N3	G3/N3	N4
			保护层	—	—	G1/N3	G3/N3	N4
			檐口	—	—	G1/N3	G3/N3	N4
			配筋	—	—	G1/N3	G3/N3	N4
			安装构件	—	—	G1/N3	G2/N3	N4
			密封材料	—	—	G1/N3	G2/N3	N4
		幕墙	嵌板	G2/N1	G2/N2	G3/N3	G3/N3	G3/N4
			主要支撑构件	—	G2/N2	G2/N3	G3/N3	N4

续表

一级系统	二级系统	三级系统	模型单元	方案设计	初步设计	施工图设计	施工阶段	运维阶段
综合管廊工程	建筑外围护系统	幕墙	支撑构件配件	—	—	G1/N3	G3/N3	N4
			密封材料	—	—	G1/N3	G3/N3	N4
			安装材料	—	—	G1/N3	G3/N3	N4
	其他建筑构件系统	坡道 / 台阶	基层 / 面层	G2/N1	G2/N2	G3/N3	G3/N3	G3/N4
			其他构造层	—	—	G2/N3	G3/N3	N4
			栏杆 / 栏板	G1/N1	G1/N1	G2/N3	G3/N3	G3/N4
			防滑条	—	—	G1/N3	G3/N3	N4
			配筋	—	—	G1/N3	G3/N3	N4
			安装构件	—	—	G1/N3	G3/N3	N4
		散水与明沟	基层 / 面层	G2/N1	G2/N2	G3/N3	G3/N3	G3/N4
			其他构造层	—	—	G2/N3	G3/N3	N4
			配筋	—	—	G1/N3	G3/N3	N4
			安装构件	—	—	G1/N3	G3/N3	N4
		雨篷	基层 / 面层 / 板材	G2/N1	G2/N2	G3/N3	G3/N3	G3/N4
			主要支撑构件	—	G2/N2	G2/N3	G3/N3	N4
			支撑构件配件	—	—	G1/N3	G3/N3	N4
			安装构件	—	—	G1/N3	G3/N3	N4
			密封材料	—	—	G1/N3	G3/N3	N4
		设备安装孔洞	孔洞	—	—	G2/N3	G3/N3	N4
			保护层	—	—	G1/N3	G3/N3	N4
			预埋件	—	—	G1/N3	G3/N3	N4
			密封材料	—	—	G1/N3	G3/N3	N4
		建筑内墙	基层 / 面层	G2/N1	G2/N2	G3/N3	G3/N3	G3/N4
			其他构造层	—	—	G2/N3	G3/N3	N4
			配筋	—	—	G1/N3	G3/N3	N4
			安装构件	—	—	G1/N3	G3/N3	N4
			密封材料	—	—	G1/N3	G2/N3	N4
		内门窗	框材 / 嵌板	G2/N1	G2/N2	G3/N3	G3/N3	G3/N4
			通风百叶 / 观察窗	—	—	G1/N3	G3/N3	N4
			把手	—	—	G1/N3	G3/N3	N4
			安装构件	—	—	G1/N3	G3/N3	N4
		楼 / 地面	基层 / 面层	G2/N1	G2/N2	G3/N3	G3/N3	G3/N4
			保温层	—	—	G2/N3	G3/N3	N4
			防水层	—	—	G2/N3	G3/N3	N4
			配筋	—	—	G1/N3	G3/N3	N4
			安装构件	—	—	G1/N3	G3/N3	N4

续表

一级系统	二级系统	三级系统	模型单元	方案设计	初步设计	施工图设计	施工阶段	运维阶段
综合管廊工程	其他建筑构件系统	顶棚	板材	G2/N1	G2/N2	G3/N3	G3/N3	G3/N4
			主要支撑构件	—	G2/N2	G2/N3	G3/N3	N4
			支撑构件配件	—	—	G1/N3	G3/N3	N4
			密封材料	—	—	G1/N3	G3/N3	N4
			安装材料	—	—	G1/N3	G3/N3	N4
		楼梯	梯段 / 平台 / 梁	G1/N1	G2/N2	G3/N3	G3/N3	G3/N4
			栏杆 / 栏板	G1/N1	G1/N1	G2/N3	G3/N3	G3/N4
			防滑条	—	—	G1/N3	G3/N3	N4
			配筋	—	—	G1/N3	G3/N3	N4
			—	—	—	G1/N3	G3/N3	N4
		运输系统	主要设备	G1/N1	G1/N2	G2/N3	G3/N3	G3/N4
			附属构件	—	—	G1/N3	G3/N3	G3/N4
			安装构件	—	—	G1/N3	G2/N3	G3/N4
		栏杆	扶手	G2/N1	G2/N2	G3/N3	G3/N3	G3/N4
			栏杆 / 护栏	G2/N1	G2/N2	G3/N3	G3/N3	G3/N4
			主要支撑构件	G2/N1	G2/N2	G2/N3	G3/N3	N4
			支撑构件配件	—	—	G1/N3	G3/N3	N4
			安装构件	—	—	G1/N3	G3/N3	N4
			密封材料	—	—	G1/N3	G3/N3	N4
		压顶	基层 / 面层	G2/N1	G2/N2	G3/N3	G3/N3	G3/N4
			其他构造层	—	—	G1/N3	G3/N3	N4
			配筋	—	—	G1/N3	G3/N3	N4
			安装构件	—	—	G1/N3	G2/N3	N4
			密封材料	—	—	G1/N3	G2/N3	N4
		室内构造	基层 / 面层 / 嵌板	G2/N1	G2/N2	G3/N3	G3/N3	G3/N4
			支撑构件 / 龙骨	—	—	G1/N3	G3/N3	N4
			其他构造层	—	—	G1/N3	G3/N3	N4
			装饰物	—	—	G1/N3	G3/N3	N4
			安装构件	—	—	G1/N3	G3/N3	N4
			密封材料	—	—	G1/N3	G2/N3	N4
		装饰设备 / 灯具	设备	G2/N1	G2/N2	G2/N3	G2/N3	G3/N4
			安装构件	—	—	G1/N3	G3/N3	N4
			设备接口及配件	—	—	G1/N3	G3/N3	N4
			指示标志	—	—	G1/N3	G3/N3	N4

续表

一级系统	二级系统	三级系统	模型单元	方案设计	初步设计	施工图设计	施工阶段	运维阶段
综合管廊工程	其他建筑构件系统	家具	家具	G1/N1	G1/N2	G2/N3	G2/N3	G3/N4
			安装构件	—	—	G1/N3	G3/N3	N4
		室内绿化与内庭	绿植 / 水景	G1/N1	G2/N2	G2/N3	G2/N3	G3/N4
			陈设 / 装饰物	G1/N1	G1/N2	G2/N3	G3/N3	G3/N4
			安装构件	—	—	G1/N3	G3/N3	N4
		各类设备基础	基层 / 面层	—	—	G2/N3	G3/N3	N4
			其他构造层	—	—	G1/N3	G3/N3	N4
			配筋	—	—	G1/N3	G3/N3	N4
			安装构件	—	—	G1/N3	G3/N3	N4
		地下防水构造	防水层	G2/N1	G2/N2	G3/N3	G3/N3	G3/N4
			保护层	—	G2/N2	G2/N3	G3/N3	G3/N4
			其他构造层	—	—	G1/N3	G3/N3	N4
			配筋	—	—	G2/N3	G3/N3	N4
			安装构件	—	—	G2/N3	G3/N3	N4
			密封材料	—	—	G2/N3	G3/N3	N4

（4）综合管廊工程结构专业各阶段模型单元交付深度见表 7.7-3。

综合管廊工程结构专业各阶段模型单元交付深度 **表 7.7–3**

一级系统	二级系统	三级系统	模型单元	方案设计	初步设计	施工图设计	施工阶段	运维阶段
综合管廊工程	主体结构	标准断面	标准断面结构	G2/N1	G2/N1	G3/N2	G3/N3	G3/N4
		地基基础	独立基础	—	G2/N1	G3/N2	G3/N3	G3/N4
			条形基础	—	G2/N1	G3/N2	G3/N3	G3/N4
			筏板基础	—	G2/N1	G3/N2	G3/N3	G3/N4
			桩基础	—	G2/N1	G3/N2	G3/N3	G3/N4
			防水板	—	G1	G3/N2	G3/N3	G3/N4
			承台	—	G2/N1	G3/N2	G3/N3	G3/N4
			锚杆	—	G1	G3/N2	G3/N3	G3/N4
			垫层	—	G1	G3/N2	G3/N3	G3/N4
		混凝土结构	混凝土梁	—	G2/N1	G3/N2	G3/N3	G3/N4
			混凝土板	—	G2/N1	G3/N2	G3/N3	G3/N4

续表

一级系统	二级系统	三级系统	模型单元	方案设计	初步设计	施工图设计	施工阶段	运维阶段
综合管廊工程	主体结构	混凝土结构	混凝土柱	—	G2/N1	G3/N2	G3/N3	G3/N4
			混凝土墙	—	G2/N1	G3/N2	G3/N3	G3/N4
			混凝土节点	—	—	G3/N2	G3/N3	G3/N4
			混凝土牛腿	—	—	G3/N2	G3/N3	G3/N4
			孔洞	—	—	G3/N2	G3/N3	G3/N4
			预埋件	—	—	G3/N2	G3/N3	G3/N4
		变形缝	止水带	—	—	G3/N2	G3/N3	G3/N4
			填充物	—	—	G3/N2	G3/N3	G3/N4
			密封材料	—	—	G3/N2	G3/N3	G3/N4
			盖缝板	—	—	G3/N2	G3/N3	G3/N4
	附属结构	支墩支架	支墩	—	G1/N1	G3/N2	G3/N3	G3/N4
			支架	—	G1/N1	G3/N2	G3/N3	G3/N4
			吊架	—	G1/N1	G3/N2	G3/N3	G3/N4
		楼梯坡度	—	—	G1	G3/N2	G3/N3	G3/N4
		砌体结构	—	—	G2/N1	G3/N2	G3/N3	G3/N4

（5）综合管廊工程通风专业各阶段模型单元交付深度见表 7.7-4。

综合管廊通风专业各阶段模型单元交付深度 表 7.7–4

一级系统	二级系统	三级系统	模型单元	方案设计	初步设计	施工图设计	施工阶段	运维阶段
综合管廊工程	暖通空调	通风系统	设备	N1	G2/N2	G3/N2	G3/N3	G3/N4
			风管	—	G2/N2	G3/N2	G3/N3	G3/N4
			风管管件	—	G1/N1	G3/N2	G3/N3	G3/N4
			风管附件	—	G1/N1	G3/N2	G3/N3	G3/N4
		空气调节系统	设备	N1	G2/N2	G3/N2	G3/N3	G3/N4
			水管	—	G2/N2	G3/N2	G3/N3	G3/N4
			水管管件	—	G1/N1	G3/N2	G3/N3	G3/N4
			水管附件	—	G1/N1	G3/N2	G3/N3	G3/N4
			冷媒管	—	G1/N1	G3/N2	G3/N3	G3/N4
			冷媒管附件	—	G1/N1	G3/N2	G3/N3	G3/N4
			保温层	—	G1/N1	G3/N2	G3/N3	G3/N4

（6）综合管廊工程电气专业各阶段模型单元交付深度见表 7.7-5。

综合管廊工程电气专业各阶段模型单元交付深度　　表 7.7-5

一级系统	二级系统	三级系统	模型单元	方案设计	初步设计	施工图设计	施工阶段	运维阶段
电气系统	供配电系统	配变电所机房要求	配变电所布置	—	G2/N2	G3/N2	G3/N3	G3/N4
		高压供配电系统	高压开关柜	N1	G2/N2	G3/N2	G3/N3	G3/N4
			直流屏	N1	G2/N2	G3/N2	G3/N3	G3/N4
			变压器	N1	G2/N2	G3/N2	G3/N3	G3/N4
			箱式变电站	N1	G2/N2	G3/N2	G3/N3	G3/N4
		低压供配电系统	低压开关柜	N1	G2/N2	G3/N2	G3/N3	G3/N4
			电容补偿柜	—	G2/N2	G3/N2	G3/N3	G3/N4
			低压配电箱	—	—	G3/N2	G3/N3	G3/N4
			现场控制箱	—	—	G3/N2	G3/N3	G3/N4
			维修插座箱	—	—	G3/N2	G3/N3	G3/N4
			按钮箱	—	—	G3/N2	G3/N3	G3/N4
		自备应急电源系统	应急电源（EPS）	—	G2/N2	G3/N2	G3/N3	G3/N4
			不间断电源（UPS）	—	G2/N2	G3/N2	G3/N3	G3/N4
			柴油发电机组	N1	G2/N2	G3/N2	G3/N3	G3/N4
		供配电系统线路及线路敷设	线管	—	—	G3/N2	G3/N3	G3/N4
			线槽	—	—	G3/N2	G3/N3	G3/N4
			桥架	—	—	G3/N2	G3/N3	G3/N4
			桥架配件	—	—	G3/N2	G3/N3	G3/N4
			支架、吊架	—	—	G3/N2	G3/N3	G3/N4
			线缆	—	—	G3/N2	G3/N3	G3/N4
			母线、母线槽	—	—	G3/N2	G3/N3	G3/N4
	照明系统	电气照明系统	室内照明灯	—	—	G3/N2	G3/N3	G3/N4
			室外照明灯	—	—	G3/N2	G3/N3	G3/N4
		应急照明、疏散指示系统	应急照明灯、疏散指示灯	—	—	G3/N2	G3/N3	G3/N4
		照明配电系统	照明配电箱	—	—	G3/N2	G3/N3	G3/N4
			开关	—	—	G3/N2	G3/N3	G3/N4
			插座	—	—	G3/N2	G3/N3	G3/N4
	防雷与接地系统	防雷与接地系统	防雷	—	—	G3/N2	G3/N3	G3/N4
			接地	—	—	N2	N3	N4
		安全防护	等电位箱	—	—	G3/N2	G3/N3	G3/N4

（7）综合管廊工程仪表自控专业各阶段模型单元交付深度见表 7.7-6。

综合管廊工程仪表自控专业各阶段模型单元交付深度　　表 7.7–6

一级系统	二级系统	三级系统	模型单元	方案设计	初步设计	施工图设计	施工阶段	运维阶段
智能化系统	环境与设备监控系统	PLC 及上位机	PLC 柜	—	—	G2/N2	G3/N3	G3/N4
			监控操作站	—	—	G2/N2	G3/N3	G3/N4
			操作台	—	—	G2/N2	G3/N3	G3/N4
		仪表系统	仪表箱	—	—	G2/N2	G3/N3	G3/N4
			仪表	—	—	G2/N2	G3/N3	G3/N4
	信息设施系统	信息设施系统	网络机柜	—	—	G2/N2	G3/N3	G3/N4
			配线架	—	—	G2/N2	G3/N3	G3/N4
			信息插座	—	—	G2/N2	G3/N3	G3/N4
	公共安全系统	视频监控	视频监控控制柜	—	—	G2/N2	G3/N3	G3/N4
			摄像机	—	—	G2/N2	G3/N3	G3/N4
		安全防范系统	报警装置	—	—	G2/N2	G3/N3	G3/N4
			探测器	—	—	G2/N2	G3/N3	G3/N4
		门禁系统	出门按钮	—	—	G2/N2	G3/N3	G3/N4
			磁力锁	—	—	G2/N2	G3/N3	G3/N4
			读卡器	—	—	G2/N2	G3/N3	G3/N4
	消防报警系统	消防报警系统	控制器	—	N1	G2/N2	G3/N3	G3/N4
			探测设备	—	N1	G2/N2	G3/N3	G3/N4
			报警设备	—	N1	G2/N2	G3/N3	G3/N4
			输出模块	—	N1	G2/N2	G3/N3	G3/N4
			消防电话	—	N1	G2/N2	G3/N3	G3/N4
			应急广播	—	N1	G2/N2	G3/N3	G3/N4
			应急照明、疏散指示	—	N1	G2/N2	G3/N3	G3/N4
			消防电源监控	—	N1	G2/N2	G3/N3	G3/N4
			防火门监控	—	N1	G2/N2	G3/N3	G3/N4
	机房工程	功能中心工程	控制柜	—	N1	G2/N2	G3/N3	G3/N4
			打印机	N1	G1/N1	G2/N2	G3/N3	G3/N4
			操作员站	N1	G1/N1	G2/N2	G3/N3	G3/N4
			显示器	N1	G1/N1	G2/N2	G3/N3	G3/N4
			专用席位	N1	G1/N1	G2/N2	G3/N3	G3/N4
			操作台	N1	G1/N1	G2/N2	G3/N3	G3/N4
			大屏	N1	G1/N1	G2/N2	G3/N3	G3/N4
		UPS 及配电	UPS	—	N1	G2/N2	G3/N3	G3/N4
			电源柜	—	N1	G2/N2	G3/N3	G3/N4
	电话通信系统	电话通信系统	电话机	—	—	G2/N2	G3/N3	G3/N4

续表

一级系统	二级系统	三级系统	模型单元	方案设计	初步设计	施工图设计	施工阶段	运维阶段
智能化系统	智能化系统线路及敷设	智能化系统线路及敷设	桥架	—	—	G2/N2	G3/N3	G3/N4
			桥架配件	—	—	G2/N2	G3/N3	G3/N4
			支架、吊架	—	—	N2	G3/N3	G3/N4
			线缆	—	—	N2	N3	N4
			线管	—	—	G2/N2	G3/N3	G3/N4

（8）综合管廊工程排水专业各阶段模型单元交付深度见表 7.7-7。

综合管廊工程排水专业各阶段模型单元交付深度　　表 7.7-7

一级系统	二级系统	三级系统	模型单元	方案设计	初步设计	施工图设计	施工阶段	运维阶段
综合管廊工程	排水系统	排水系统	潜水泵	N1	G1/N1	G2/N2	G3/N3	G3/N4
			管道	—	G1/N1	G2/N2	G3/N3	G3/N4
			管件	—	—	G2/N2	G3/N3	G3/N4
			管路附件	—	—	G2/N2	G3/N3	G3/N4
	消防系统	干粉自动灭火系统	超细干粉自动灭火装置	N1	G1/N1	G2/N2	G3/N3	G3/N4
		细水喷雾自动灭火系统	消防泵	N1	G1/N1	G2/N2	G3/N3	G3/N4
			管道	—	G1/N1	G2/N2	G3/N3	G3/N4
			管件	—	—	G2/N2	G3/N3	G3/N4
			管路附件	—	—	G2/N2	G3/N3	G3/N4
		手动灭火系统	干粉灭火器	N1	G1/N1	G2/N2	G3/N3	G3/N4
	支吊架系统	支吊架	成品支架	—	—	N1	G3/N3	G3/N4
			焊接支架	—	—	N1	G3/N3	G3/N4
			成品吊架	—	—	N1	G3/N3	G3/N4
			焊接吊架	—	—	N1	G3/N3	G3/N4

（9）综合管廊标识专业各阶段模型单元交付深度见表 7.7-8。

综合管廊标识专业各阶段模型单元交付深度　　表 7.7-8

一级系统	二级系统	三级系统	模型单元	方案设计	初步设计	施工图设计	施工阶段	运维阶段
综合管廊工程	标识系统	标识系统	管廊介绍标识	—	G1/N1	G2/N2	G3/N3	G3/N4
			警示标识	—	G1/N1	G2/N2	G3/N3	G3/N4
			附属设施标识	—	G1/N1	G2/N2	G3/N3	G3/N4
			里程标识	—	G1/N1	G2/N2	G3/N3	G3/N4
			导向标识	—	G1/N1	G2/N2	G3/N3	G3/N4

7.8 燃气工程

（1）市政燃气工程信息模型的交付，一级系统宜分为石油气和天然气。

（2）石油气各阶段模型单元交付深度应符合表 7.8-1 的规定。

石油气各阶段模型单元交付深度　　表 7.8-1

一级系统	二级系统	三级系统	模型单元	方案设计	初步设计	施工图设计	施工阶段	运维阶段
石油气	中压石油气	主管	管道、阀门	G2/N1	G2/N2	G3/N2	G3/N3	G3/N4
		管件	弯头、三通、变径、管帽、电熔套筒、钢塑转换	—	G2/N2	G3/N2	G3/N3	G3/N4
		配套	调压设备、PE 硬质警示板、标志桩、阴极保护、凝水缸、阀门井	—	G2/N2	G3/N2	G3/N3	G3/N4
	低压石油气	主管	管道、阀门	G2/N1	G2/N2	G3/N2	G3/N3	G3/N4
		管件	弯头、三通、变径、管帽、电熔套筒、钢塑转换	—	G2/N2	G3/N2	G3/N3	G3/N4
		配套	调压设备、PE 硬质警示板、标志桩、凝水缸、阀门井	—	G2/N2	G3/N2	G3/N3	G3/N4

注：模型精细度 G 和信息深度 N 的要求参照第 4 章的相关内容。

（3）天然气各阶段模型单元交付深度应符合表 7.8-2 的规定。

天然气各阶段模型单元交付深度　　表 7.8-2

一级系统	二级系统	三级系统	模型单元	方案设计	初步设计	施工图设计	施工阶段	运维阶段
天然气	中压天然气	主管	管道、阀门	G2/N1	G2/N2	G3/N2	G3/N3	G3/N4
		管件	弯头、三通、变径、管帽、电熔套筒、钢塑转换	—	G2/N2	G3/N2	G3/N3	G3/N4
		配套	调压设备、PE 硬质警示板、标志桩、阴极保护、阀门井	—	G2/N2	G3/N2	G3/N3	G3/N4
	低压天然气	主管	管道、阀门	G2/N1	G2/N2	G3/N2	G3/N3	G3/N4
		管件	弯头、三通、变径、管帽、电熔套筒、钢塑转换	—	G2/N2	G3/N2	G3/N3	G3/N4
		配套	调压设备、PE 硬质警示板、标志桩、阀门井	—	G2/N2	G3/N2	G3/N3	G3/N4

第3篇

市政工程 BIM 技术应用工程案例

第 8 章 广州市空港大道（白云五线—机场）工程项目

8.1 项目概况

广州市空港大道（白云五线—机场）南起白云五线，终点与迎宾大道东延线平交，全线共长约 9.8km，为城市主干路，规划宽度 60m，双向 8 车道。

本项目 BIM 应用范围为第三标段流溪河特大桥及其引桥工程，桥梁跨越流溪河、规划八路、北二环高速，全长 1927.7m，分左右两幅布置（图 8.1-1）。其中流溪河特大桥采用现浇预应力混凝土连续箱梁，总长 270m，跨径组合为 75m+120m+75m，引桥采用钢－混凝土组合梁结构，跨径为 40 ~ 65m。

图 8.1–1 项目精细化整体模型

8.2 项目特点分析

空港大道（白云五线—机场）工程具有以下几个特点：

（1）本工程包含交通、道路、桥梁、地质、交通、排水、照明等多个专业，工程体量庞大。

（2）流溪河特大桥主桥跨越流溪河，在设计过程中需要考虑施工方案的影响。

（3）流溪河特大桥引桥采用新型钢－混凝土组合梁结构，混凝土桥面板采用预制 + 现浇结构，构造新颖，设计复杂。

（4）工程跨越北二环高架，下穿东北货运外绕线，设计制约因素众多。

8.3　BIM 应用策划

8.3.1　BIM 应用目标

本项目设计阶段 BIM 技术应用的目标是提高设计质量，具体如下：

（1）多专业协同设计，减少错漏碰缺。

（2）利用 BIM 技术进行设计优化，实现精细化设计。

（3）利用 BIM 模型进行三维可视化设计，与周边构筑物协调。

（4）为项目施工及运维阶段 BIM 技术的实施提供基础数据支撑。

8.3.2　BIM 应用范围和内容

本项目的 BIM 应用范围包括工程范围内的道路、桥梁、交通、管线、照明等各项设计内容，桥梁全长 1927.7m，其中跨流溪河特大桥长 270m。

8.3.3　资源配置

1. 组织架构及各方职责

本项目 BIM 实施的组织架构如图 8.3-1 所示。

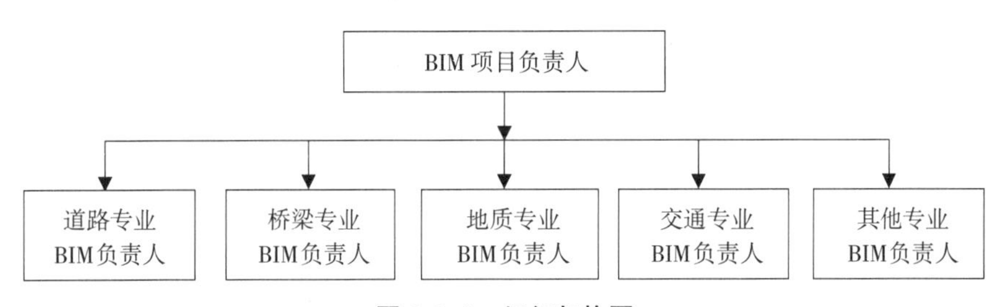

图 8.3-1　组织架构图

（1）BIM 项目负责人

负责本项目 BIM 技术标准的制定和应用规划以及 BIM 技术实施，负责协调与业主、分项 BIM 负责人的关系，全面负责本项目 BIM 技术的实施。

（2）道路专业 BIM 负责人

负责道路专业的 BIM 建模及 BIM 应用工作计划和人员安排，负责道路 BIM 模型的校审工作，作为项目总体专业，协调与道路设计负责人以及其他设计专业 BIM 负责人之间的关系。

（3）桥梁专业 BIM 负责人

负责桥梁专业的 BIM 建模及 BIM 应用工作计划和人员安排，负责桥梁 BIM 模型的校审工作，协调与桥梁设计负责人以及其他设计专业 BIM 负责人之间的关系。

（4）地质专业 BIM 负责人

负责本项目地形、地质的 BIM 建模及 BIM 应用工作。

（5）交通专业 BIM 负责人

负责交通专业的 BIM 建模及 BIM 应用工作计划和人员安排，负责交通标志、标线、标牌、防护设施的 BIM 模型创建与校审，协调与交通专业设计负责人以及其他设计专业 BIM 负责人之间的关系。

（6）其他专业 BIM 负责人

负责绿化、建筑景观等专业的 BIM 建模及 BIM 应用工作计划和人员安排，负责绿化、建筑景观等专业 BIM 模型的校审工作，协调与设计负责人及其他设计专业 BIM 负责人之间的关系。

2. 软件选择

本项目采用 Bentley 系列软件和 Revit 进行三维设计。利用 Dynamo 丰富和强大的参数化功能辅助 Revit 建立桥梁 BIM 模型，使用 Open Roads Desginer 在大范围线性工程建模中的优势创建地形、道路模型，使用 Microstation 创建交通、附属设施模型。

本项目不同软件之间利用 i-model 格式实现模型和数据的交互。先将 Revit 模型发布为 i-model 文件，保存了 Revit 模型中完整的几何信息和属性信息，再将 i-model 文件在 Microstation 上进行总装，并结合 LumenRT 进行渲染漫游，提供渲染视频、效果图等可视化成果（表 8.3-1）。

软件配置一览表　　表 8.3-1

序号	软件名称	所属公司	软件功能
1	Revit	Autodesk	桥梁建模
2	Open Roads Desginer	Bentley	道路建模
3	Microstation	Bentley	交通、附属建模
4	LumenRT	Bentley	可视化浏览、动画制作
5	Fuzor	Kalloc Studios	交互式设计及施工模拟

8.3.4 建模标准及模型单元拆分

本次建模通过分析项目特点和软件的要求，确定了项目的建模方法和流程，确定了统一的项目文档管理方法、模型拆分及命名方法、项目协同方法以及模型深度要求等一系列项目实施标准，形成了本项目的建模标准和应用标准。建模标准包括模型等级划分、模型命名以及构件拆分原则等。

设计阶段模型拆分的基本原则为：先按专业拆分，在各专业内再按照功能和系统进行拆分，模型拆分应结合各专业的拆分习惯，并结合 BIM 应用需求。本项目模型单元汇总如表 8.3-2 所示。

本项目模型单元汇总表　　　　表 8.3-2

一级系统	二级系统	三级系统	模型单元
道路工程	路线	线路平面	平面直线段、平面圆曲线段、平面缓和曲线段
		线路纵面	纵面直线段、纵面圆曲线段、纵面抛物线段
	路面	路面结构	面层、基层、垫层
		路缘石	路缘石、垫块
	路基	路基	路床
		边坡	挡墙、防护
桥梁	上部结构	主梁	桥面板、箱梁
		横梁	横隔板、托梁
	下部结构	桥墩	盖梁、墩柱
		桥台	台帽、台身
		基础	承台、垫层、桩基础
	附属结构	—	桥面铺装、人行道板、防撞墙、栏杆
	支撑系统	—	支座、垫石
管线工程	排水管线	排水管（沟）	管道
		检查井	井壁、井盖、井底
	给水管线	给水管	管道、基础
		检查井	井壁、井盖、井底
电气系统	供配电系统	供配电系统线路及线路敷设	支架、吊架
			线缆

8.4　设计阶段 BIM 技术应用

8.4.1　多专业协同设计

本项目涉及道路、桥梁、地质、交通、排水、电气、绿化等多个专业，专业之间相互影响制约，通过 BIM 协同实现各专业在同一平台上完成信息的创建和共享，从而提高信息的传递效率，避免信息滞后、丢失等问题。

8.4.2　精细化设计

BIM 建模是一个虚拟建造的过程，利用三维可视化设计手段，可以将设计意图完整直观表达，实现精细化设计。尤其对于复杂节点的三维设计，可以有效弥补传统二维设计图纸的不足，指导施工下料。

根据钻孔数据创建三维地质模型，还原工程范围地质环境，为基础结构的设计提供直观的依据（图 8.4-1、图 8.4-2）。

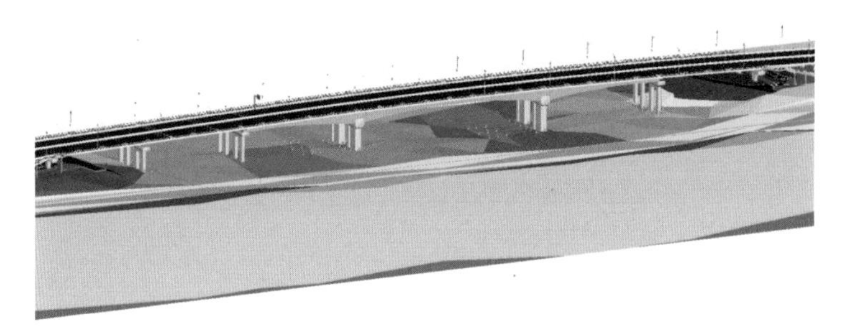

图 8.4–1　工程及地质整体模型

图 8.4–2　地质模型爆炸图

主桥上部结构采用现浇预应力混凝土连续箱梁，为避免支座影响景观效果，通过对多种桥墩方案进行精确建模，对景观效果进行直观对比，最终确定了主桥桥墩的结构构造及装饰板样式（图 8.4-3）。

图 8.4–3　主桥桥墩构造及跨中剖面

主桥墩顶 0 号块结构复杂，钢筋、预应力筋数量及种类繁多，通过 BIM 模型能够直观展示各类钢筋的设置和排布情况，避免钢筋及预应力筋之间的碰撞，实现 0 号块的精细化设计（图 8.4-4）。

图 8.4–4　主桥 0 号块钢筋钢束模型

引桥为钢–混凝土组合梁结构，钢箱梁由纵梁和横梁组成，BIM 模型可以精细表达钢板的焊接和螺栓连接，清晰表达每一颗螺栓的位置及尺寸。混凝土板由预制和现浇两部分组成，通过 BIM 模型精确展示了每一块预制板的尺寸和位置，可以有效指导施工（图 8.4-5 ~ 图 8.4-7）。

图 8.4–5　引桥钢–混凝土组合梁剖面

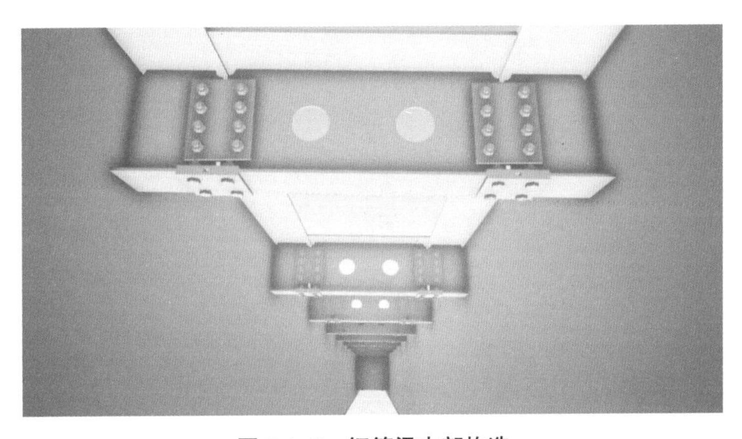

图 8.4–6　钢箱梁内部构造

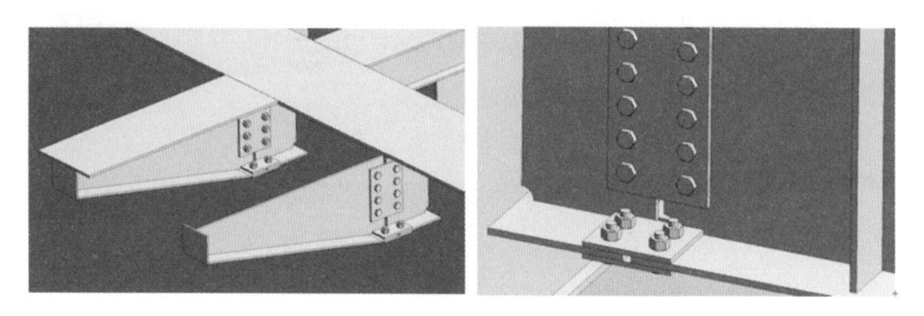

图 8.4–7　钢箱梁连接细部模型

8.4.3　三维设计校核

BIM 建模过程就是对设计成果的校核过程，通过碰撞检查可以有效发现项目中的错漏碰缺，降低因设计失误对后期施工带来的不利影响（图 8.4-8）。

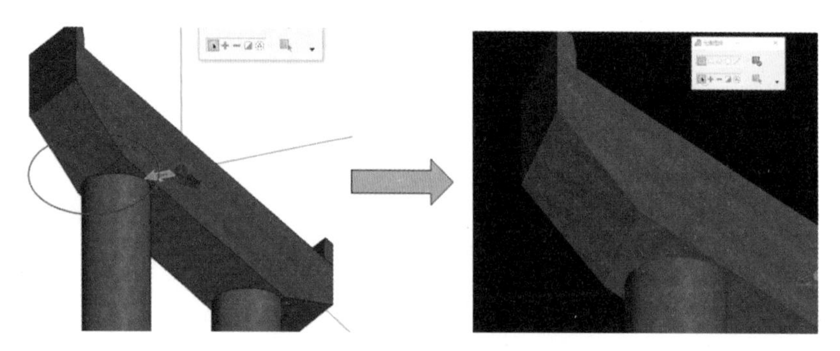

图 8.4–8　三维设计校核

8.4.4　净空净距检查

通过创建项目 BIM 模型以及周边工程的 BIM 模型，可以在模型中直接测量结构之间的净空和净距，进行设计验证和优化（图 8.4-9）。

图 8.4–9　项目与周边工程净距

8.4.5 与周边构筑物的位置关系

本项目设计时需充分考虑与北二环高速及东北货运外绕线等周边工程的相互影响，通过三维可视化设计能够准确反映与周边工程的空间位置关系，为方案论证和优化提供依据（图 8.4-10）。

图 8.4–10 本项目与周边工程关系

8.4.6 行车模拟及标志标线检查

通过创建交通标线、标志牌的详细模型，利用漫游、行车模拟等功能，检查交通标志、标线设置的合理性（图 8.4-11、图 8.4-12）。

图 8.4–11 行车模拟与标志标线检查

图 8.4–12　桥下交通模拟

8.4.7　工程量计算

利用 BIM 模型自动统计出材料的工程数量表，并与 BIM 模型动态关联，确保了工程量统计的及时性和准确性（图 8.4-13）。

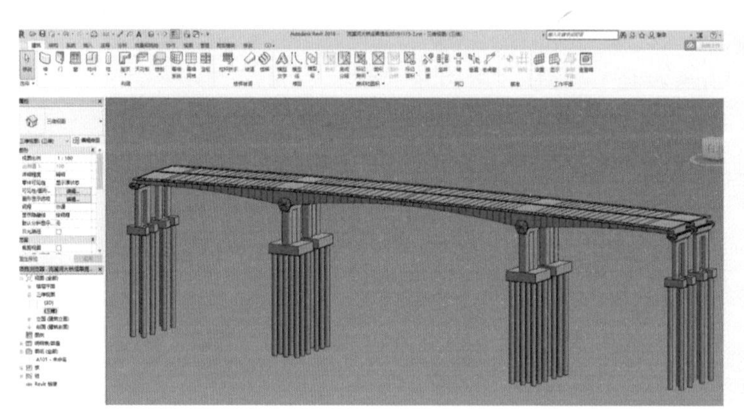

<主桥梁段混凝土数量表>

A	B	C	D
节段号	体积	合计	总体积
0	611 m^3	4	2446.0 m^3
1	97 m^3	8	773.4 m^3
2	92 m^3	8	732.8 m^3
3	87 m^3	8	695.5 m^3
4	83 m^3	8	661.3 m^3
5	90 m^3	8	718.9 m^3
6	82 m^3	8	656.4 m^3
7	77 m^3	8	613.4 m^3
8	73 m^3	8	587.2 m^3
9	71 m^3	8	564.5 m^3
10	68 m^3	8	546.2 m^3
11	73 m^3	8	586.7 m^3
12	67 m^3	8	539.0 m^3
13	64 m^3	8	513.9 m^3
14	63 m^3	8	507.6 m^3
15	63 m^3	8	504.6 m^3
16	280 m^3	4	1120.9 m^3
17	31 m^3	4	125.9 m^3
18	42 m^3	2	84.6 m^3
总计		134	12978.0 m^3

图 8.4–13　主桥梁段工程量统计

8.5　BIM 交付内容

本项目的交付物主要包括 BIM 实施策划、设计 BIM 模型、专业综合分析报告、虚拟漫游视频、辅助工程量统计、BIM 应用报告等，具体内容及成果要求见表 8.5-1。

本项目交付成果要求　　表 8.5–1

序号	交付物	主要内容	成果要求
1	BIM 实施策划	主要包括实施目标、主要工作内容、组织架构、技术标准、交付内容、实施流程、软件选择、进度计划、质量控制等	文档

续表

序号	交付物	主要内容	成果要求
2	设计 BIM 模型	主要包括项目各专业 BIM 模型文件、地形模型、工程周边重要建筑物、管线模型等	模型
3	专业综合分析报告	对设计 BIM 模型进行专业内和专业间综合分析，如碰撞检查、管线综合分析等，提供分析报告	文档、视频
4	虚拟漫游视频	利用 BIM 技术，对项目的重点部位、交通组织、整体效果进行虚拟漫游，辅助设计方案的效果展示	模型、视频
5	辅助工程量统计	通过 BIM 模型辅助项目工程量统计	文档
6	BIM 应用报告	对本项目 BIM 应用情况进行全面总结	文档

8.6　BIM 应用总结

通过本次大型复杂桥梁工程的 BIM 项目实践，总结了 BIM 应用的以下实施效果：

（1）通过协同工作提高工作效率，减少专业之间沟通不畅引起的设计冲突。

（2）Dynamo 的参数化设计，克服了 Revit 对空间线性工程建模能力的不足，同时方便模型修改，提高设计效率。

（3）通过行车模拟，合理设置标牌和标线，提高道路安全性。

（4）通过虚拟建造进行设计图纸复核，及时发现设计中存在的问题。

（5）建立完整的工程周边地面和地下环境模型，真实还原设计环境，有效减少后期的设计变更。

（6）设计阶段 BIM 技术的应用为后续施工和运维阶段 BIM 的应用提供了数据基础。

第 9 章　广花一级公路快捷化改造配套工程 PPP 项目

9.1　项目概况

广花一级公路地下综合管廊及道路快捷化改造配套工程（K9+500 ~ K18+300）位于广州市北部，连接白云区、花都区，是广州市地下综合管廊与道路升级改造配套的试点项目。本项目范围为南起白云区江高镇，北止花都区雅瑶中路，道路宽度 60m，设计速度 60km/h，全长 8.8km。包括全线地下综合管廊、下穿隧道 3 座、人行天桥 9 座、跨涌桥 5 座、跨线桥 1 座、跨线匝道 3 条，交通工程、绿化工程、照明工程等。

9.2　项目特点分析

本项目规模较大，涵盖道路、桥梁、隧道、综合管廊等专业内容广。塘贝北路节点、镜湖大道节点及雅瑶中路节点建设广花一级公路主线下穿隧道，平沙立交节点、北二环高速公路水沥立交节点增设南北向掉头匝道，X264 节点建设东西向跨线桥，雅瑶中路节点建设左转跨线匝道，实现南往北、南往西主线分流。项目具体特点如下：

（1）全线道路拓宽现状双向 6 车道至双向 8 ~ 10 车道，既有给水、排水管道、燃气管道、电力电缆等复杂管线交错，周边居民较多，迁改困难制约施工进度。既有道路车流量较大，施工过程对交通影响大。

（2）人行天桥上部结构分为连续钢箱梁和筒支钢桁架形式、跨线桥采用现浇预应力混凝土连续箱梁及钢箱梁组合、跨涌桥设左右两幅与旧桥衔接等，桥梁结构类型多，结构复杂，平面及高程控制、改造桥与旧桥的衔接工艺质量等要求高。

（3）地基复杂，地质含有大量溶洞，引孔需处理，不利于支护结构施工。新建跨线桥、匝道、下穿隧道、综合管廊对周围地质环境影响大，其中对预制吊装空间合理性要求严格。

（4）项目体量大，工序繁多，要点施工难度大，工艺复杂及技术要求高，组织协调管理工作量大。

9.3　BIM 应用策划

9.3.1　BIM 应用目标

解决施工中的难点、重点为主要目标。以信息化技术解决传统的技术难点，为施工方案提供可视化，可分析性的数据支持。运用 BIM 技术合理部署，对各参与方信息的整合和验证，深化设计内容，实施项目施工的全过程管理，科学组织施工生产和解决材料加工场、堆场、交通问题，控制施工进度，优化各种资源组织生产力，尽可能避免返工是保障本项目施工的关键，加强项目在施工过程中可预见的风险控制和协调能力，有效保障施工进度、质量和成本控制。

9.3.2 BIM 应用范围和内容

BIM 技术应用基于模型基础，完成广花一级公路地下综合管廊及道路快捷化改造配套工程（K9+500 ~ K18+300）的 BIM 模型创建任务，全长 8.8km。技术应用主要集中在深基坑支护、深基坑土方开挖、预制构件吊装、地下管线迁改、专项技术方案验证分析、交通疏导等方面（表 9.3-1）。

BIM 应用范围和内容　表 9.3-1

序号	应用	工具	成果
1	图纸审查	Revit 等建模工具	图纸问题报告一览表
2	地质模型分析	Revit Dynamo	地质勘测数据生成仿真模型，体现溶洞位置、引孔深度计算及处理措施
3	支护结构布置	Revit 插件	智能生成各类支护模型、构件标记、输出工程量清单
4	大型构件吊装	Revit 插件	吊装设备智能选型及吊装方案出图
5	交通疏导的临时布道	Revit 插件	智能生成最优临时道路及围蔽结构模型、输出车流分析数据
6	管网信息管理	Revit	管线所属信息、迁改方案依据
7	参数化快速建模	Dynamo	管井布置、箱梁、桩基，隧道主体结构等模型
8	专项施工方案模拟	3DMax Naviswork	施工专项过程及工艺工法精细化模拟视频、工期进度分析报告
9	碰撞检查	Naviswork	管网、主体结构、周围构筑物等之间的碰撞报告及工程量统计
10	施工平面布置	Revit Naviswork	施工现场平面布置、临时设施布置、材料资源堆放等
11	平台管理	Revit、广联达 5D 平台	模型集成管理、实现施工全过程的管理、贯穿项目全生命周期

建模主要包含：

（1）明挖矩形现浇段（8.8km）：包括三舱管廊，里程范围内的出线舱、吊装口、转换节点及其附属设施，通信、电力、供水、污水、天然气支架，支墩、管线吊钩等（图 9.3-1）。

（2）道路工程（8.8km）：包括中央分隔带、机动车道、非机动车道、绿化带、人行道、路面结构层、排水、十字路口、照明等（图 9.3-2）。

（3）桥梁工程：北二环调头 AB 匝道、X264 跨线桥、雅瑶中路左转匝道、9 座人行天桥、桥墩、承台等（图 9.3-3、图 9.3-4）。

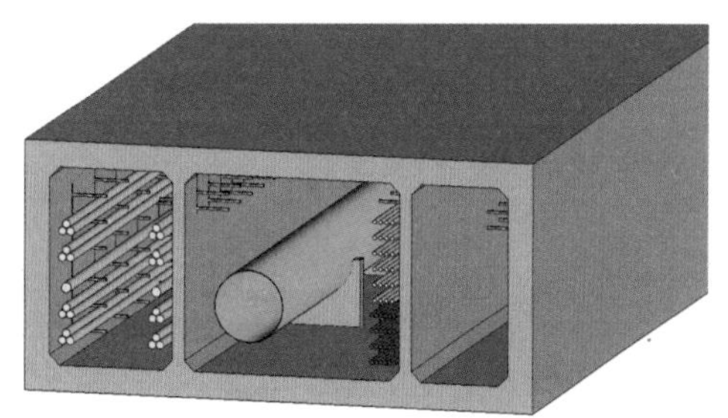

图 9.3-1　三舱管廊

图 9.3–2　道路工程

图 9.3–3　X264 桥梁

图 9.3–4　北二环调头 AB 匝道

（4）隧道工程:塘贝北路隧道、镜湖隧道、雅瑶中路隧道、隧道施工缝等（图 9.3-5）。

图 9.3–5 隧道工程

9.3.3 资源配置

1. 人力资源配置

本项目施工时，采用建筑信息模型（BIM）技术进行设计、施工、BIM 协同平台管理。以实用性和可执行性为基本原则，充分考虑 BIM 技术与项目施工管理的密切结合。根据难点、目标导向，合理的采购软硬件，做到 BIM 技术的可持续发展。同时分配合理的人员架构，减少 BIM 技术在协调过程中的信息不互通，数据流失，更新不及时等问题（表 9.3-2、图 9.3-6）。

2. 电脑硬件配置

根据本工程的 BIM 体量及应用设想，项目部按照表 9.3-3 的要求配置 BIM 硬件资源，以保证项目 BIM 应用工作的顺利开展。

BIM 岗位职责分工 表 9.3–2

职位	BIM 工作职责	
	应用职责	管理职责
项目 BIM 总负责	对模型进行指导、验收	BIM 应用规划、审核，制定 BIM 应用目标
技术总工程师、BIM 总指导	对 BIM 的技术应用指导	BIM 应用技术的规划、审核
BIM 总协调	负责软件的采购、工作协调	督促 / 根据项目进度
BIM 应用组长	负责模型的验收、交付	BIM 现场应用的实施及策划
BIM 技术负责人	负责深化模型设计阶段及施工实施阶段的模型设计大纲	管理模型的更新、对各阶段的技术实施总负责
BIM 应用副组长、现场 BIM 负责人	负责各应用阶段模型的建立，交付模型	汇总各阶段的资料汇总更新到模型

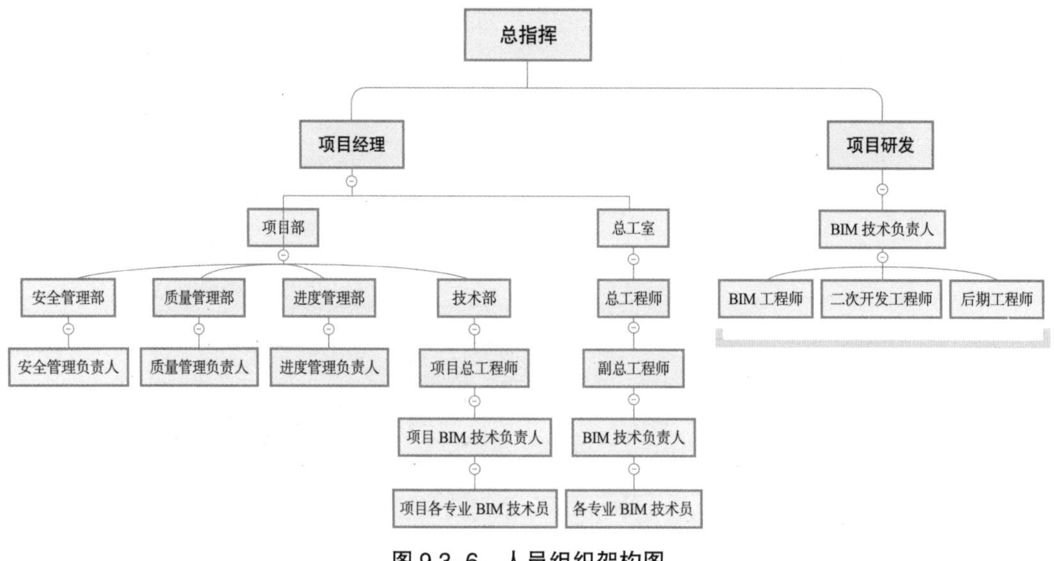

图 9.3-6　人员组织架构图

电脑硬件资源配置表　　表 9.3-3

品名	品牌及型号
CPU	英特尔 Core i7-8700@3.3GHz 六核
主板	联想 3133
内存	DDR4 2666MHz / 金士顿 DDR4 2666MHz
硬盘	三星 MZVLB256HBHQ-000L7（256G）
显卡	Nvidia GeForce GTX 1660（6GB/ 影驰）
电源	酷冷至尊（CoolerMaster）额定 750W
显示器	LEC2380 LECOO B2411（24in）

3. 软件配置

根据本工程特点及需求，项目部采用表 9.3-4 软件开展项目 BIM 应用工作。

软件资源配置表　　表 9.3-4

序号	软件名称	功能
1	Auto CAD 2018	应用广泛的工程设计软件，用于施工图的处理、绘制
2	Autodesk Revit 2018	参数化三维建筑设备设计软件。桥梁、道路可实现协调作业
3	Navisworks 2018	三维设计数据集成，软硬空间碰撞检查，项目施工进度模拟展示专业设计应用软件
4	Autodesk Civil3D 2018	道路专业三维设计软件，用于本项目道路的建模
5	Autodesk 3DMax 2018	三维效果图制作
6	Autodesk Infraworks 2018	应用与本项目的场地布置

9.3.4　建模标准及模型单元拆分

建筑、结构、机电统一采用一个路线文件，本项目道路、桥梁、隧道一般以道路中心线为原则，综合管廊以自身设计中心线为原则，保证模型整合能够对齐、对正。模型定位根据坐标和桩号确定。

为了实现建模阶段各专业 / 系统协同作业，提高建模效率，需对应交付的整体模型进行拆分；模型拆分宜考虑到参与建模的各相关方的一致性，可根据参与方自身的应用目标创建模型拆分副本；采用相同拆分原则的模型，各单个拆分模型内容不应重复。道路工程、隧道工程、桥梁工程、综合管廊等主体结构进行系统拆分，如表 9.3-5 ~ 表 9.3-8 所示。

道路工程构筑物构件拆分　　表 9.3–5

一级系统	二级系统	三级系统	模型单元
道路工程	机动车道路面	路面结构	面层、基层、垫层
		附属物	路缘石、路缘石基础、路肩
	非机动车道路面	路面结构	面层、基层、垫层
		附属物	条石、条石基础
	人行道	铺装结构	面层、整平层、基层
		附属物	条石、条石基础
	交通系统	安全设施	标线、标志、交通信号灯、行人护栏、示警桩、消能桶、隔离栅、轮廓标、道钉、防眩板、波形护栏、黄闪灯
		附属设施	公交站、无障碍设施
	照明系统	路灯	灯具
		设备	箱式变压器、接线井、穿线管

隧道工程构筑物构件拆分　　表 9.3–6

一级系统	二级系统	三级系统	模型单元
隧道工程	隧道结构	暗埋段主体结构	侧墙、中隔墙、底板、中板、顶板、二次结构墙、加腋
		敞开段主体结构	侧墙、中隔墙、底板、中板、顶板、二次结构墙、加腋
		围护结构	围护桩、支撑、止水帷幕、基坑、锚杆
		洞口结构	洞身、洞门端墙、洞门挡墙、回填
	隧道路基路面	路面结构	面层、基层、垫层
		附属物	条石、条石基础
	隧道附属设施	安全设施	标线、标志、交通信号灯、行人护栏、示警桩、消能桶、隔离栅、轮廓标、道钉、防眩板、波形护栏、黄闪灯
		消防设施	消火栓、灭火器、灭火器箱
		照明设施	照明灯具、LED 应急灯
		排水设施	排水沟、检修道

续表

一级系统	二级系统	三级系统	模型单元
隧道工程	隧道附属设施	监控设施	隧道照明控制箱、三遥路灯监控器、亮度检测器、应急疏散指示标志、摄像头、视频箱、车道指示器、信号灯、环境检测器、风速仪、监控箱、探测器、喷头
	附属结构	泵房	梁、柱、侧墙、中隔墙、底板、中板、顶板、二次结构墙
		配电房	梁、柱、侧墙、中隔墙、底板、中板、顶板、二次结构墙

桥梁工程构筑物构件拆分 表 9.3-7

一级系统	二级系统	三级系统	模型单元
桥梁工程	桥梁工程	上部结构	预制空心板、现浇箱梁、预制箱梁、顶板、腹板、隔板、翼缘板、底板、加劲肋、人孔、锚具、钢绞线、波纹管
		下部结构	桥墩、桥台、承台、墩台基础、系梁、桩基础、垫层
		支座系统	支座整体、支座底板、支座中间钢板、不锈钢板、支座顶板、橡胶块、梁底支座挡块、楔块、支座垫石
		附属设施	桥面铺装、绿化带、防撞墙、桥梁护栏、灯光照明、伸缩缝、挡土墙、排水沟、排水管、给水管
	涵洞工程	涵洞	箱涵、新旧涵接头、管节接头

管廊工程构筑物构件拆分 表 9.3-8

一级系统	二级系统	三级系统	模型单元
场地与环境	场地	地形	路线、地形地膜、地形表面
综合管廊	廊体	现浇段	顶板、底板、侧墙、中隔墙、混凝土垫层、集水坑盖板、支吊架、预埋、吊钩
		预制段	顶板、底板、底板混凝土垫层、侧墙、中隔墙、混凝土垫层、集水坑盖板、支吊架、预埋、吊钩
		通风井、排风井	顶板、底板、侧墙、中隔墙、框架梁、框架柱、内隔板、底板混凝土垫层、集水坑、集水坑盖板、通风孔、通风井、百叶窗、爬梯、墙（含防火墙）、栏杆
		吊装井	顶板、底板、底板混凝土垫层、侧墙、中隔墙、框架梁、框架柱、内隔板、底板下素混凝土垫层、爬梯、墙（含防火墙）、门（含防火门）、预制混凝土盖板、栏杆、防火卷帘、防护盖板、吊钩
		管线分支口	顶板、底板、底板混凝土垫层、侧墙、中隔墙、内隔板、底板下素混凝土垫层
		人员出入口	顶板、底板、底板混凝土垫层、侧墙、中隔墙、框架梁、框架柱、暗梁、内隔板、底板下素混凝土垫层、集水坑、集水坑盖板、预埋吊钩、楼梯、人员出入开孔、墙（含防火墙）、门（含防火门）、栏杆
		端部井	顶板、底板、底板混凝土垫层、侧墙、中隔墙、框架架、框架柱、内隔板、底板下素混凝土垫层、支吊架
		逃生口	顶板、底板、暗梁、底板混凝土垫层、侧墙、不锈钢爬梯、门（含防火门）、洞、栏杆、防护盖板

续表

一级系统	二级系统	三级系统	模型单元
综合管廊	廊体	交叉井（口）	顶板、底板、底板混凝土垫层、侧墙、中隔墙、框架梁、框架柱、内隔板、底板下素混凝土垫层、集水坑、集水坑盖板、防火盖板、吊架、交叉口开孔、栏杆
		出线舱、阀门井	顶板、底板、底板混凝土垫层、侧墙、中隔墙、盖板
管线系统	给水管、污水管		管道、管道管件、阀门、管道补偿装置、管道支墩、管道支吊架、地漏
	电力电缆		电力电缆、电缆接头、电缆支架、吊架
	通信线缆		通信电缆、支架、吊架
附属设施系统	通风系统		风管、风管管件、风机、风管附件、风管支吊架、减振器
	标识系统		导向标识、管理标识、管线标识、警示标识、管廊功能区与关键节点

9.4 施工阶段 BIM 技术应用

9.4.1 地质模型分析

本项目地质复杂，地质模型是地质特征在三维空间的分布及变化进行可视化表达的过程。在三维空间上的静态和动态特征的综合反映，可以很好地处理和表达大量的城市地质信息，强调了地质成果表达的数字化、立体化、可视化、智能化与通俗实用。

通过 BIM 技术处理钻孔勘测数据，生成三维地质模型并赋予相应的地质层信息属性。可筛选所需关键地质层内容数据，如素填土、细（粗）砂、溶洞、粉质黏土、淤泥质土、粉砂岩、风化岩等，形成直观化三维地质模型（图 9.4-1），同时为支护结构智能布置提供仿真模型基础，为支护结构提供有价值参数。

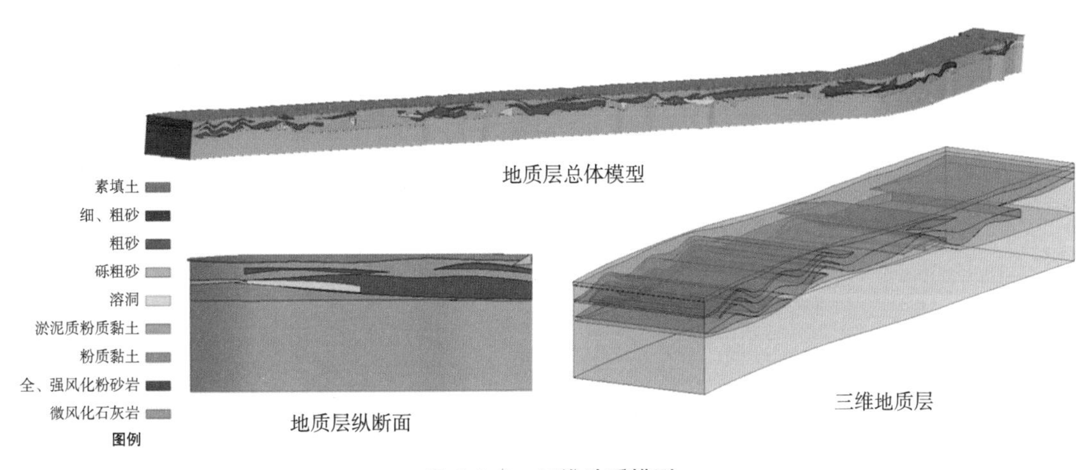

图 9.4-1 三维地质模型

9.4.2 深基坑支护结构深化设计

本项目施工条件复杂化，特别是深基坑支护工程，溶洞的存在对施工存在较大影响，若处理不当，则会存在较大的质量问题、安全风险。通过识别三维地质模型和管廊中心线，软件自动识别选择支护类型，设置横撑类型、腰梁类型等参数进行自动化建模，根据地质层的识别，把需要引孔及溶洞处理的支护段自动用不同颜色标记，并计算出引孔深度，同时输出支护结构整体的工程量清单（图 9.4-2）。溶洞位置的数量及引孔深度对应桩号报告。

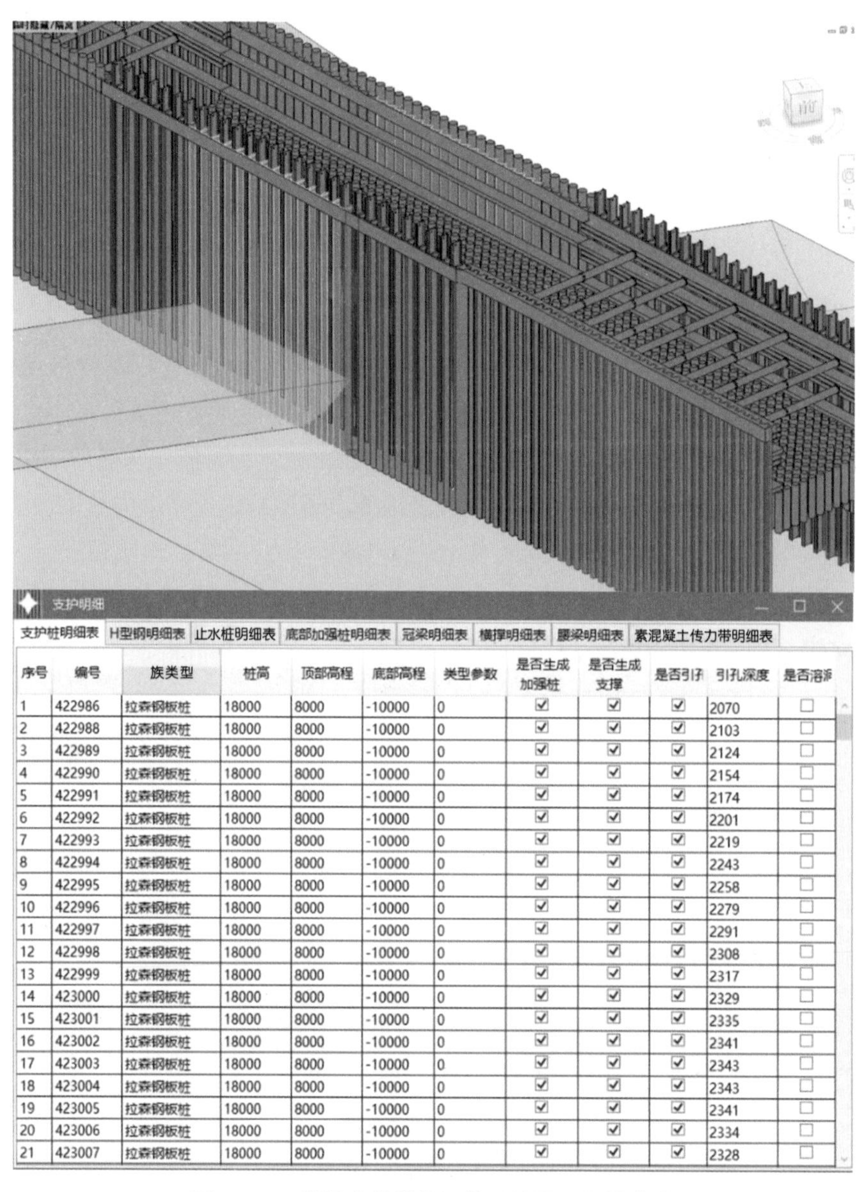

序号	编号	族类型	桩高	顶部高程	底部高程	类型参数	是否生成加强桩	是否生成支撑	是否引	引孔深度	是否溶
1	422986	拉森钢板桩	18000	8000	-10000	0	☑	☑	☑	2070	☐
2	422988	拉森钢板桩	18000	8000	-10000	0	☑	☑	☑	2103	☐
3	422989	拉森钢板桩	18000	8000	-10000	0	☑	☑	☑	2124	☐
4	422990	拉森钢板桩	18000	8000	-10000	0	☑	☑	☑	2154	☐
5	422991	拉森钢板桩	18000	8000	-10000	0	☑	☑	☑	2174	☐
6	422992	拉森钢板桩	18000	8000	-10000	0	☑	☑	☑	2201	☐
7	422993	拉森钢板桩	18000	8000	-10000	0	☑	☑	☑	2219	☐
8	422994	拉森钢板桩	18000	8000	-10000	0	☑	☑	☑	2243	☐
9	422995	拉森钢板桩	18000	8000	-10000	0	☑	☑	☑	2258	☐
10	422996	拉森钢板桩	18000	8000	-10000	0	☑	☑	☑	2279	☐
11	422997	拉森钢板桩	18000	8000	-10000	0	☑	☑	☑	2291	☐
12	422998	拉森钢板桩	18000	8000	-10000	0	☑	☑	☑	2308	☐
13	422999	拉森钢板桩	18000	8000	-10000	0	☑	☑	☑	2317	☐
14	423000	拉森钢板桩	18000	8000	-10000	0	☑	☑	☑	2329	☐
15	423001	拉森钢板桩	18000	8000	-10000	0	☑	☑	☑	2335	☐
16	423002	拉森钢板桩	18000	8000	-10000	0	☑	☑	☑	2341	☐
17	423003	拉森钢板桩	18000	8000	-10000	0	☑	☑	☑	2343	☐
18	423004	拉森钢板桩	18000	8000	-10000	0	☑	☑	☑	2343	☐
19	423005	拉森钢板桩	18000	8000	-10000	0	☑	☑	☑	2341	☐
20	423006	拉森钢板桩	18000	8000	-10000	0	☑	☑	☑	2334	☐
21	423007	拉森钢板桩	18000	8000	-10000	0	☑	☑	☑	2328	☐

图 9.4-2 基坑支护结构深化设计及工程量清单

9.4.3　钢箱梁吊装设备选型

在路口大型钢箱梁吊装工点，根据模拟现场场地条件，合理规划空间作业范围，采用施工模拟对钢箱梁吊装方案进行技术可行性论证、安全分析及成本分析。基于 Revit 平台研发的吊装智能选型插件进行大型构件吊装设备选型及计算书快捷化输出，软件可设置不同类型的起吊物体及吊车位置，智能选择最优的起吊设备（图 9.4-3），生成吊车 BIM 模型及设备参数信息表，输出吊装剖面图，可直接指导现场吊装施工。

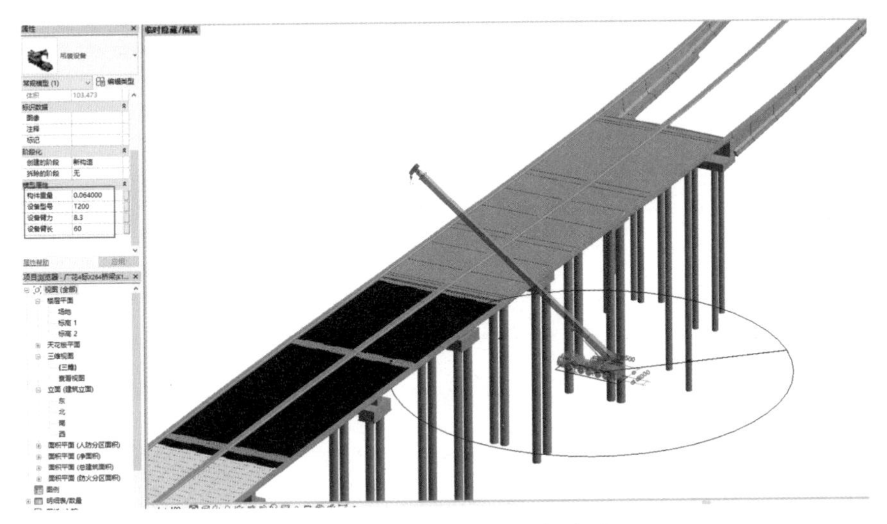

图 9.4–3　钢箱梁吊装设备选型

9.4.4　交通疏导及车流分析

交通疏导临时布道最优方案选择，可自动识别施工场布 BIM 模型，通过输入路宽、车道数、行驶速度等参数后，根据规范自动计算施工临时道路参数，并智能生成道路及围蔽结构模型，同时输出车流分析数据（图 9.4-4）。

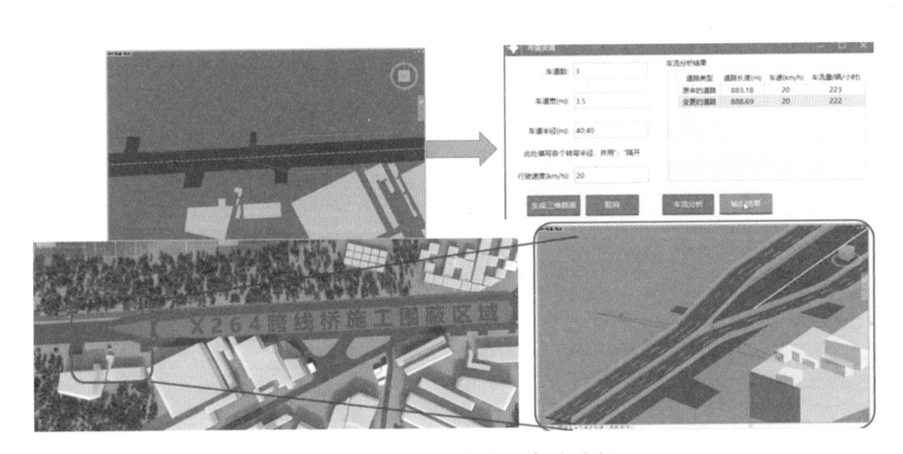

图 9.4–4　交通疏导及车流分析

9.4.5 管网及桥梁参数化建模

1. 市政管网参数化建模

在既有复杂地下管线条件下，本项目地下管线模型精确建立，通过 Navisworks 与现状管网、周围构筑物之间进行碰撞检查，运用 BIM 技术三维可视化、信息化、协调性、碰撞检查等特点，实现地下管网迁改的可视化管理，出具各专业管线迁改工程的报告及工程量统计，直观便捷地查看对应管线的管线点号、权属单位、特征、连接方向、埋深、长度、材质等全面性的信息，为管线迁改方案制定和迁改进度跟踪提供直观有效的数据支撑（图 9.4-5 ~ 图 9.4-7）。

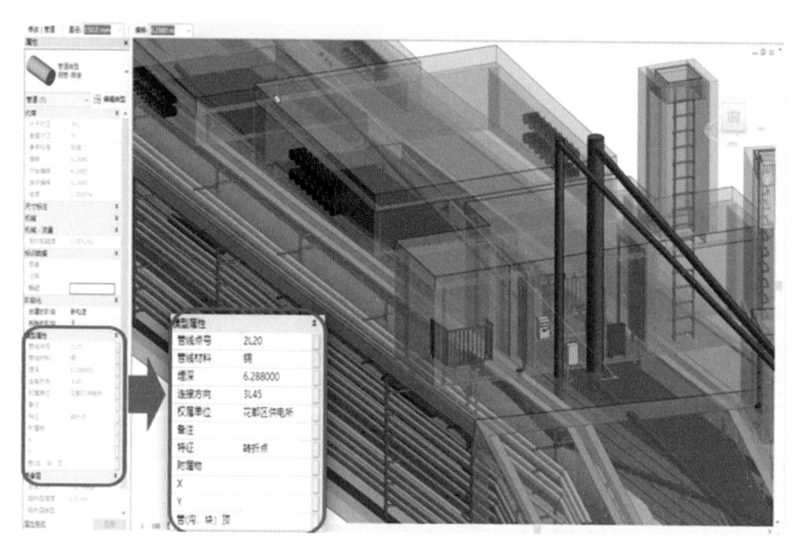

图 9.4-5　综合管廊周边地下管网

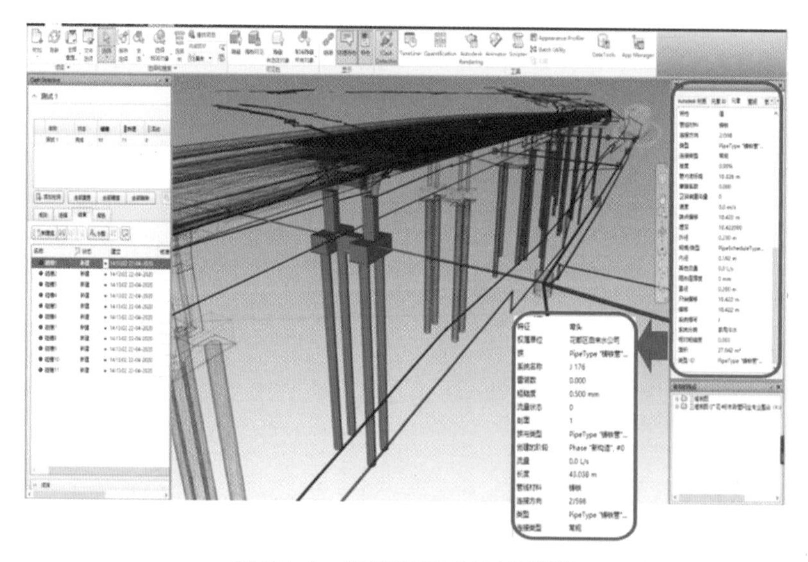

图 9.4-6　桥梁基础周边地下管线

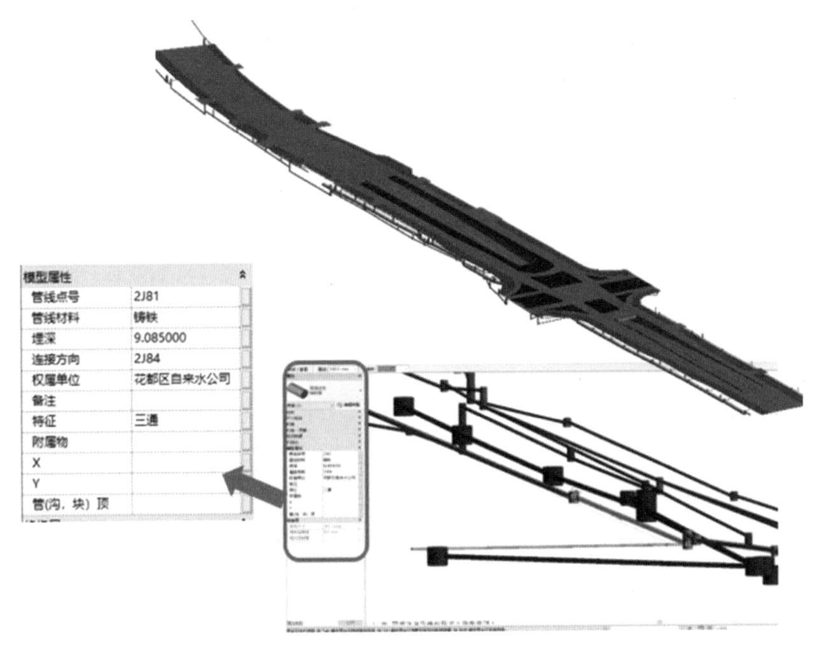

图 9.4–7　道路地下管网

2. 桥梁参数化建模

本项目桥梁为复杂曲线异形结构，Revit 功能局限性较大，建模耗时长，难以保证设计图纸可视化的精确性，Dynamo 基于 Revit 参数化辅助工具，可以实现 Revit 本身无法实现的操作。桥梁上部结构、下部结构和桩基等通过 Dynamo 与 Python 等语言编程工具快速建立参数化模型，同时赋予模型相应的参数信息，实现构件的参数化和快速化智能建模（图 9.4-8）。

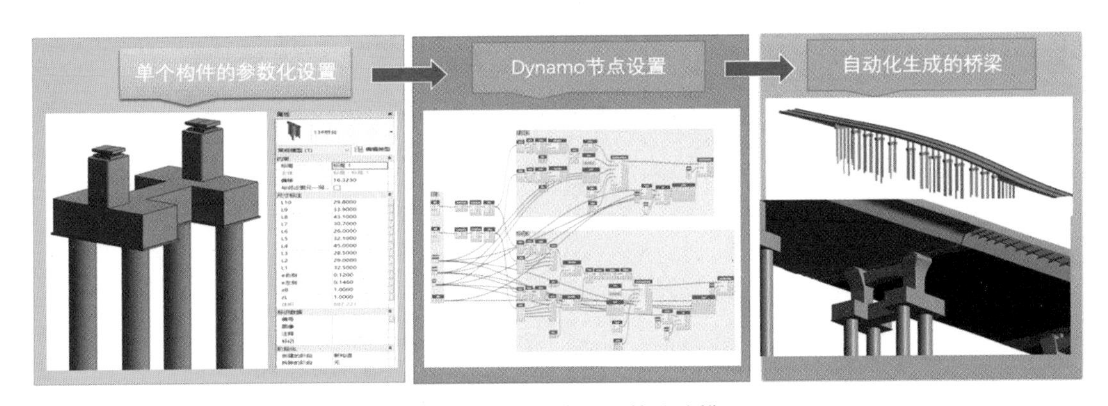

图 9.4–8　桥梁参数化快速建模

9.4.6　施工方案模拟及可视化交底

依据施工组织计划甘特图，利用 3D MAX 和 Navisworks 施工仿真，通过对整个施工专项过程及工艺工法进行精细化模拟，验证单位工程施工方案的合理性及可行性；采用施工模拟进行可视化技术交底。

以 X264 桥为例，桥梁位于直线段或缓和曲线上，标准桥面宽度 26.5m，全桥共四联，其中第一联（3 × 30+38+30）m、第二联（2 × 30）m 和第四联（3 × 30）m 为现浇预应力混凝土箱梁，第三联为连续钢箱梁（35+50+35）m。采用施工方案模拟技术（图 9.4-9），设置合理的交通疏导方案，引导机动车利用部分辅路及临时便道，维持双向 6 车道，取消部分电子监控，交叉口根据施工围蔽重新渠化；利用施工模拟的直观性，合理设置钢箱梁临时支墩位置，制定钢箱梁分段分块吊装顺序，布置临时支墩上微调装置等。

图 9.4–9　X264 桥梁施工仿真模拟

9.4.7　碰撞检查

基于 BIM 模型的可视化展示，直观地理解设计方案，检查图纸中相互矛盾处、无数据信息、数据错误等方面的问题，在施工前能预先发现存在的问题，协调设计进行结构及管线的综合布置和空间位置的优化调整。轻量化模型通过 Navisworks 软件自动检测碰撞点功能，可以在短时间内自动查找出模型内所有冲突点，并出具碰撞详细的碰撞报告。每条碰撞信息包括碰撞类型、碰撞深度，可以通过软件查看碰撞的具体三维情况，及时合理地调整方案（图 9.4-10、图 9.4-11）。

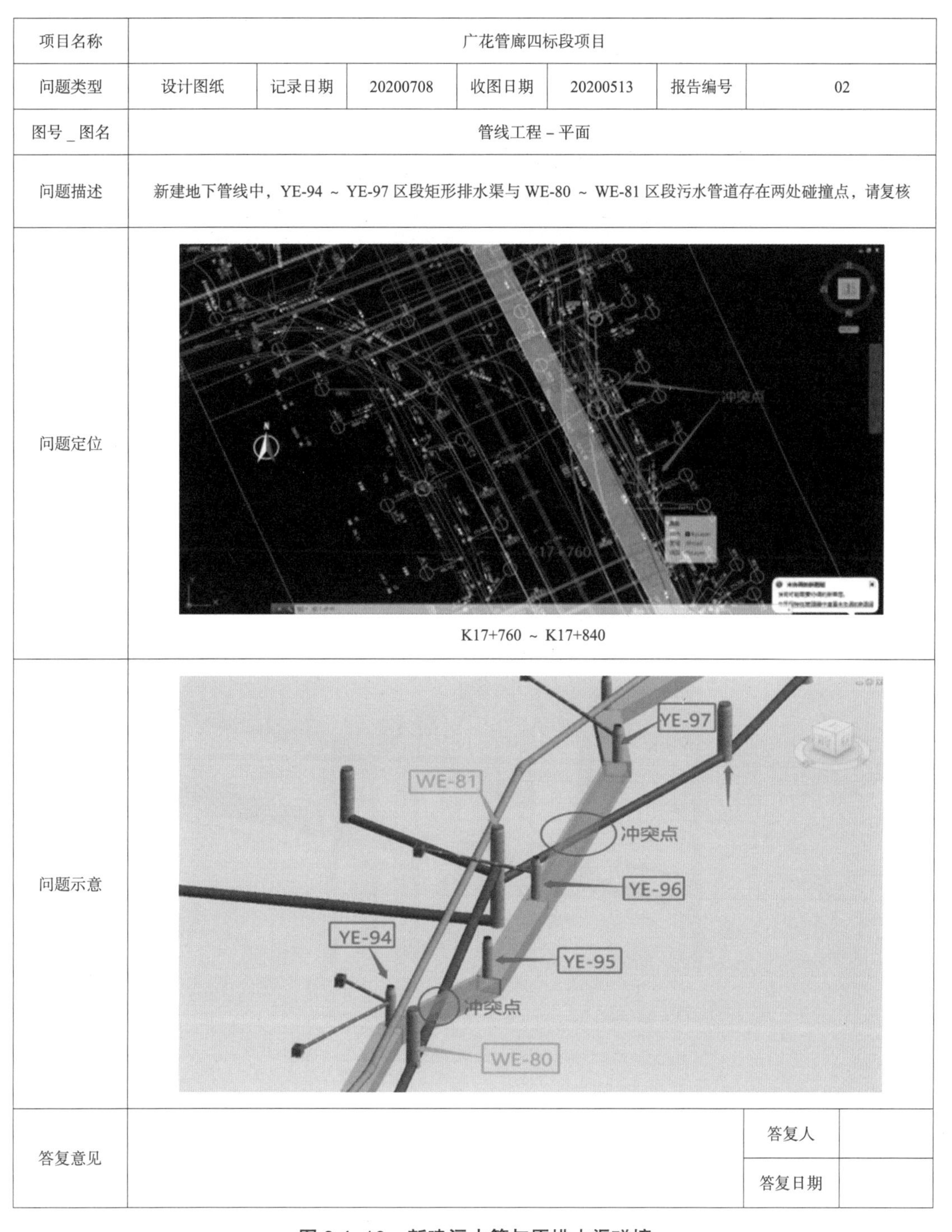

项目名称	广花管廊四标段项目						
问题类型	设计图纸	记录日期	20200708	收图日期	20200513	报告编号	02
图号 _ 图名	管线工程－平面						
问题描述	新建地下管线中，YE-94 ~ YE-97 区段矩形排水渠与 WE-80 ~ WE-81 区段污水管道存在两处碰撞点，请复核						
问题定位	K17+760 ~ K17+840						
问题示意							
答复意见						答复人	
						答复日期	

图 9.4-10　新建污水管与原排水渠碰撞

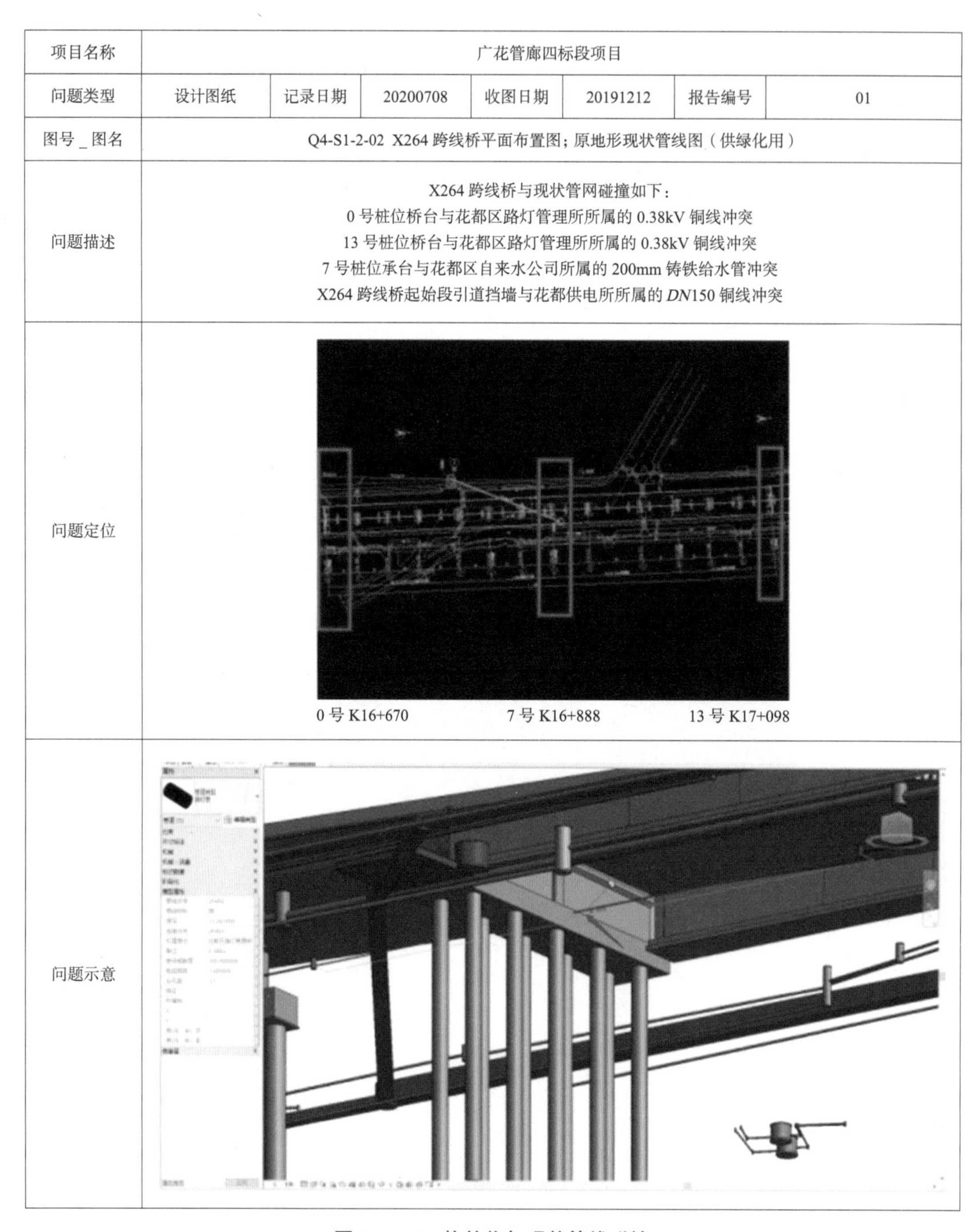

项目名称	广花管廊四标段项目						
问题类型	设计图纸	记录日期	20200708	收图日期	20191212	报告编号	01
图号 _ 图名	Q4-S1-2-02 X264 跨线桥平面布置图；原地形现状管线图（供绿化用）						
问题描述	X264 跨线桥与现状管网碰撞如下： 0 号桩位桥台与花都区路灯管理所所属的 0.38kV 铜线冲突 13 号桩位桥台与花都区路灯管理所所属的 0.38kV 铜线冲突 7 号桩位承台与花都区自来水公司所属的 200mm 铸铁给水管冲突 X264 跨线桥起始段引道挡墙与花都供电所所属的 *DN*150 铜线冲突						
问题定位	0 号 K16+670　　7 号 K16+888　　13 号 K17+098						
问题示意							

图 9.4-11　构筑物与现状管线碰撞

9.4.8　施工进度管理

通过 BIM 技术实时展现项目计划进度与实际进度的模型对比，资源配置、施工部署和施工计划在时间轴的安排，可达到 4D 的效果，随时随地三维可视化监控进度进展，提前发现问题，保证项目工期。

以雅瑶中路隧道和管廊的基坑开挖、支护至隧道主体结构、道路施工完成为例，进行进度计划模拟施工，对于施工进度提前或者延误的地方用不同颜色高亮显示，将进度计划导入 Project 中，与模型进行一次关联，后续时间修改可以直接在模型上实现。发现管廊和隧道两处时间节点的冲突，对施工进度计划进行相应调整（图 9.4-12）。

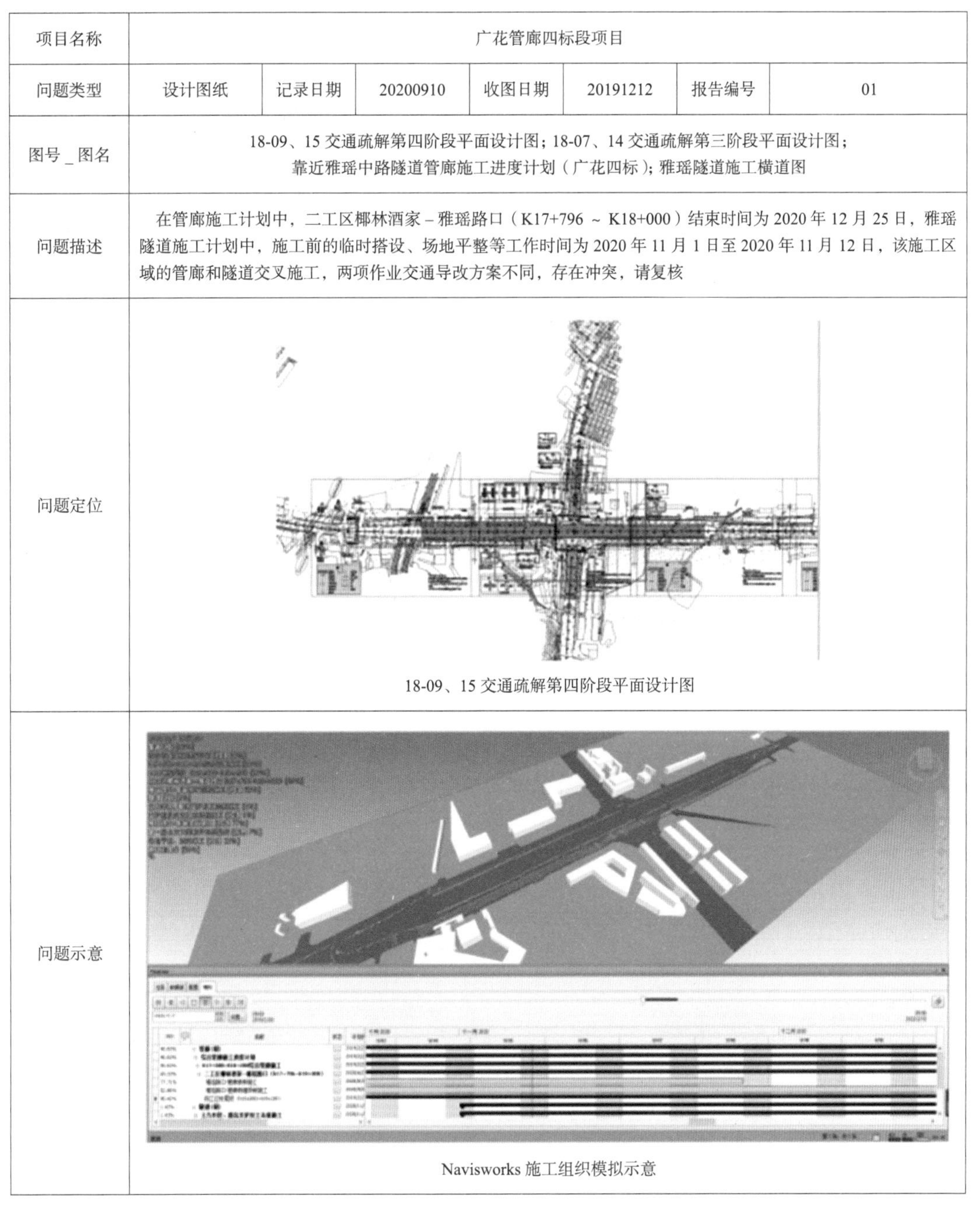

项目名称	广花管廊四标段项目						
问题类型	设计图纸	记录日期	20200910	收图日期	20191212	报告编号	01
图号 _ 图名	18-09、15 交通疏解第四阶段平面设计图；18-07、14 交通疏解第三阶段平面设计图；靠近雅瑶中路隧道管廊施工进度计划（广花四标）；雅瑶隧道施工横道图						
问题描述	在管廊施工计划中，二工区椰林酒家 – 雅瑶路口（K17+796 ~ K18+000）结束时间为 2020 年 12 月 25 日，雅瑶隧道施工计划中，施工前的临时搭设、场地平整等工作时间为 2020 年 11 月 1 日至 2020 年 11 月 12 日，该施工区域的管廊和隧道交叉施工，两项作业交通导改方案不同，存在冲突，请复核						
问题定位	18-09、15 交通疏解第四阶段平面设计图						
问题示意	Navisworks 施工组织模拟示意						

图 9.4–12　雅瑶中路隧道和管廊施工进度管理

9.4.9 质量安全管理

管理平台利用模型及现场照片数据对现场的安全、质量进行数字化管理。每天的班前安全教育，技术交底，隐患整改记录在系统发起后，经组织管理部门审核，形成安全管理快捷闭合回路。利用移动终端（智能手机、平板电脑）采集现场数据，建立现场质量缺陷、安全风险、文明施工等数据资料，与 BIM 模型即时关联，方便施工中、竣工后的质量缺陷等数据的统计管理（图 9.4-13、图 9.4-14）。具备以下特点：

图 9.4-13　安全管理系统整改统计界面

图 9.4-14　安全管理系统整改内容

（1）缺陷问题的可视化：现场缺陷通过拍照来记录，一目了然，BIM 模型定位模式，让管理者对缺陷的位置准确掌控。

（2）方便的信息共享，管理者在办公室即可随时掌握现场的质量缺陷、安全风险因素；有效的协同共享，提高各方的沟通效率各方根据权限，查看所管项目问题。

（3）充分发挥手持智能设备的便捷性，随时随地记录或查看问题，支持 iphone、ipad、android 等智能设备。

（4）简单易用，便于快速实施，实施周期短，便于维护。

（5）基于云 + 端的管理系统，运行速度快，可查询各种工程相关数据。

9.4.10　BIM 5D 协同管理平台

采用广联达 BIM 管理平台，解决项目协同管理为主要目标，各参与方依托 BIM 三维可视化模型，充分运用互联网、云计算、模型轻量化、信息集成、大数据分析等技术，优化工程项目信息共享顺畅、资料系统管理、问题跟踪等问题，对项目成本效益进行全面分析，有效控制安全、进度、质量，并优化深化设计、变更管控流程，充分发挥模块集成优势，实现施工全过程精细化管理。

移动端与网页端便捷查看，实现远程有效管控。在广联达 BIM 5D 管理平台输出的轻量化模型便于移动设备的查看，构件在建及完成情况，扫描生成二维码，查看该构件名称、类型、位置、开工日期、结束日期等赋予所需的任何信息内容（图 9.4-15）。

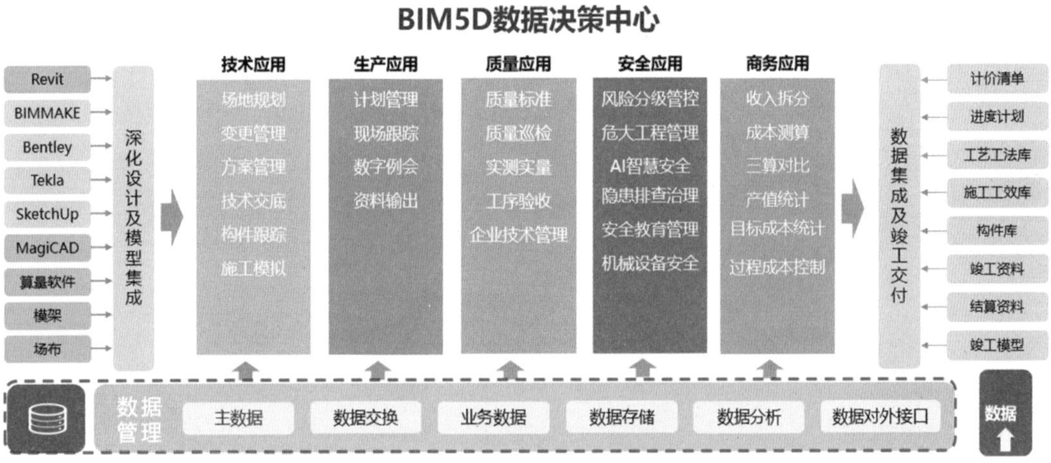

图 9.4–15　广联达 5D 管理平台协同集成

9.5　BIM 交付内容

BIM 交付物包括模型、图纸、表格及相关文档等，不同表现形式之间的数据、信息应一致。模型基础上所产生的系列应用类型的交付物，一般都作为最终的交付成果，对于 BIM 应用过程中记录的 2D 图纸资料技术问题等日志文件、工作汇报、成果记录等资料应采用文档形式。

交付内容基于 BIM 交付标准，满足数据格式的通用性，并应提供标准的数据格式（如 pdf、dwg、mp4、wmv 等常用格式），可上传协同管理平台的文件归档管理。

本项目交付内容与交付格式如表 9.5-1 所示。

交付内容清单　　表 9.5-1

序号	内容	交付清单	格式
1	图纸复核和碰撞检查	图纸问题报告、碰撞检查报告	*.doc
2	技术协调	会议纪要	*.doc
3	施工模拟	工艺模拟、交底视频解说、项目漫游、图片	*.mp4、*.jpg
4	进度模拟	项目整体施工进度、特定工序进度	*.nwd、*.jpg
5	项目管理平台	三维形象安全、进度、质量、成本集成、基于模型构件非几何信息属性	网页端
6	出图	技术方案应用图纸	*.dwg、*.pdf
7	工程计量	工程量明细表	*.xlsx
8	竣工模型	各专业深化模型、轻量化模型	*.rvt

9.6 BIM 应用总结

本项目 BIM 技术使用实施过程中，自主研发的深基坑支护结构智能布置、钢箱梁吊装设备智能选型、交通疏导及车流分析 3 个插件，同时探索了 BIM 技术在城镇密集区市政管廊施工的应用价值。

BIM 技术与施工技术相结合，准确验证施工所需条件，很大程度上避免返工等问题，有效降低施工项目管理所存在的风险问题，大幅提高项目管理全过程效率。运用信息化技术手段，为项目管理过程提供有效的信息服务保障，集成建筑工程施工期间各信息数据交互，使整个工程施工过程在协同性、沟通性、成本管控、工期优化等方面得到有效增强。实现了施工期间的五维管理，确保项目施工全过程各专业节点的精确，有效控制了工程质量和安全。

第 10 章　广州市番禺区南大干线工程施工总承包项目

10.1　项目概况

广州市番禺区南大干线工程位于番禺区北部，线路基本呈东西走向，路线西起于番禺区石壁街钟三路，途经大石街、南村镇、新造镇、化龙镇，东止于石楼镇莲花大道，全长约 30.32km。道路等级为城市快速路，设计速度 80km/h，道路宽度 60 ~ 80m。工程内容包括：道路工程、桥隧工程、市政管线及配套实施的排水工程、照明工程、绿化工程、交通设施、交通监控、消防工程、电力管沟、供变电工程等附属工程。

南大干线处于广州“南拓”重点发展地带的核心区域，沿线串联广州南站—番禺新城及大学城组团，未来往南通过广州新城，通达南沙区，将会对广州的“南拓”开发形成强有力的支撑。南大干线的建设将带动沿线土地开发建设及经济发展，对实现“南拓”的城市发展调整战略有着非常重要的意义。因此，南大干线的建设是实现新时期的城市规划“南拓、北优、东进、西联、中调”战略目标的重要举措。

10.2　项目特点分析

本项目工程规模大、工期紧、专业多、立交造型复杂、施工质量要求高，难度大等一系列特点，而且不同专业之间相互干扰。项目难点包括：复杂互通式立交、跨越已有道路跨线桥、大体积混凝土浇筑施工、隧道基坑支护等，面对诸多施工难点，BIM 技术的应用迫在眉睫。

（1）番禺大道立交采用环形 + 迂回式全互通立交，桥梁工程横跨南大干线，北往东，西往北、南往西均设置半定向匝道，东往南左转在节点的西北象限设置环形匝道，立交外均布置右转匝道（图 10.2-1）。

图 10.2–1　南大干线—番禺大道立交的三维模型

（2）立交桥梁结构复杂，匝道多，线形复杂，连接点、现浇梁标高及线形控制和定位精度要求严格。

（3）质量要求高。鉴于高速路交通工程的特性与所处环境，不仅主体工程结构必须坚固、稳定、耐久、安全，而且外观也要达到美观、平整，形成城市的景观；

（4）建设工期紧。根据招标文件要求和合同总的工期要求，工程量大，建设工期紧迫。

10.3 BIM 应用策划

10.3.1 BIM 应用目标

1. 技术目标

BIM 技术可以解决二维形态不能解决的技术问题，通过三维建模，直观展示出项目的状态。根据项目存在的技术难题，通过应用 BIM 技术进行解决。技术目标的设定需要围绕技术难点开展，根据项目的特点应用 BIM 技术。在本项目中，计划应用 BIM 技术进行图纸问题梳理、碰撞检查、施工场地布置及施工方案技术交底等方面，以解决现场施工技术难点的技术目标。

2. 管理目标

应用 BIM 技术进行施工项目管理，提升施工项目管理的数字化和信息化。通过施工数据的采集、实时上传、智能分析，并规范管理内容、管理流程及作业工序，加快项目管理标准化的进程,达到项目数字化和信息化管理。在本项目中,计划采用鲁班 BIM 平台，对项目进行施工进度计划及管理、质量管理、安全管理及资料管理等方面，以实现管理目标。

3. 人才目标

BIM 技术应用需要技术人才的支撑，因此在项目开展 BIM 技术应用过程中，既要解决技术难点和管理诉求，同时还要培养 BIM 技术人员。在本项目中，通过以老带新和技术培训的形式，引导和培养 BIM 技术人员，以三维建模、工序视频制作、效果展示等建模实操，提升 BIM 人员技术能力。

4. 创优目标

根据项目进度和 BIM 模型的深化程度，参评相关部门的 BIM 奖项。通过创优一方面检验项目 BIM 的技术成果，另一方面可以宣传公司品牌和彰显公司技术的效果。在本项目中，计划申报 BIM 示范试点项目和参与国家级 BIM 奖项的申报，以提高 BIM 技术人员的积极性，并产出更多的技术成果。

10.3.2 BIM 应用范围和内容

1. BIM 应用范围

（1）BIM 模型建立

通过建模软件构建南大干线工程的 BIM 模型，主要包括立交模型、桥梁模型、隧道模型以及道路模型。通过应用三维模型消除施工过程中的信息孤岛，并将得到的信息结合三维模型进行整理和储存，以备施工全过程中的信息共享。

（2）场地布置

应用 BIM 技术规划布置项目的场地，通过三维模型的动态模拟展示各个施工阶段的场地变化，从而做出理想的场地分区规划、交通流线组织关系和材料堆放，以达到科学合理的场地布置。

（3）方案指导

在施工方案编制阶段，应用 BIM 技术模拟施工工序，对施工过程进行实时和逼真的模拟，能预知在实际施工过程中可能碰到的问题，进而对施工方案进行验证、优化和完善，达到提高施工效率的目的。

（4）施工进度模拟

通过将 BIM 与施工进度计划相链接，将空间信息与时间信息整合在一个可视的模型中，可以直观、精确地反映整个工程的施工过程。采用“鲁班 BIM”平台的施工进度模拟功能，通过 4D 模型直观反映本工程的施工过程，合理制定施工计划、以动态的形式精确掌握施工进度。

2. BIM 应用内容（表 10.3-1）

（1）施工准备阶段

编制本项目的建模标准；搭建本项目完整 BIM 模型；图纸会审，查找错、漏、碰、缺，汇总图纸问题。

（2）施工实施阶段

施工场地及临时设施布置；施工方案比选及指导；三维辅助交底；吊装专项施工动画；施工进度模拟；应用 BIM 信息化管理平台；建立模型族库；钢箱梁结构辅助设计；形成标准规范。

BIM 应用范围和内容　　表 10.3-1

序号	应用点	工具	成果	备注
1	图纸审查	Revit 等建模工具	图纸问题一览表	
2	展示	建模软件	单独的 3D 模型、漫游视频或在平台上直接浏览	
3	碰撞检查 – 结构碰撞	Naviswork	管线、排水结构、主体结构、周围建筑物等之间的碰撞报告，报告要有具体位置和碰撞部位图片	
4	碰撞检查 – 模拟碰撞	Naviswork	施工过程的机械、结构、外部管线的碰撞关系，形成碰撞报告，例如吊装时构件和机械之间的碰撞，构件和高压线之间的碰撞	
5	施工模拟 – 技术交底	Naviswork	形成按施工流程先后进行的动画视频，反映各工序先后顺序或细部结构	

续表

序号	应用点	工具	成果	备注
6	进度管理	Naviswork	按施工部署和施工计划，反映整个施工先后顺序的视频	
7	施工场地布置、临时结构	Revit、Naviswork	3D 模型和 3D 剖面，例如现场布置、临设布置、脚手架、模板支架等	
8	项目管理	Revit、广联达 5D 平台、鲁班基建平台	实施 3D 形象进度查询安全质量巡查，问题所在位置的 3D 显示，基于模型构件的造价、质量、设计及材料厂商信息查询	不同颜色显示不同状态，点击构件可以查询设计及施工信息

10.3.3 资源配置

人员组织架构与岗位职责分工见图 10.3-1、表 10.3-2。

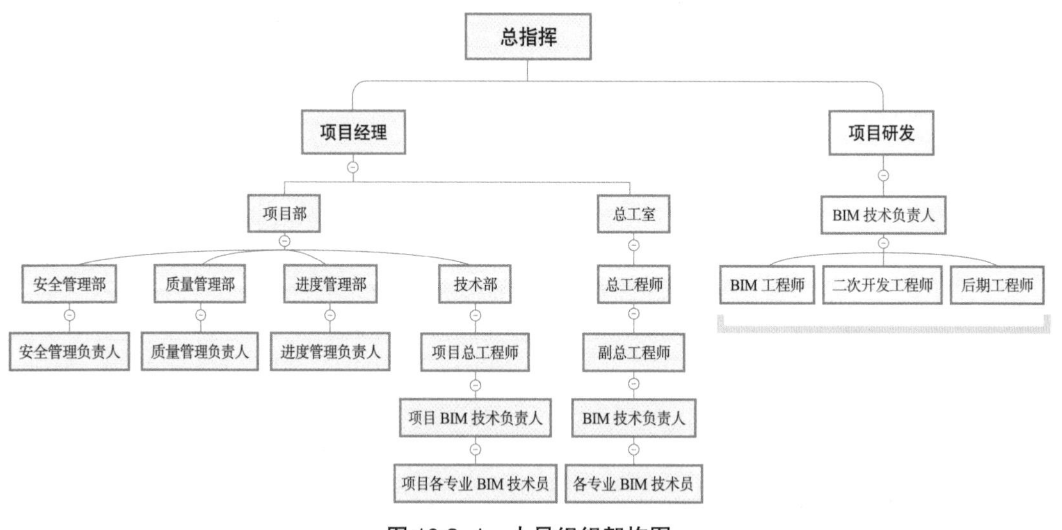

图 10.3-1 人员组织架构图

岗位职责分工 表 10.3-2

职位	BIM 工作职责	
	应用职责	管理职责
项目 BIM 总负责	对模型进行指导、验收	BIM 应用规划、审核，制定 BIM 应用目标
技术总工、BIM 总指导	对 BIM 的技术应用指导	BIM 应用技术的规划、审核
BIM 总协调	负责软件的采购、工作协调	督促 / 根据项目进度
BIM 应用组长	负责模型的验收、交付	BIM 现场应用的实施及策划
BIM 技术负责人	负责深化模型设计阶段及施工实施阶段的模型设计大纲	管理模型的更新、对各阶段的技术实施总负责
BIM 应用副组长、现场 BIM 负责人	负责各应用阶段模型的建立，交付模型	汇总各阶段的资料汇总更新到模型

续表

职位	BIM 工作职责	
	应用职责	管理职责
生产主管	负责土建施工组织模型的建立	汇总土建施工资料
质量主管	负责施工质量管理模型的建立	汇总、管理施工质量资料
安全主管	负责施工安全管理模型的建立	汇总、管理施工安全资料
计量主管	负责施工成本管理模型的建立	汇总、管理合同、计量资料

根据本工程特点及需求，采用表 10.3-3 所列软件开展项目 BIM 应用工作。

软件资源配置表　　表 10.3–3

序号	软件名称	功能
1	Auto Cad 2018	应用广泛的工程设计软件，用于施工图的处理、绘制
2	Autodesk Revit 2018	参数化三维建筑设备设计软件，桥梁、道路可实现协调作业
3	Navisworks Manage 2018	三维设计数据集成，软硬空间碰撞检查，项目施工进度模拟展示专业设计应用软件
4	Autodesk Civil 3D 2018	道路专业三维设计软件，用于本项目道路的建模
5	Autodesk 3D Max 2018	三维效果图制作
6	Autodesk Infraworks 2018	应用与本项目的场地布置
7	Bentley Microstation	建模、模型几何分析
8	Bentley Power Civil	道路建模、模型集成
9	Bentley Civil Station	桥梁、隧道建模
10	Bentley Lumen RT	图片渲染、漫游模拟动画等制作

根据本工程的 BIM 体量及应用设想，按照表 10.3-4 的要求配置 BIM 硬件资源，以保证项目 BIM 应用工作的顺利开展。

硬件资源配置表　　表 10.3–4

配置	塔式工作站	移动工作站	服务器
CPU	英特尔 ® 至强 TM 处理器 E3 处理器	英特尔 ® 酷睿 TMi7 处理器	英特尔 ® 至强 TM 处理器 E5 双 CPU
内存	32GB（4 × 16GB）ECC	16GB（2 × 16GB）	32GB（4 × 8GB）ECC DDR31066MHzECC Fully-Buffered Memory
显卡	NVIDIA®Quadro K4000 4GB GDDR5	NVIDIA®Quadro K2200m4GB GDDR5	—
显示器	双显示器、27in LED，2560 × 1440 分辨率	14 寸 LED 液晶，分辨率不低于 1600 × 900	—

续表

配置	塔式工作站	移动工作站	服务器
硬盘	256SSD+2T 硬盘空间 SATA 硬盘	256SSD+1T 硬盘空间，SATA 硬盘	5X500GB.5-inch IOKRPMSASHardDrive
操作系统	Windows7 旗舰版 64 位 SP1（SCHI）	Windows7 旗舰版 64 位 SP1（SCHI）	Microsoft®Windows Server®2008 × 64R2 SP1 企业版
网卡	集成千兆网卡	集成千兆网卡	集成千兆网卡

10.3.4 建模标准及模型单元拆分

1. 单位和坐标

（1）项目长度单位为 mm。

（2）使用相对坐标，± 0.000 为坐标原点 Z 轴坐标点。

（3）为所用 BIM 数据定义通用坐标系。单个工程项目的多个模型文件为统一的基准点，保证模型整合定位准确。

（4）建立“项目北”与“正北”关系。

2. 建模标准

市政桥梁工程信息宜包括：尺寸、定位、空间关系等几何信息；名称、规格型号、材料和材质、功能与性能技术参数，以及施工段、施工方法、工程逻辑关系等非几何信息。南大干线以桥梁工程为主，在建模过程中对于桥梁制定相应的建模标准。桥梁工程划分为上部结构、下部结构、附属设施和支座系统，模型拆分见表 10.3-5。

桥梁工程模型拆分　　表 10.3-5

一级系统	二级系统	三级系统	模型单元
桥梁	上部结构	纵向构件	桥面板、腹板、底板、加劲肋（钢桥）、上、下承托（混凝土桥）
		横向构件	支点横梁、横隔梁、加劲肋（钢桥）、上、下承托（混凝土桥）
		预应力系统	钢绞线、波纹管、锚具
	下部结构	支座垫石	支座垫石
		盖梁	—
		墩柱	—
		承台	—
		桥台	—
		桩基础	—
	附属设施	桥面铺装	桥面铺装、人行道板、栏杆、防撞墙、伸缩缝、排水井、集水格栅、泄水管、隔声屏
		混凝土栏杆	栏杆基座
			栏杆主体

续表

一级系统	二级系统	三级系统	模型单元
桥梁	附属设施	伸缩缝	型钢伸缩缝
			模数式伸缩缝
			梳齿板伸缩缝
		支座	板式橡胶支座
			盆式支座
			球形钢支座

3. 模型拆分原则

（1）按照从整体到局部的原则进行拆分，并与现行的单项工程、单位工程、分部工程和分项工程的划分相一致。

（2）按照功能和受力特性进行构件分类，同类别中的构件按照施工顺序进行数字编号。

（3）拆分前应进行工程管理规划。拆分细度与实际施工细度相一致，以利于工程应用。模型界面拆分应遵循表 10.3-6 规定。

模型界面拆分划分表　　表 10.3-6

优先级	界面划分方式	备注
1	市政所属专业领域	道路、桥梁、隧道、给水排水、土方工程等
2	地理位置或建设周期	—
3	标高	—
4	建设标段	—
5	专业	—
6	系统	—
7	其他	—

10.4　施工阶段 BIM 技术应用

10.4.1　深化设计

根据现场施工设计图纸说明。深化设计阶段包含内容主要为现浇混凝土结构深化设计与部分预制混凝土结构深化设计（图 10.4-1 ~ 图 10.4-3）。

10.4.2　图纸复核

本项目中的桥梁工程众多，且有上下两层叠加，特别是砖基础与桥面之间的碰撞。在建模过程中，进行碰撞检查，及时发现问题，技术反馈，并且持续跟踪图纸修改方案（图 10.4-4、图 10.4-5）。

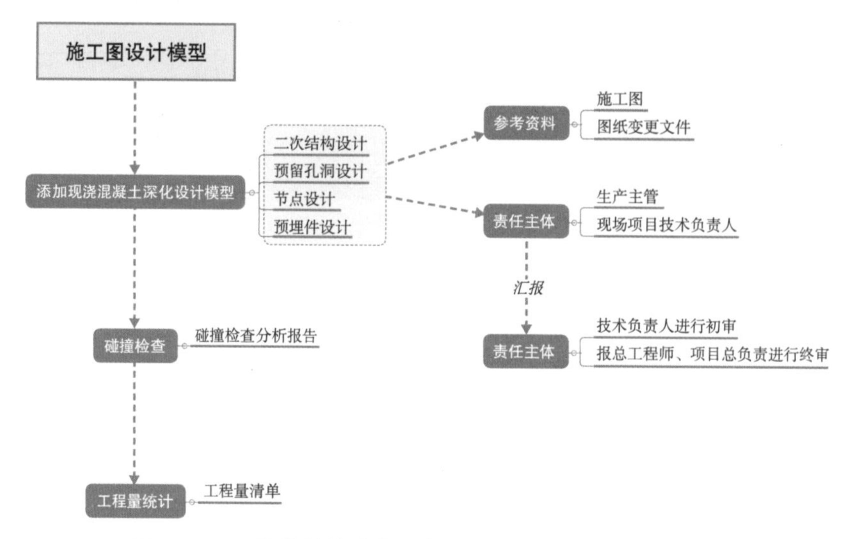

图 10.4-1　深化设计阶段现浇混凝土设计模型应用流程图

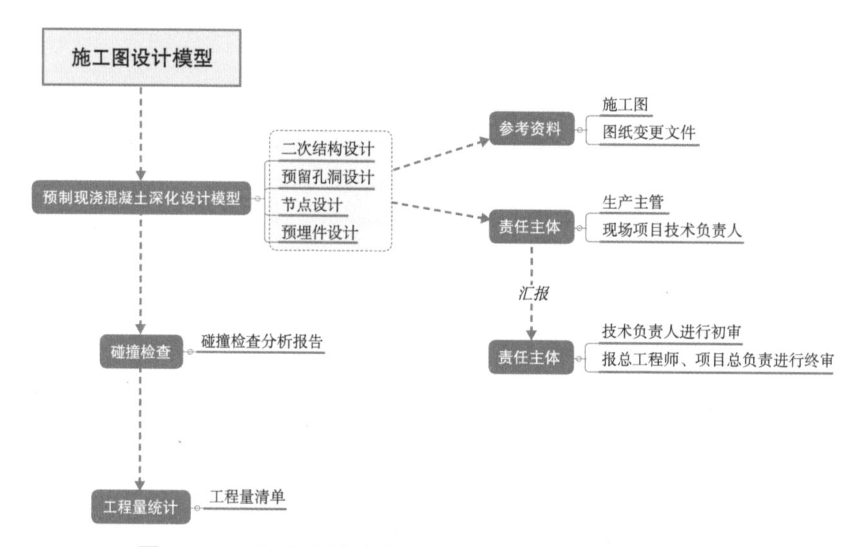

图 10.4-2　深化设计阶段预制混凝土设计模型应用流程图

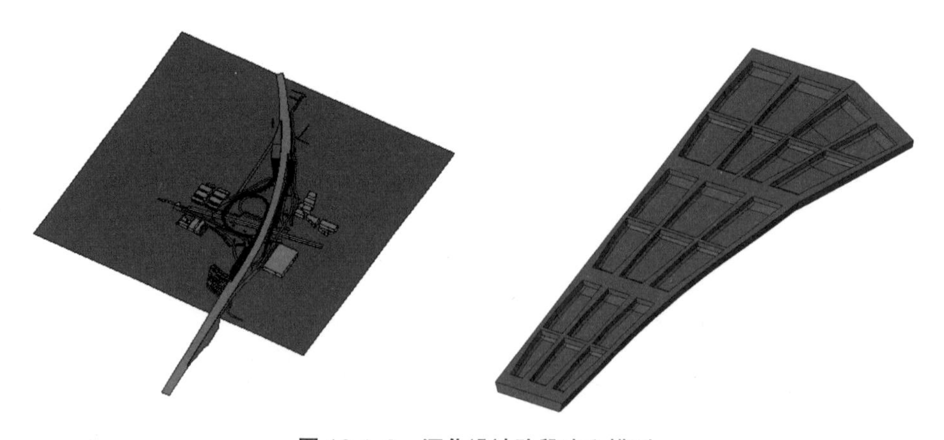

图 10.4-3　深化设计阶段建立模型

图 10.4–4　原 B 匝道桥 12 号桥墩

图 10.4–5　设计变更 B 匝道桥 12 号桥墩

10.4.3　场地布置

由于项目场地狭窄，前期施工进场准备阶段需要对场地进行合理化的布置（图 10.4-6）。基于 BIM 技术把周边的已有建筑和相关道路放到三维场布的相应位置，可以提前预估施工对周边的影响和场布是否合理；对现场大型机械设备进行精准定位，指导运行路线，合理规划堆场及垂直运输；合理规划施工道路，施工组织更加有序。

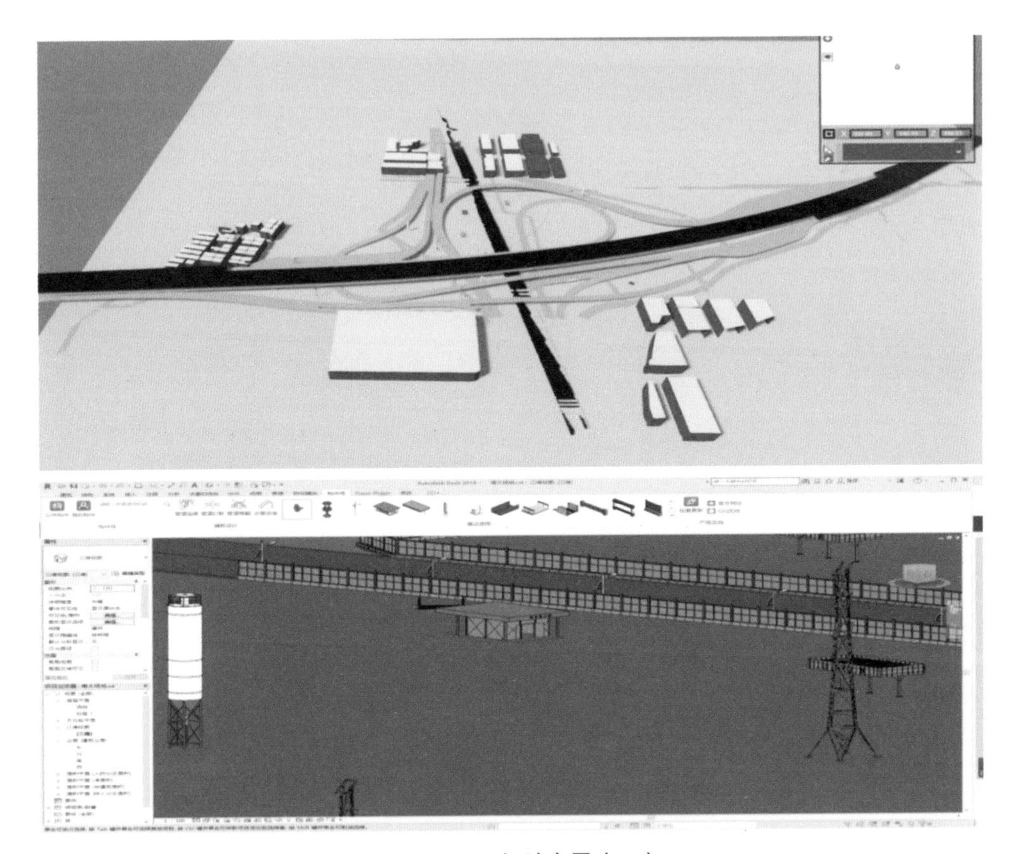

图 10.4–6　场地布置（一）

图 10.4-6　场地布置（二）

10.4.4　施工方案模拟

采用 Revit 软件进行脚手架排布正向设计，由模型直接出施工二维图并统计工程量。同时，在 BIM 模型基础上附加建造过程、施工顺序等信息，进行施工过程的可视化模拟（图 10.4-7 ~ 图 10.4-9），充分利用建筑信息模型对方案进行分析和优化，提高方案审核的准确性，实现施工方案的可视化交底。

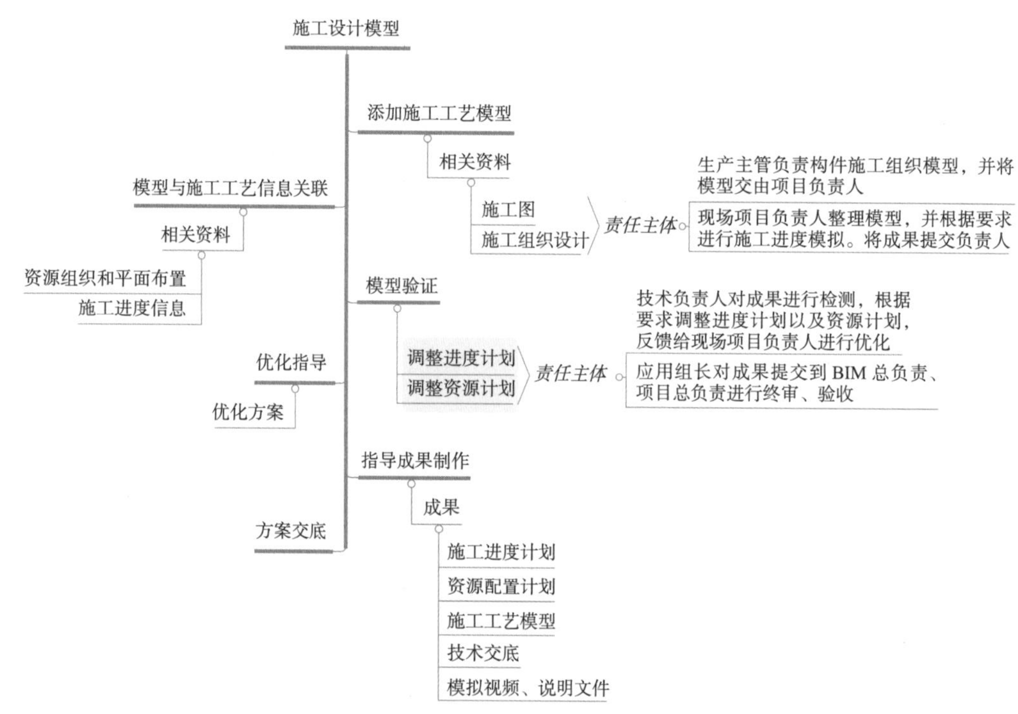

图 10.4-7　施工工艺模拟流程图

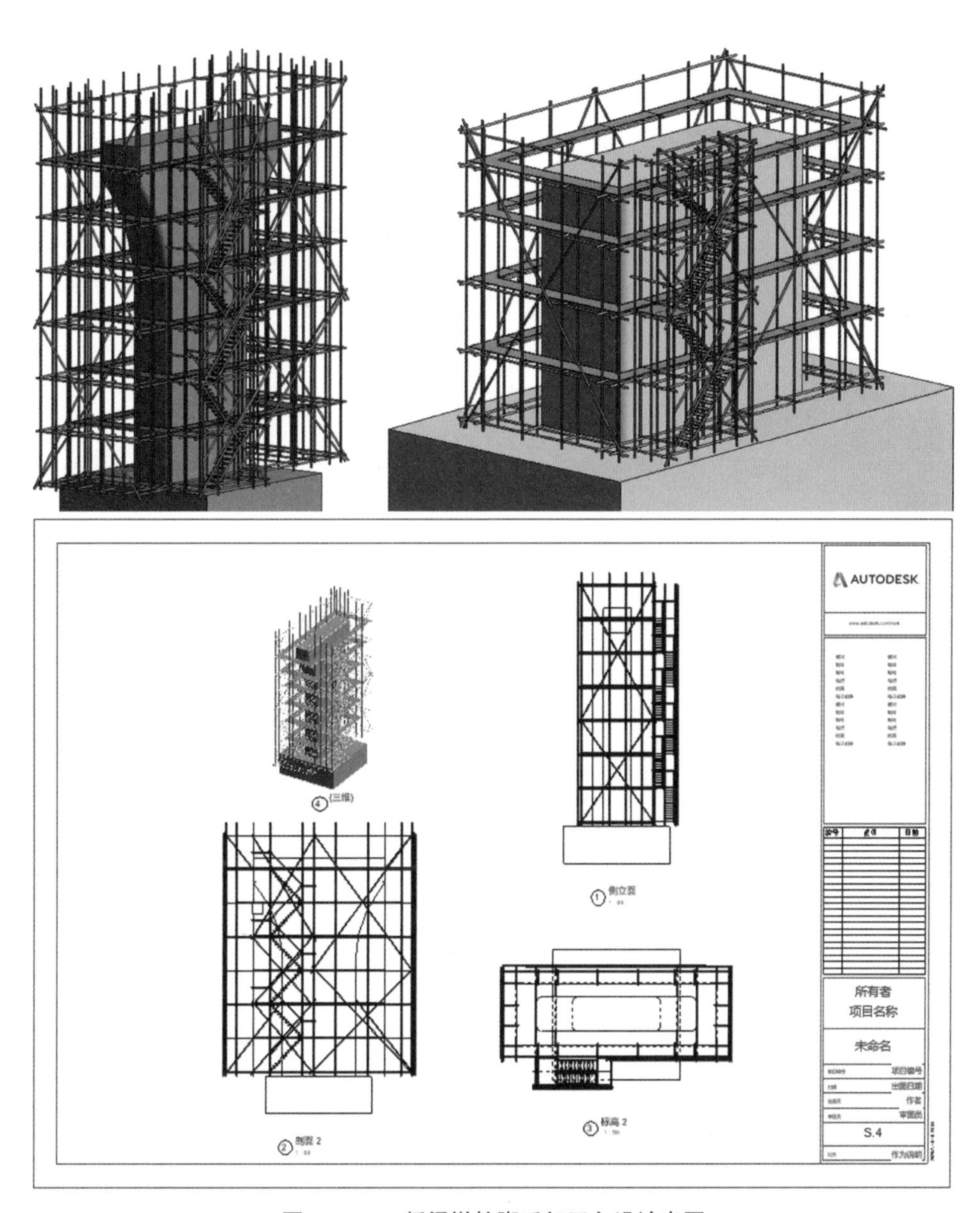

图 10.4–8 桥梁墩柱脚手架正向设计出图

图 10.4–9 桥梁承台与桩基节点处钢筋深化图

10.4.5 技术交底

借助 BIM 模型进行三维可视化，以直观的交底方式展现给施工人员，取得了良好的技术交底效果（图 10.4-10）。利用模型进行技术交底不仅可以使交底过程可视化，还可以对模型进行标注、不同视角旋转观察、突出显示复杂节点等操作，使交底工作更深入和全面，并在施工工艺方面的展示更加符合规范要求。在提高交底工作效率的同时，工程技术人员的工作方式也在发生变化。

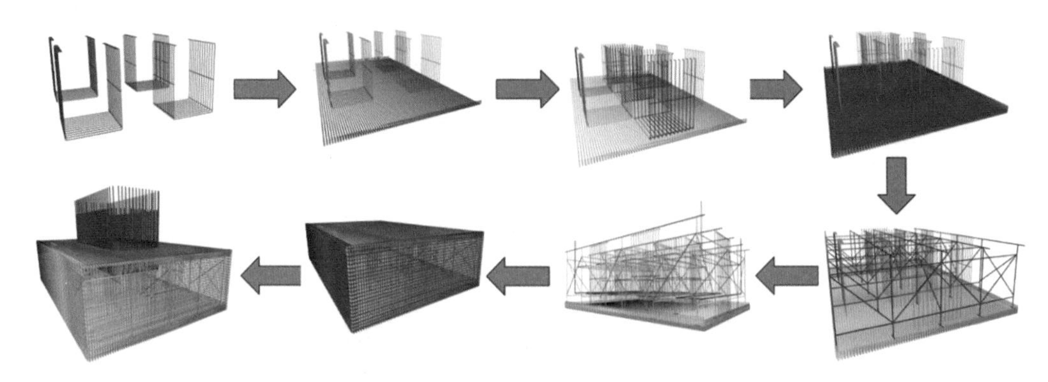

图 10.4-10 桥梁承台钢筋绑扎流程三维交底

本工程门式墩柱和花瓶墩柱工序较多、施工难度较大，采用三维模型可视化应用，准确确定其高程和预埋件位置；同时通过动画模拟及优化，确定桥梁各部位施工工序、标高及构件安装位置是否符合施工要求（图 10.4-11、图 10.4-12）。

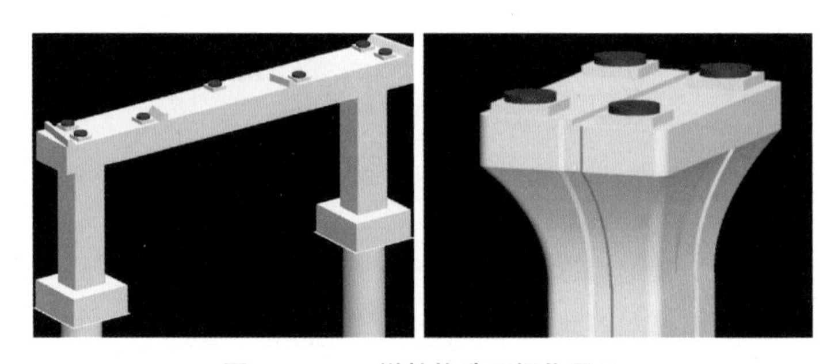

图 10.4-11 墩柱构造可视化展示

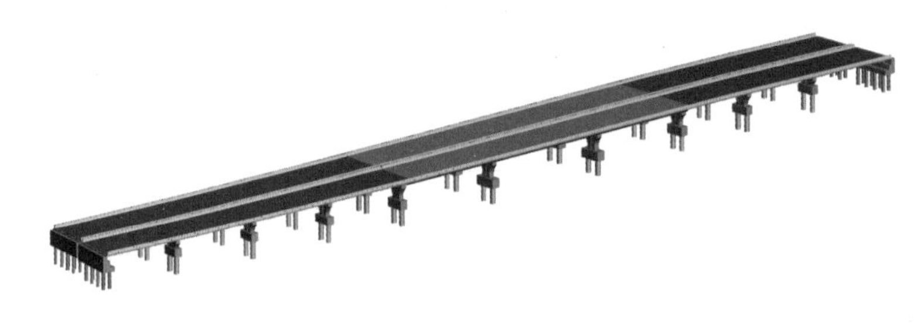

图 10.4-12 万博二路跨线桥模型

10.4.6 模板数据库积累

基于广州市番禺区南大干线工程施工总承包项目，建立起道路桥梁专业模板数据库（图 10.4-13），每个模板文件内都含有大量的参数和信息，如尺寸、形状、类型和其他的参数变量设置，随着项目积累最终形成企业大数据库，新建项目可以根据模板数据库更方便地管理数据和修改搭建的模型，提高建模效率。

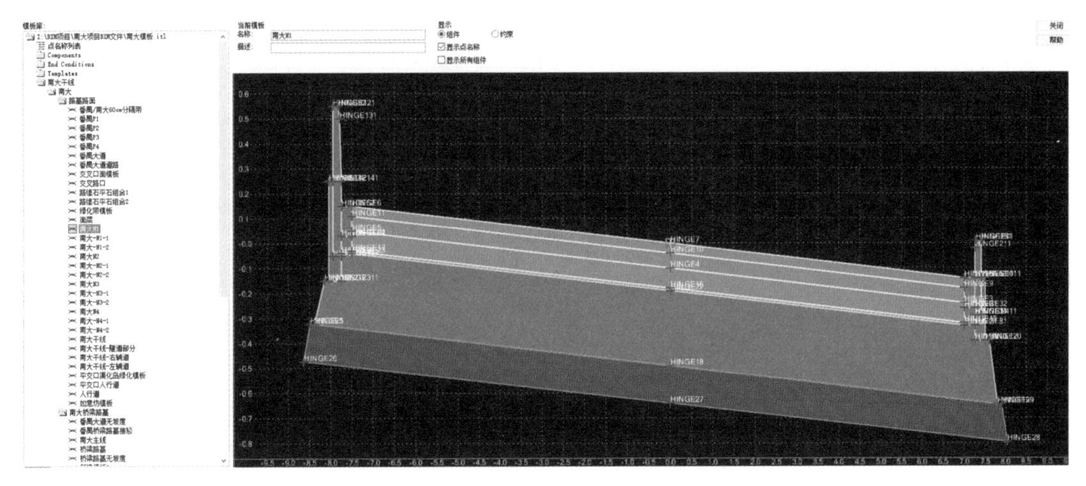

图 10.4-13 桥梁工程 BIM 模板数据库

本工程绘制类型超过 80 种类的交通标志标牌，通过创建交通标线、标志牌的详细模型（图 10.4-14），利用漫游、行车模拟等功能，检查交通标志、标线设置的合理性。

图 10.4-14 交通工程 BIM 模板数据库

10.4.7 管线碰撞

由于本项目中所涉及的管线包括：雨污水管道、电力管道、通信管道、燃气管道等。管道铺设时必须严格按照相关的专项规划及设计规范铺设。按照设计要求在 BIM 平台中建立路线主体、给水管线、燃气管线、通信管线，同时准确地标注出各类管道的信息（图 10.4-15）。完成建筑模型的构建后，利用该软件能够有效地节省信息汇总的时间，直接实现信息关联，查看每一个建筑主体的位置以及结构组成，对任意位置进行剖切操作。在 BIM 模型中实施各种管线的布置时，可以通过信息关联避免碰撞情况发生。

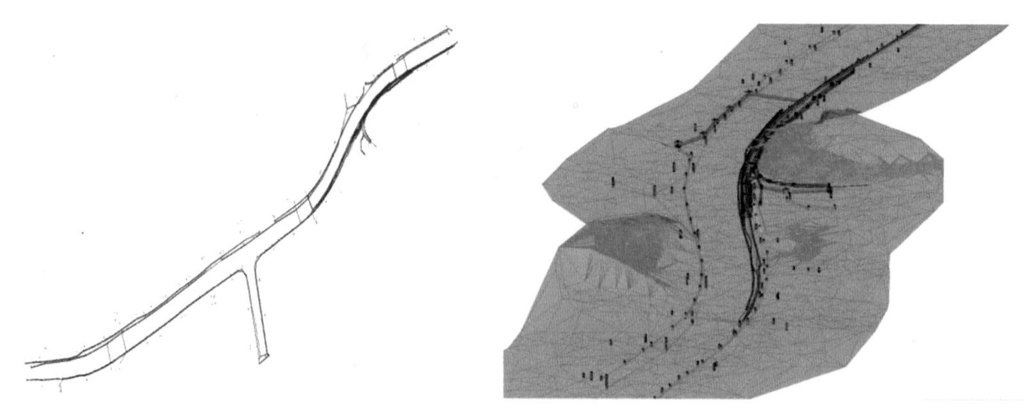

图 10.4–15 地下管线模型

10.4.8 协同平台及文档管理

本项目工程体量大、造价高、难度高、工期紧、参与方多，项目在总承包管理过程中的数据管理及协同工作方面存在很大的挑战。仅仅依靠传统的管理方式，难以适应现代节奏下的项目管理，采用广联达 BIM 管理平台，打破了项目相关的人、信息、流程等之间的各种壁垒和边界，实现了项目管理进行高效协同作业。

在施工建设过程中，项目相关的资料种类繁多。基于广联达 BIM 5D 平台的资料协同管理，将项目资料进行上传、将文档进行分类，按照专业和不同的施工阶段进行分类。实现了文档从创建→修改→版本控制→审批程序→发布→存储→查询→反复使用→终止使用，整个生命周期的管理，并实现工作流与文档管理无缝结合。在 BIM 5D 中，资料链接全部可以关联构件的形式进行查看和完成存储，如图 10.4-16 所示。

10.4.9 工程计量结算

基于 BIM 模型，现场施工管理人员可按施工段、进度计划、工作面及时间维度查询施工实体的相关工程量及汇总情况（图 10.4-17），包含土建、钢筋、钢结构等专业的总、分包清单维度的工程量及价格，为物资采购计划、材料准备及领料提供相应的数据支持，有效地控制成本并避免浪费。

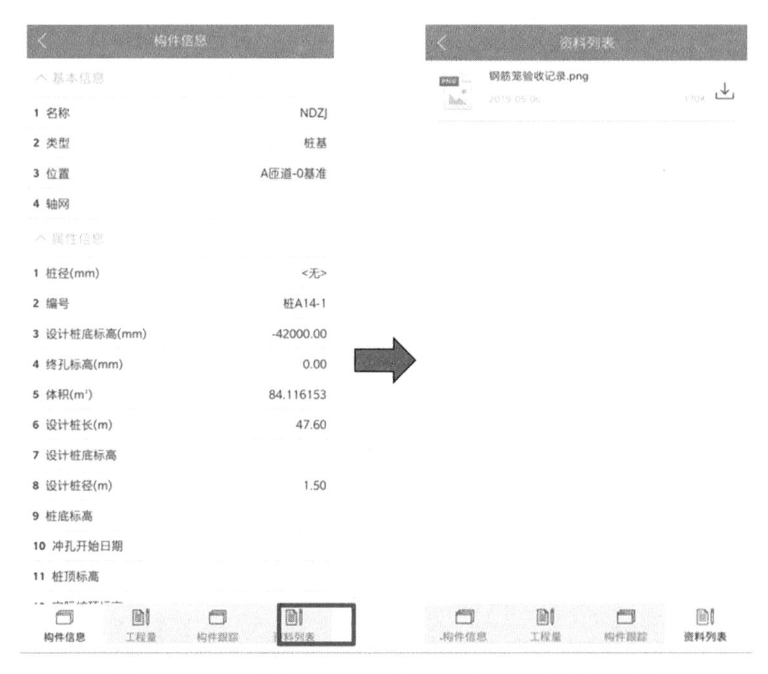

图 10.4-16 基于 BIM5D 以关联构件的形式查看资料

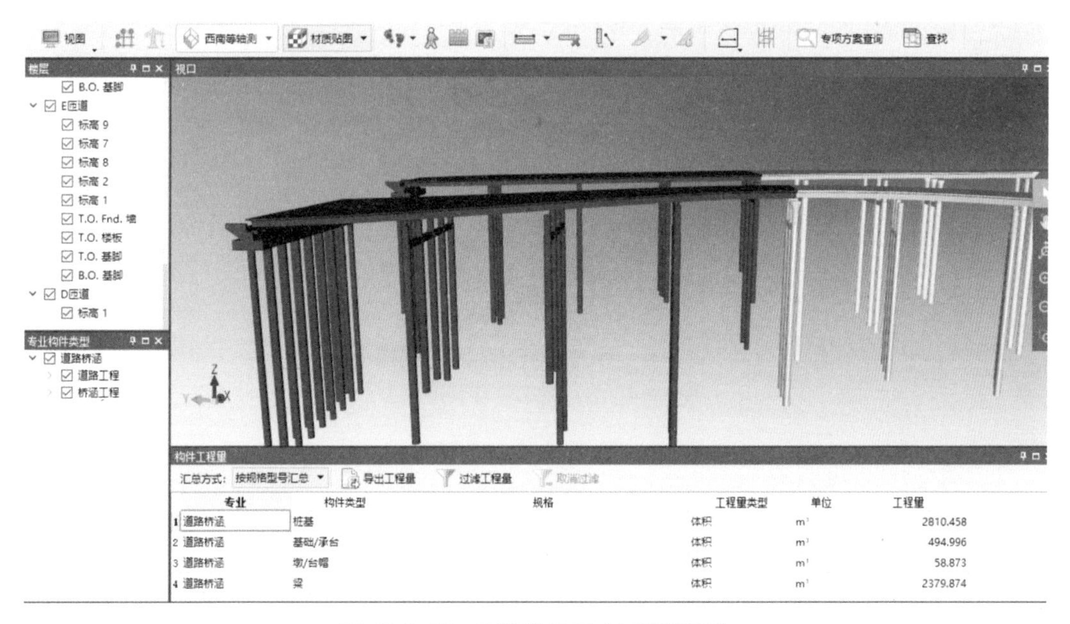

图 10.4-17 实体进度对应工程量查询

10.4.10 进度管理协同

1. 总体进度计划管理模型（图 10.4-18）

通过合理划分施工流水段，结合 Project 进度计划关联 BIM 模型，输出可视化成果，以不同颜色显示不同施工状态，并以动画对比形式展现进度偏差，更加形象地说明问题所在，可直接根据实际情况调整进度计划，实现了 3D 形象进度查询和管理。具体实施步骤：

（1）制定总体施工进度计划，并通过项目例会讨论完善计划，形成初步进度计划方案。

（2）流水段划分。BIM 工程师通过与项目部技术负责对接，综合现场施工各类因素的影响，制定最佳流水段分区图，并将 CAD 流水段分区图整合到 BIM 应用平台中，划分模型文件，形成三维流水段划分。

（3）进度计划关联模型。在完成流水段划分之后，将模型与相应的进度计划时间节点进行关联，完成计划与模型的挂接。

（4）记录现场实际施工情况，通过收集周报、施工日志等资料，将进度报量、完成时间录入平台中，完成施工模拟。

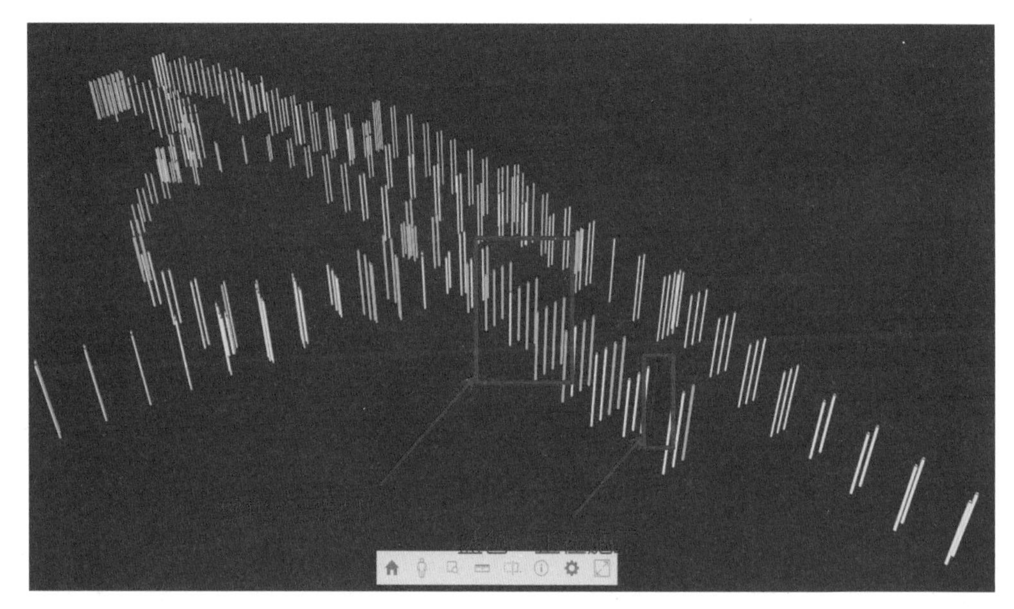

图 10.4–18 施工进度管理模型

2. 单个构件进度管理

通过 BIM 5D 平台中的工艺库设置，对单个构件可进行进度跟踪管理。采用手机端跟踪，网页端进行查看分析。具体流程如下：

（1）工艺库流程设置（图 10.4-19）

（2）手机端跟踪

手机端对应跟踪类型或者扫描导出来的二维码进入工序跟踪（图 10.4-20）。

（3）网页端查看分析

网页端在当天任务情况通过模型查看截至当天任务累积的构件进展情况；在电脑 PC 端可以通过模型展示效果查看各个工序的完成进展情况（图 10.4-21）。

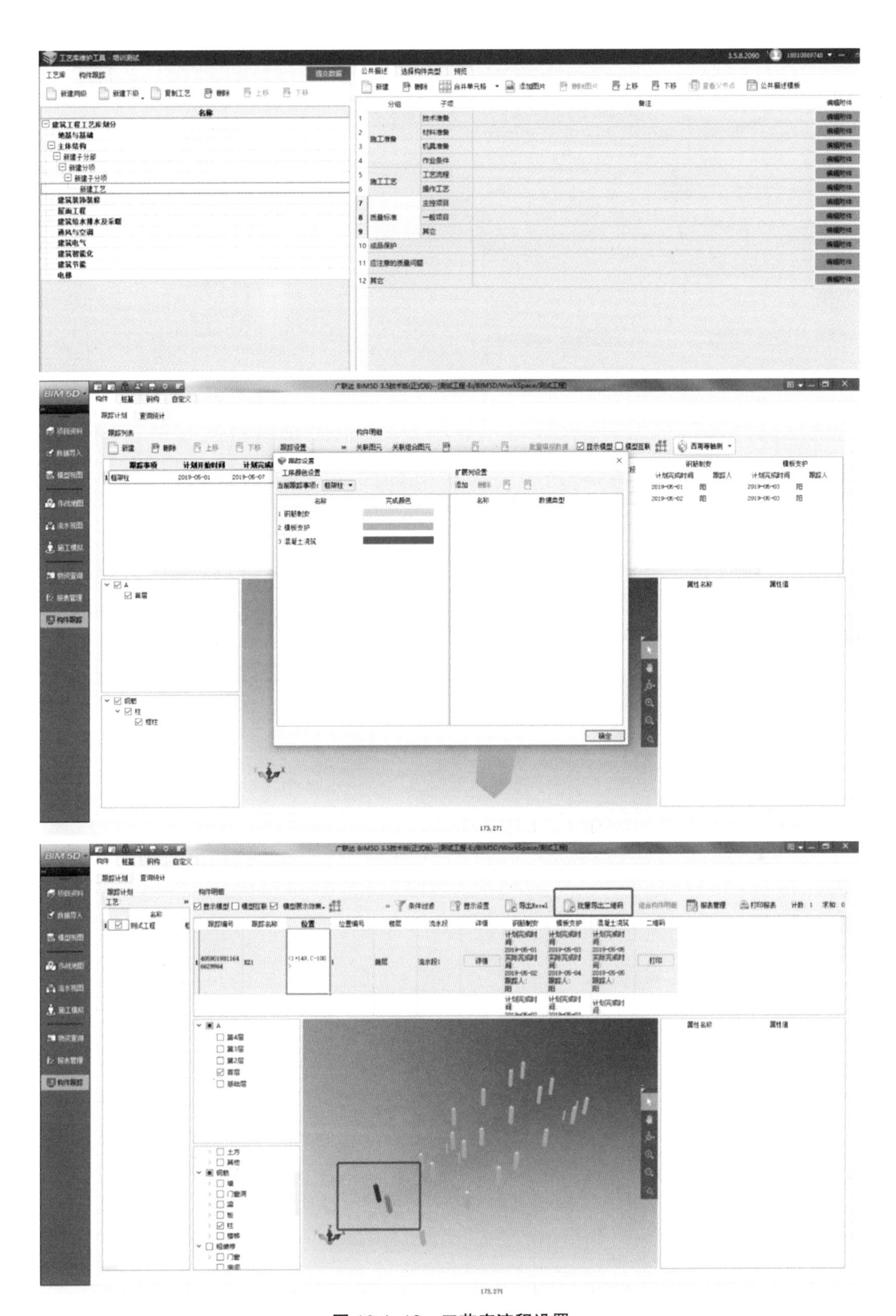

图 10.4–19 工艺库流程设置

图 10.4–20 手机端工序跟踪

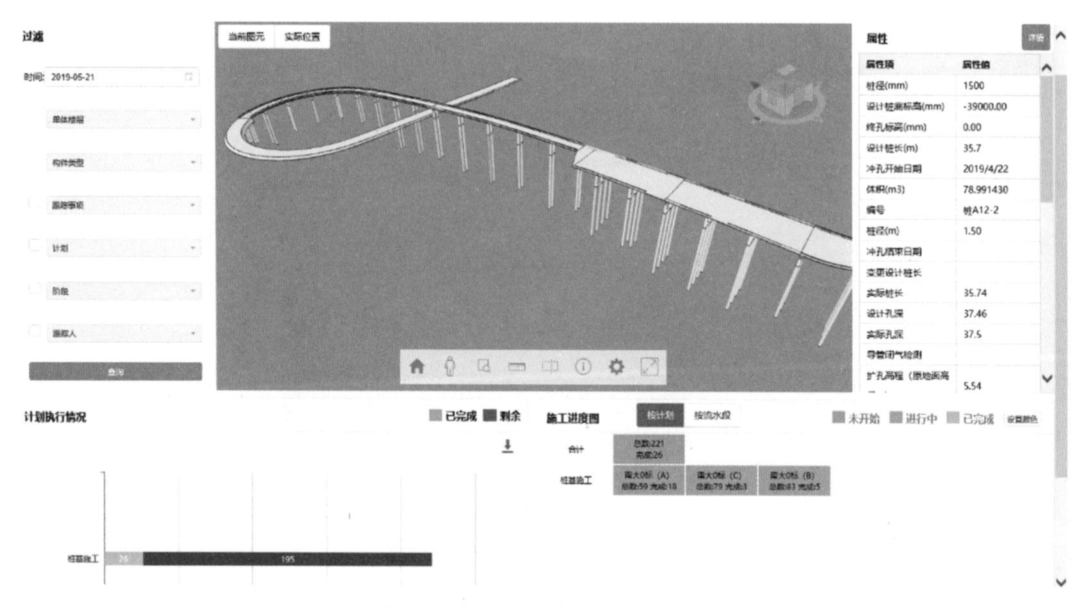

图 10.4–21 PC 端工序进展查询

10.4.11 质量安全管理

质量安全管理是项目管理中的重中之重，施工现场质量和安全隐患的及时反馈和处理尤为重要。传统的质量安全方面的管控措施缺乏系统性的工具，不能形成完成的管理流程，更重要的是不能对管理动作形成有效记录，数据缺乏有效处理和分析。在 BIM 5D 系统中可通过三维模型与施工现场质量安全问题挂接，摒弃对常规经验的依赖，快速、全面、准确地预知项目存在的问题，将存在的质量或安全问题精准定位进行跟踪，并附有原因、处理办法及相关照片。施工过程中各方可实时关注问题的状态，跟踪问题的进展，直至问题完全解决存档为止（图 10.4-22）。

图 10.4–22　质量安全施工管理

10.4.12　无人机应用

采用无人机三维实景建模技术，通过航拍和影像数据处理，构建三维实景模型，提取地质结构面参数、尺寸等几何信息。无人机三维实景地质建模可以较好地保留和反映相关地质信息和空间位置信息，可视化效果良好;对边坡几何信息的识别度和准确性较高，实现了地质信息的数字化、可存储性、可溯性和可度量性，可为边坡稳定性分析评价提供依据。

同时，由于项目施工场地面积较大，通过无人机技术还可以有效地收集施工现场的实际进度，快速获取一些传统方法无法覆盖的区域影像（图 10.4-23、图 10.4-24）。为 BIM 施工管理平台进度填报提供数据支撑，提供了进度数据采集的效率。

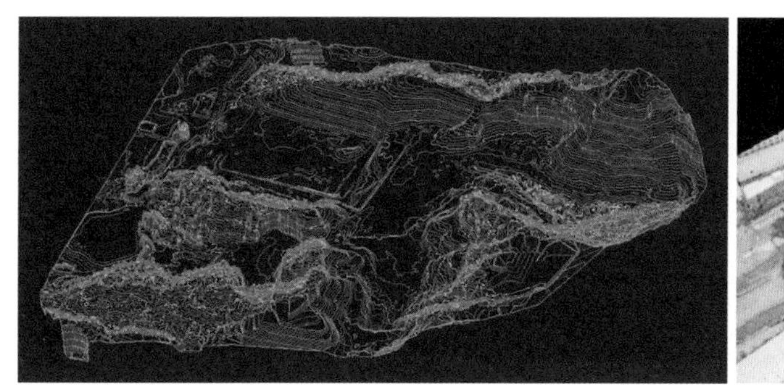

图 10.4–23　无人机点云下地质模型

图 10.4-24　工程场地航拍照片

10.5　BIM 交付内容

基于 BIM 模型所产生的其他各应用类型的交付物一般都是最终的交付成果，强调数据格式的通用性，并应提供标准的数据格式（如 pdf、dwg、mp4、wmv 等）。对于 BIM 应用过程中记录的 2D 图纸资料技术问题等日志文件、工作汇报、成果记录等资料应采用文档形式。BIM 交付成果包括模型、图纸、表格及相关文档等，不同表现形式之间的数据、信息应一致。

本项目交付内容与交付格式如表 10.5-1 所示。

交付内容清单　　表 10.5-1

序号	成果交付内容	成果	格式
1	临时场地模型	施工场地布置	*.rvt
2	BIM 模型	轻量化模型	*.rvt
3	碰撞检查报告	图纸问题及的碰撞报告	*.doc
4	BIM 钢筋模型	轻量化模型	*.dgn
5	4D 施工模拟	重难点施工工艺模拟交底动画、图片	*.nwd、*.jpg
6	工序模拟	模拟动画、图片	*.mp4、*.jpg
7	施工阶段 BIM 深化	重难点交通疏解深化	*.dgn、*.mp4
8	项目管理平台	3D 形象进度、安全质量情况、基于模型构件非几何信息查询	网页

续表

序号	成果交付内容	成果	格式
9	出图文件	正向设计 2D 图纸	*.dwg、*.pdf
10	整体效果图	工程项目	*.jpg
11	工程计量	工程量汇总表	*.xlsx

10.6 BIM 应用总结

本项目在总体实施过程中，基于 BIM 5D 平台进行质量、安全、生产等多维度的协同管理模式，通过信息化的手段辅助项目精细化管理，提高巡查、监管效率。加强了各部门的协同合作，增强现场施工效率，减少材料损耗及浪费，更好地进行成本控制；为项目创优提供了良好的先决条件。尽管在本项目中，BIM 技术应用仅在技术和管理层面作了常规应用的有益探索，但是相信随着企业技术实力提升，BIM 技术和配套的完善，将会挖掘 BIM 更大的潜力，为项目带来更多变革。

第 11 章　棠溪站（白云站）综合交通枢纽一体化建设工程

11.1　项目概况

棠溪站（白云站）综合交通枢纽一体化建设项目包含铁路部分和市政配套部分（图 11.1-1）。白云站选址于一片城中村中间，东距机场高速 1.5km，西距广清高速 2km，北距华南快速干线 5km，南距北环高速 2km，范围内共涉及 27 个城中村。

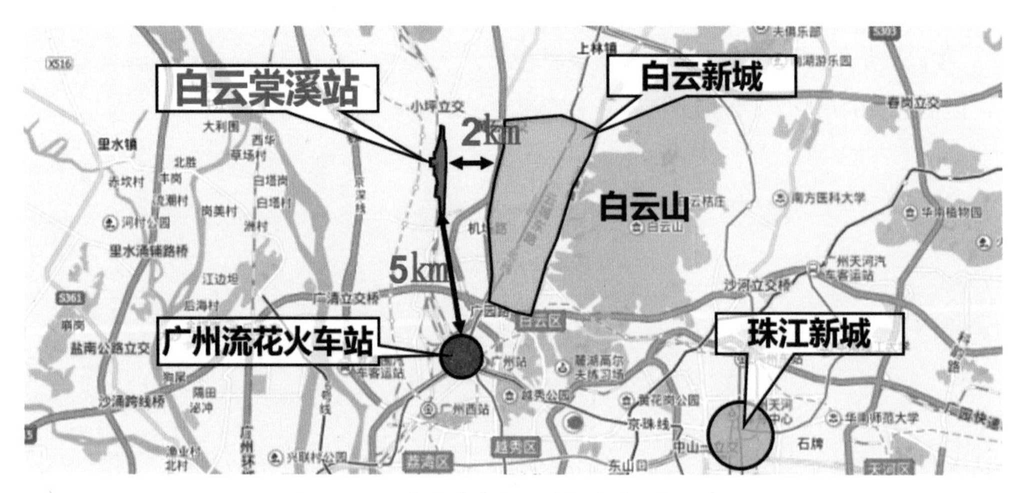

图 11.1-1　棠溪站（白云站）选址区位示意图

棠溪站（白云站）综合交通枢纽位于白云区西南部，为新市街、棠景街和石井街交汇处，枢纽周边现状主要为绿地、村庄和居住小区。车站南距广州流花火车站约 5km，东距白云新城约 2km。

建设内容（图 11.1-2）包括：

（1）枢纽配套场站工程。包含长途车站、旅游大巴、社会车公交枢纽、运营中心、东西广场及配套附属道路。

（2）地铁预留工程。包含 5 座地下车站：12 号线、24 号线、22 号线北延段、佛山 8 号线东延段及一条预留新线。

（3）周边配套市政道路工程。包含白云二线、棠

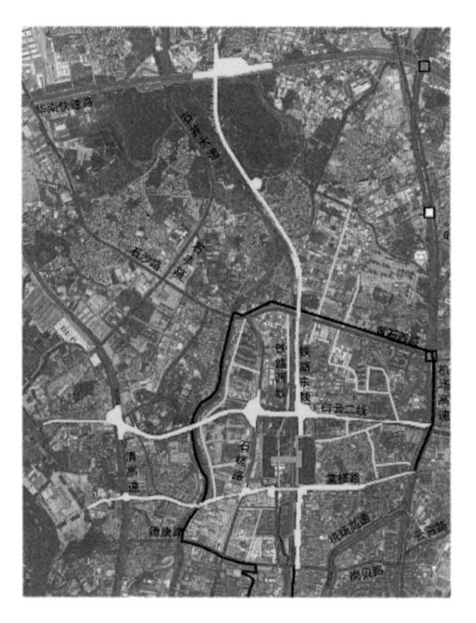

图 11.1-2　建设内容一览图

槎路、铁路东线。

11.2 项目特点分析

1. 多专业协同难度大

市政工程一般包括道路、桥梁、涵洞、隧道、管廊、管线等多个专业，一般在城市内修建，对于周边的交通影响相对较大。尤其是建设在老城区的市政工程，涉及城中村拆迁、交通疏解，对于设计、施工均存在较大的压力。本项目工程涉及规划、交通、市政、景观、测量、岩土等多专业、多单位协同工作，协调难度大。

2. 技术要求高

道路主线长14.5km，其中互通立交11座，各类桥梁总长度约25km。本项目作为高端化设计的代表，吸取了广州道路建设粗放的教训，针对树池、井盖、侧平石、车止石、人行道、自行车道、桥梁等道路设计元素，从品质化和人性化的角度进行道路设计；其次，针对片区城市景观的缺乏和辨识度欠缺的问题，将风景优美的石井河和标示性桥梁一并打造为城市新的风景和会客空间。

3. 工期紧张

项目工期紧张，征拆量非常大，需要尽快确定方案和道路红线，利于征地拆迁和管线迁改顺利推进。

4. 工程周边条件复杂

道路沿线涉及的限制条件较多，如白云湖、石井河、机场高速、广清高速、铁路、地铁、周边开发地块等，需要尽快明确各单位的需求和边界条件，避免方案因条件限制而进行较大的调整。

11.3 BIM应用策划

11.3.1 BIM应用目标

本项目BIM技术应用的目标是提高设计质量及模型创建效率。具体如下：

1. 搭建三维BIM设计环境，方案阶段进行局部正向设计

市政道路工程由于线路分布长，选线设计过程中不仅需要考虑建筑信息，也需要充分论证周边环境对线路的影响。本项目在设计过程中应用地理信息技术（GIS），通过与航测技术的结合，建立地理环境坐标模型，并结合DEM数据，搭建真实的三维地理环境场景。BIM+GIS的有机结合，充分利用两种技术的优势进行科学、合理的设计。

2. 进行BIM参数化设计，提高BIM模型搭建效率

对于大型工程建设，设计内容存在多种相似结构，比如箱梁、墩柱、承台，如果按照单体进行模型的创建，工作量大且易出错，不符合BIM参数化设计的理念。因此，需要创建参数化族，利用编程软件进行批量信息的处理，以提升模型创建的效率和正确率。

3. 集成区域 CIM 数据，为智慧城市、高效治理的 CIM 试点应用要求提供数据支撑

将多源异构数据集成在三维 GIS 平台中，形成区域 CIM 基础数据。CIM 基础数据作为城市建设过程中基本的数据内容，承载城市中细胞级别的基本信息，在大数据技术的辅助下，将为城市管理提供更为真实的管理数据，并做出更为智慧的管理决策。

11.3.2 BIM 应用范围和内容

1. 应用范围

本项目的 BIM 应用范围包括工程范围内的道路、桥梁等各项设计内容，具体包括白云二线、棠槎路、铁路东线。

2. 应用内容

BIM 三维设计环境、方案设计、BIM 参数化设计、辅助设计成果检查、集成区域 CIM。

11.3.3 资源配置

1. 人员组织

设置 BIM 专职小组，分别负责市政设计及 BIM 设计（图 11.3-1）。

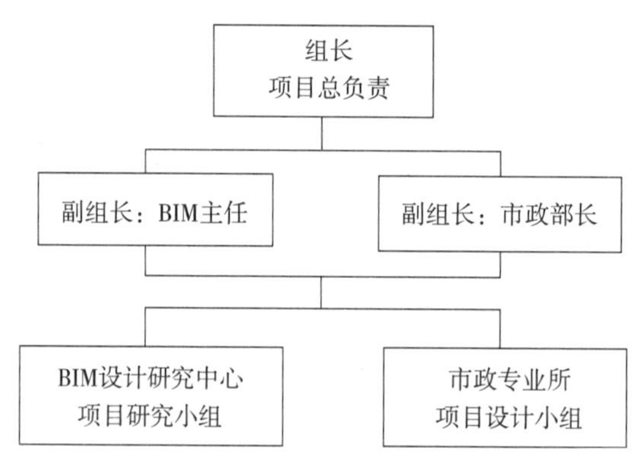

图 11.3-1 BIM 组织架构

2. 硬件软件配置

本项目采用 Infraworks、Civil 3D 进行三维设计；利用 Dynamo 的参数化功能辅助 Revit 建立桥梁 BIM 模型；利用无人机和激光扫描仪完成倾斜摄影数据和点云数据的采集；最后利用 Super Map 进行多源异构数据的集成（表 11.3-1、表 11.3-2）。

硬件配置一览表 表 11.3-1

序号	软件名称	软件功能
1	无人机	倾斜摄影数据采集
2	Lecia RT360	点云数据采集
3	专业工作站	BIM 设计

软件配置一览表 表 11.3–2

序号	软件名称	所属公司	软件功能
1	Infraworks	Autodesk	方案设计
2	Civil 3D	Autodesk	路线设计
3	Revit	Autodesk	桥梁建模
4	Dynamo	Autodesk	参数化设计
5	Navisworks	Autodesk	可视化浏览、动画制作
6	Super Map	超图	集成多源异构数据

11.3.4 建模标准及模型单元拆分

1. 建模标准

根据本项目特点及公司级 BIM 应用标准，建立符合本项目的 BIM 执行标准。

（1）建模软件标准：以 Autodesk Revit 为主进行 BIM 建模；无人机采集倾斜摄影模型数据。

（2）模型整合和数据交换：模型整合统一在 Revit 和 Navisworks 中进行；数据交换统一在 Autodesk 平台下以 .imx 格式为标准进行数据的导入和导出；BIM 模型及倾斜摄影数据在超图平台进行集成展示。

（3）统一模型原点、统一单位、度量制、统一模型坐标系等内容。

（4）文件管理：模型命名要求文件具有唯一的储存标识，文件名应尽可能精简、易读，便于文件的共享、识别和使用，同一专业系统的不同类型文件名称应具有相关性，且文件名应能够反映文件版本，并可追溯修订版次。本项目统一采用 Revit 2020 版本进行。

2. 模型单元拆分（表 11.3-3）

本项目模型单元汇总表 表 11.3–3

一级系统	二级系统	三级系统	模型单元
道路工程	路线	线路平面	平面直线段、平面圆曲线段、平面缓和曲线段
		线路纵面	纵面直线段、纵面圆曲线段、纵面抛物线段
	路面	路面结构	面层、基层、垫层
		路缘石	路缘石、垫块
	路基	路基	路床
		边坡	挡墙、防护
桥梁	上部结构	主梁	桥面板、箱梁
		横梁	横隔板、托梁
	下部结构	桥墩	盖梁、墩柱
		桥台	台帽、台身
		基础	承台、垫层、桩基础
	附属结构	—	桥面铺装、人行道板、防撞墙、栏杆
	支撑系统	—	支座、垫石

11.4 设计阶段 BIM 技术应用

11.4.1 地形模型及三维设计环境

1. 搭建地形模型

针对地形数据无法直观体现的难题，结合方案设计软件与道路设计软件，搭建 BIM 三维设计环境。

将测量原始数据进行处理，导入 Civil 3D 中，生成 BIM 三维地形模型。在 Civil 3D 进行方案设计效果并不直观，需要在方案软件中完成方案设计。

Autodesk 平台提供的传输数据格式为 .imx。从 Civil 3D 中将地形模型导出为 .imx 格式文件，将其载入 Infraworks 中，在区域环境中精准展示地形模型（图 11.4-1）。

35608.0705,35163.195,6.42
35623.97,35131.834,15.708
35605.3862,35190.3965,6.45
35599.2575,35246.5192,6.46
35602.9939,35212.8029,6.5
35566.0104,35463.361,6.6
35612.9559,35481.918,8.349
35568.5137,35446.6746,6.375
35653.9309,35133.2238,17.646
35620.9276,35140.314,8.81
35594.0759,35280.3422,6.52
35704.5395,35528.2996,9.16
35686.4648,35564.7426,8.3
35637.4923,35455.5938,8.37
35550.469,35598.1676,5.38
35655.8176,35481.4596,8.3
35564.0339,35566.7936,5.59

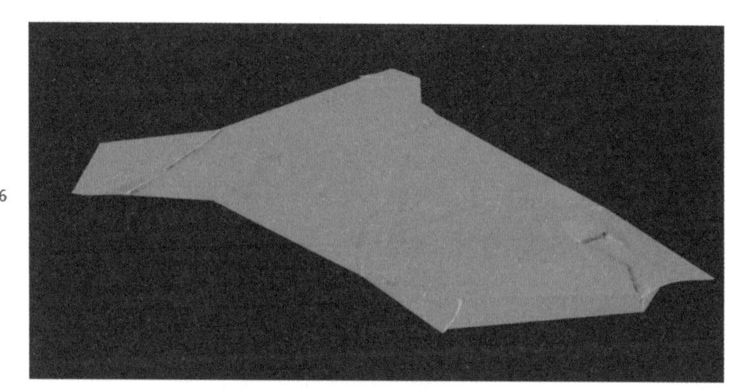

图 11.4–1 原始测绘数据及地形模型

作为一款土木基础设施概念设计软件，Infraworks 能够在仿真的环境中对设计概念进行建模、分析和可视化。

在 Infraworks 中，选取设计范围，获取地形实景光栅图像数据。添加地形曲面数据源，并配置准确的坐标信息，将软件生成的地形数据源替换更新，以保证环境模型的精确（图 11.4-2、图 11.4-3）。

图 11.4–2 Infraworks 中的地形模型

图 11.4-3　抓取光栅图像

2. 搭建三维设计环境

结合项目区域内现状调查信息数据，快速创建周边区域内的建筑物、构筑物、管线、道路、桥梁等元素，建立完整的区域 CIM，利用其仿真特性实现项目周边区域的完整呈现，从而进行方案设计（图 11.4-4、图 11.4-5）。

图 11.4-4　三维设计环境

图 11.4-5　快速创建周边建、构筑物

11.4.2 方案设计及倾斜摄影

1. 方案设计

在完成的区域环境模型中进行道路方案创建，能够最大程度规避设计内容与周围地物（包括地下埋设管线及空中架设供电通信线路）发生碰撞，保证方案合理。完成方案设计后，对设计方案进行交通流量分析、视野视距分析。

本步骤实现设计内容与外部环境协调统一。不仅能够检查平面位置关系冲突，还可实现垂直方向位置关系的查看，并完成方案的比选。

在三维 BIM 场景中完成道路方案比选，确定道路方案后导出 .imx 格式数据，载入 Civil 3D 中进行初步设计，对平曲线要素、纵断面、横断面等设计要素进行合规性设计（图 11.4-6 ~ 图 11.4-8）。

2. 倾斜摄影

本项目测试了点云数据 .rcp、倾斜摄影数据在 Infraworks 中集成效果。结合点云模型、倾斜摄影模型，可以用于直接测量长度、面积、坡度等几何信息，设计内容与周边实际环境的关系一目了然。当环境发生变化时，倾斜摄影数据更新较快，具有一定的优势。另外，结合倾斜摄影数据可以完成土方量的精确计算。

图 11.4-6 建设内容与周边建筑物的关系

图 11.4-7 建设内容与周边铁路的关系

图 11.4–8 Civil 3D 中进行路线设计

11.4.3 BIM 参数化设计

1. 创建等截面桥梁箱梁模型

等截面梁中心线是一条三维曲线，Revit 无法建立三维曲线，故传统的方式无法完成三维曲线梁。Revit 族中，可以通过放样 / 放样融合的方式创建形体，因此，结合以上思路，借助可视化编程工具 Dynamo，通过路线数据生成三维曲线，利用建立的梁截面族，创建等截面梁。

（1）在 Civil 3D 中提取设计数据，包括道路中心线桩号、坐标点对应的坐标、高程，整理格式为 .xls（图 11.4-9）。

路线增量桩号报告

路线名称: SA
描述:
桩号范围: 起点: 0+00.00, 终点: 2+32.32
桩号增量: 1.00

测站	北距	东距	切线方向
0+00.00	36,098.8456m	35,994.6101m	N89 42' 29.43"W
0+01.00	36,098.8507m	35,993.6101m	N89 42' 29.43"W
0+02.00	36,098.8558m	35,992.6101m	N89 42' 29.43"W
0+03.00	36,098.8609m	35,991.6101m	N89 42' 29.43"W
0+04.00	36,098.8659m	35,990.6101m	N89 42' 29.43"W
0+05.00	36,098.8710m	35,989.6102m	N89 42' 29.43"W
0+06.00	36,098.8761m	35,988.6102m	N89 42' 29.43"W
0+07.00	36,098.8812m	35,987.6102m	N89 42' 29.43"W
0+08.00	36,098.8863m	35,986.6102m	N89 42' 29.43"W
0+09.00	36,098.8914m	35,985.6102m	N89 42' 29.43"W
0+10.00	36,098.8965m	35,984.6102m	N89 42' 29.43"W
0+11.00	36,098.9016m	35,983.6102m	N89 42' 29.43"W
0+12.00	36,098.9067m	35,982.6102m	N89 42' 29.43"W
0+13.00	36,098.9118m	35,981.6103m	N89 42' 29.43"W
0+14.00	36,098.9169m	35,980.6103m	N89 42' 29.43"W
0+15.00	36,098.9220m	35,979.6103m	N89 42' 29.43"W
0+16.00	36,098.9271m	35,978.6103m	N89 42' 29.43"W
0+17.00	36,098.9322m	35,977.6103m	N89 42' 29.43"W
0+18.00	36,098.9372m	35,976.6103m	N89 42' 29.43"W
0+19.00	36,098.9423m	35,975.6103m	N89 42' 29.43"W
0+20.00	36,098.9474m	35,974.6104m	N89 42' 29.43"W
0+21.00	36,098.9525m	35,973.6104m	N89 42' 29.43"W
0+22.00	36,098.9576m	35,972.6104m	N89 42' 29.43"W

测站	东距	北距	高程
0+00.00	-207827	-270685	13898
0+01.00	-207730	-269690	13894
0+02.00	-207633	-268695	13891
0+03.00	-207537	-267699	13887
0+04.00	-207441	-266704	13883
0+05.00	-207346	-265708	13880
0+06.00	-207252	-264713	13876
0+07.00	-207159	-263717	13872
0+08.00	-207066	-262722	13868
0+09.00	-206974	-261726	13865
0+10.00	-206883	-260730	13861
0+11.00	-206792	-259734	13857
0+12.00	-206703	-258738	13854
0+13.00	-206613	-257742	13850
0+14.00	-206525	-256746	13846
0+15.00	-206437	-255750	13843
0+16.00	-206350	-254754	13839
0+17.00	-206264	-253757	13835
0+18.00	-206179	-252761	13831
0+19.00	-206094	-251765	13828
0+20.00	-206010	-250768	13824
0+21.00	-205926	-249772	13820
0+22.00	-205843	-248775	13817
0+23.00	-205761	-247778	13813
0+24.00	-205680	-246782	13809

图 11.4–9 路线数据处理前后

（2）编写 Dynamo 节点组，实现一键提取表格中道路中心线桩号、坐标高程等信息、根据横截面轮廓沿着路线信息生成实体的功能（图 11.4-10 ~ 图 11.4-12）。

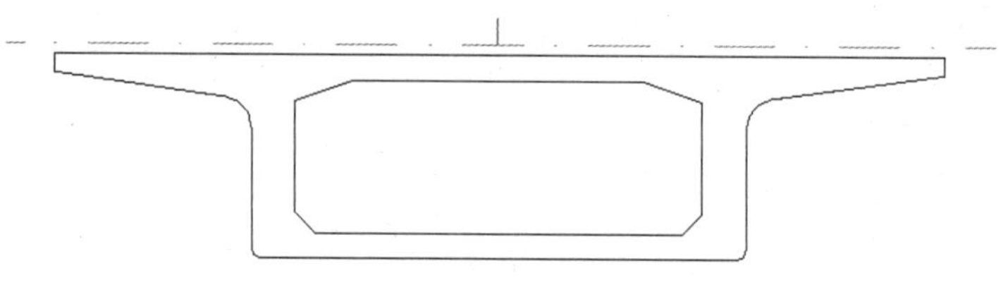

图 11.4–10　梁截面轮廓

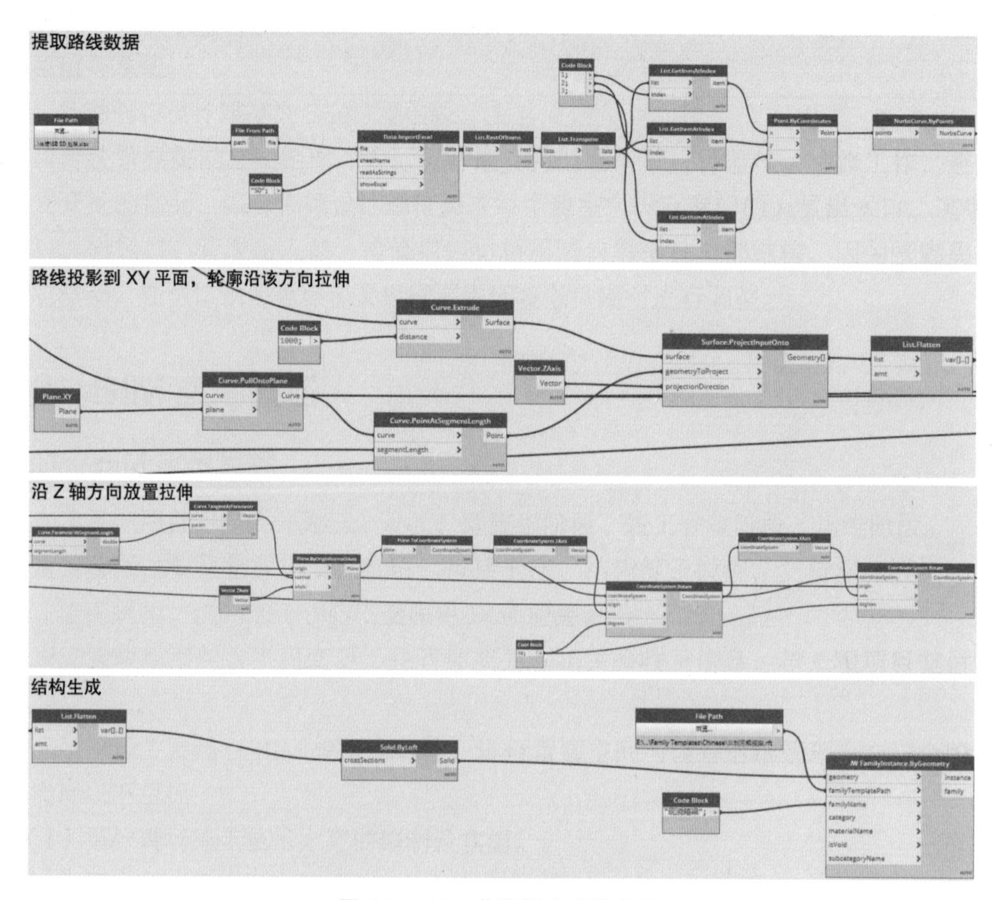

图 11.4–11　曲线梁生成节点组

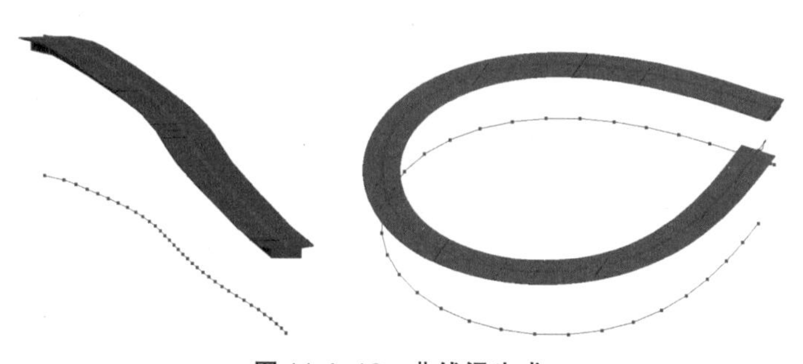

图 11.4–12　曲线梁生成

（3）参数化调整梁族

本方法是对梁族进行调整。首先将梁进行平面放置，其次对梁两端的高程、整体的旋转角度进行调整，可以快速完成等截面梁的创建（图 11.4-13）。

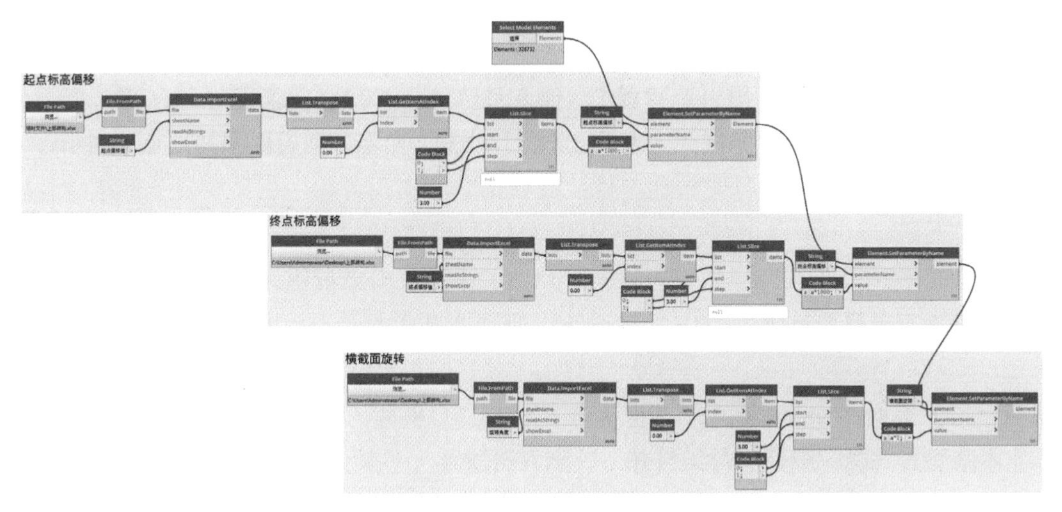

图 11.4–13　梁参数赋予

2. 创建变截面梁

变截面梁制作有两种方法，一种是编写参数化轮廓族，利用放样 / 放样融合的方式生成变截面梁（图 11.4-14）。但此方法对于族制作的要求较高，设置包括纵坡、顶板、底板

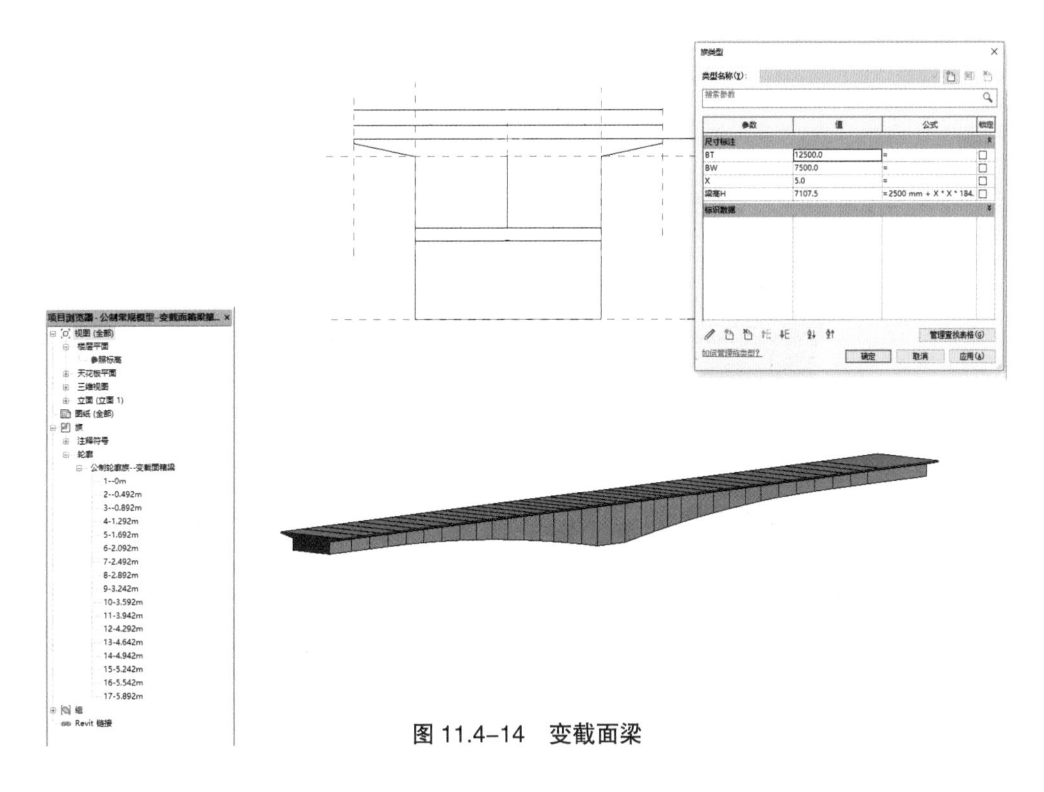

图 11.4–14　变截面梁

厚度、高度等的变化参数。另一种方法是考虑设计模型到施工模型的沿用性。通常梁模板是采用“以直代曲”的方法。制作参数化梁截面，利用梁首尾截面尺寸控制变截面梁体形态。本方法与施工保持一致，在精度上满足施工的要求，同时更符合工程实际。

3. 创建桥梁下部结构

桥梁下部结构包括桩、承台、柱。由于本项目下部结构具有相似性，因此下部结构的建模思路是建立参数化结构族，利用 Dynamo 实现批量调整、放置。

制作参数化桩、承台、柱等参数化族，其中桩与承台制作成嵌套族。编写 Dynamo 节点组，分类提取表格中各类构件坐标、高程信息，实现自动生成及放置下部结构、表格数据与下部结构的联动（图 11.4-15 ～图 11.4-17）。

图 11.4–15　两桩承台

图 11.4–16　花瓶墩柱

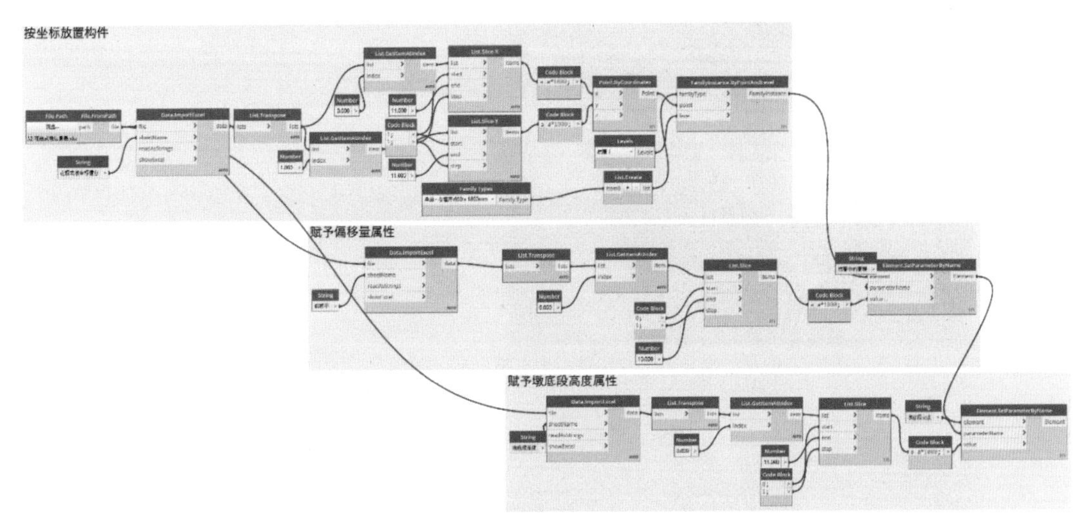

图 11.4–17　墩柱自动生成及放置、调整节点组

4. 桥梁整体模型（图 11.4-18）

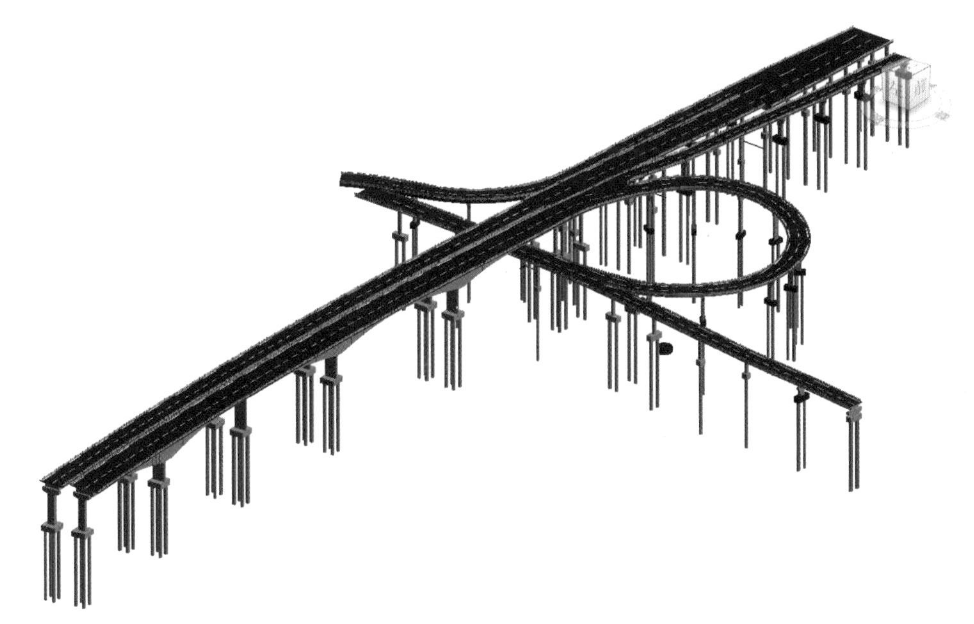

图 11.4–18　桥梁整体效果

11.4.4　碰撞检查及净空分析

创建模型前，熟悉图纸，发现部分图纸问题；过程中，检查图纸问题；完成后，利用软件进行碰撞检查、漫游等功能发现隐藏的设计问题（图 11.4-19 ~ 图 11.4-21）。

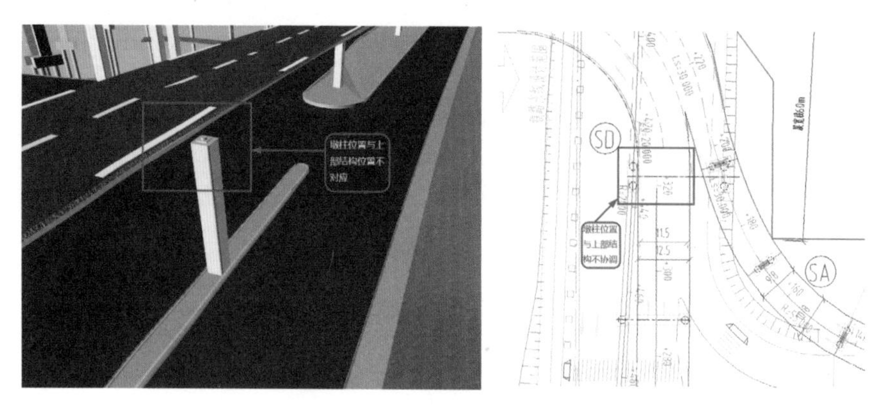

图 11.4–19　墩柱设计位置有误

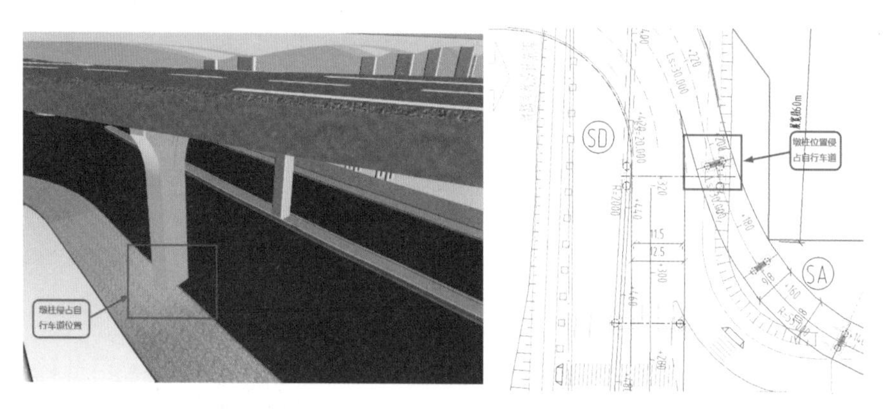

图 11.4–20　墩柱侵占自行车道

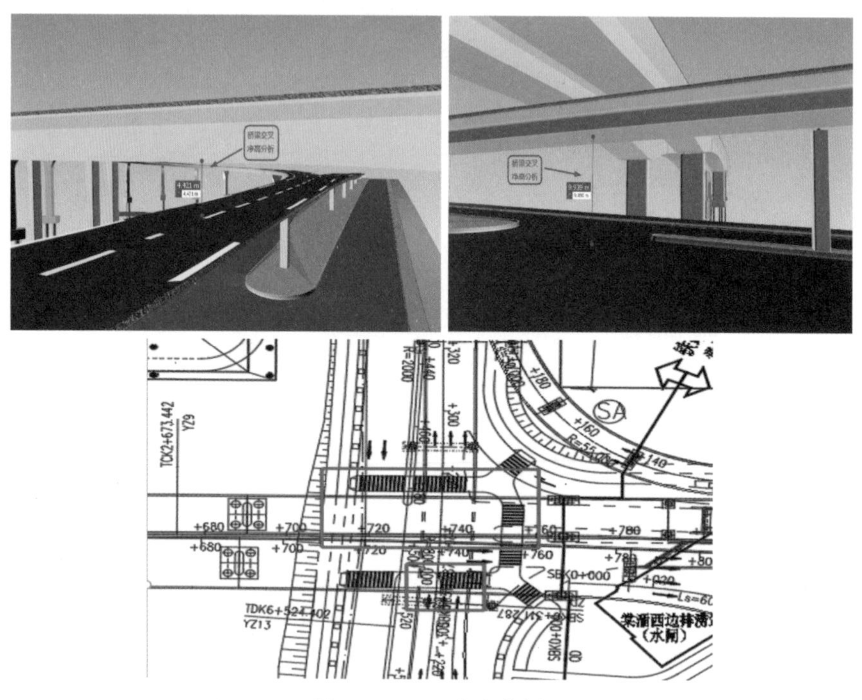

图 11.4–21　净空分析

11.4.5　集成区域 CIM

集成倾斜摄影数据、现场地形勘测数据、地下管线物探数据，与市政模型结合，实现本区域多专业信息数据整合与多源异构数据的集成展示，形成区域 CIM（图 11.4-22）。

图 11.4–22　区域 CIM 场景

完成多源异构数据信息的收集与展示，衔接 CIM 平台涵盖的建筑物、道路、管线、水体、地表等城市场景数据资源，为规划决策、设计协调、建设管控各阶段提供数据支撑，消除信息孤岛。

集成设计模型、倾斜摄影、地形、周边建筑、道路等多维基础数据，实现 CIM 平台基础数据建设，为规划决策、设计协调、建设管控各阶段提供数据。

本项目涉及城中村迁改，分期进行，因此需要根据现场实际情况进行设计工作。集成区域 CIM 后，设计人员根据项目进展及周边环境变化进行阶段性的设计，提高协同效率。

11.5　BIM 交付内容

交付成果包括 .rvt 模型、.rfa 族、检查报告、漫游视频等，.rvt 模型按照《广东省建筑信息模型应用统一标准》模型交付的要求提交；.rfa 族包括梁、柱、墩、承台等参数化族（含嵌套族）；漫游视频包括设计内容漫游视频、区域 CIM 漫游视频。

根据 BIM 模型建模及交付标准，由专业的 BIM 工程师进行模型校审，校审标准包括图模一致性、建模精度、参数化构件的适用性等内容。

建立路桥结构的参数化标准化族库，包括梁截面族、桩、柱、承台等类型。为市政项目标准化建设积累资源，在标准化设计过程中提供丰富的数据积累。

11.6 BIM 应用总结

通过本次大型复杂桥梁工程的 BIM 项目实践，我们总结了 BIM 应用的以下实施效果：

（1）搭建区域环境，在方案设计阶段应用 BIM 技术，实现方案设计阶段综合模拟分析，合理规划方案，减少传统设计存在的不合理、构筑物碰撞、管线碰撞、桥梁净空不足等问题，提升设计质量。

（2）BIM 参数化辅助设计，编写节点组实现参数化驱动，高效生成大量复杂的模型，提高设计效率。

（3）BIM 技术辅助设计，包括设计复核、净空分析等，提高设计质量。

（4）集成多源异构城市模型信息，整合区域 CIM 数据模型，为建设智慧城市，高效治理的 CIM 平台提供基础数据验证及功能技术支撑保障。

第 12 章　湖南省怀化市鸭嘴岩大桥项目

12.1　项目概况

鸭嘴岩大桥位于湖南省怀化市舞水河中游，北接经开区花背村舞阳大道，南接中方鸭嘴岩南湖路，是怀化市“三环五横六纵”路网骨架重要组成部分（图 12.1-1）。主桥采用独塔双索面混合式斜拉桥，设计双向 6 车道，全长 550m，主跨 200m，宽 36m，设计速度 60km/h，主塔基础邻近水边、部分入水，主桥工程是该项目的施工重点和难点。桥梁主塔整体造型为“鹤”形，寓意怀化的古称“鹤州”与别名“鹤城”，匠心独运，构思巧妙，为舞水上第一座大跨径桥梁及第一座斜拉桥。

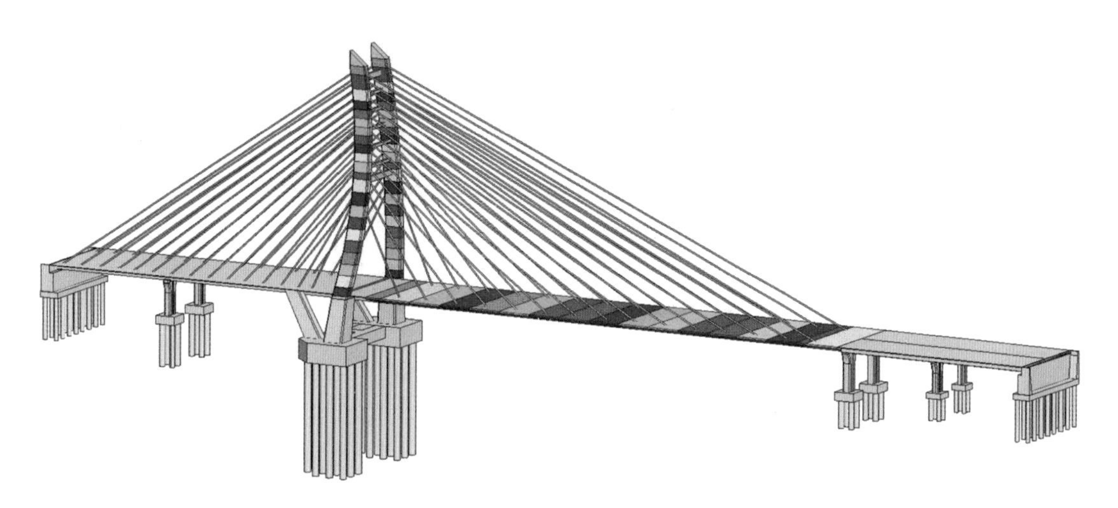

图 12.1-1　鸭嘴岩大桥全貌

大桥主桥为独塔双索面斜拉桥，跨度布置为 319m（200m+74m+45m），桥面宽 36m，主塔采用钢 – 混凝土组合桥塔，纵、横桥向塔轴线均呈曲线，主塔从承台顶到塔顶的高度为 100m。主塔桥面以上部分采用钢塔，钢塔底节段通过剪力钉、PBL 传剪器及预应力束以承压方式与混凝土塔柱结合，钢塔柱采用单箱七室结构的矩形截面，沿塔柱轴线每隔约 3m 设置一道水平横隔板，斜拉索在主塔上的锚固采用钢锚箱结构形式。

12.2　项目特点分析

（1）运用 BIM 技术解决河边岩溶区大面积钢管桩围堰成套施工难题，包括钢管桩设计计算、加工制作、引孔和插拔施工、止水封底、施工监测等，系统总结了锁口钢管桩施工过程中的技术要点。

（2）采用 BIM 模型对承台钢筋进行优化，结合围堰支撑拆除顺序合理划分承台分次浇筑位置，成功解决了大体积高密度钢筋承台施工过程中的难题。

（3）基于 BIM 技术建立内外劲性骨架模型，使用该模型进行施工模拟，确定了内劲性骨架采用分段接长施工方式，辅助塔柱钢筋定位施工工艺，确定了使用外劲性骨架结合爬模施工技术进行塔柱模板安装和塔柱混凝土浇筑施工工艺。

（4）提出钢塔分节段、分单元制作方法有效保证异形钢塔曲线形态；基于 BIM 技术，根据钢塔尺寸对钢塔进行细分，保证异形钢塔曲线状态。创新性提出运用实体化建模方法模拟主塔塔身节段制作及预拼装，指导斜拉桥异形钢塔制作施工。

（5）基于 BIM 技术的全过程分析钢箱梁制作及浮运吊装，创新性地提出钢箱梁整体拼装及河道浮运吊装关键技术，有效提高钢箱梁的制作效率、保证了钢箱梁运输、浮运过程的安全。

12.3 BIM 应用策划

12.3.1 BIM 应用目标

（1）基于 BIM 技术采用 CAD 三维模型为指导，解决岩溶地区进行大面积锁口钢管桩在内支撑支座安装过程中内支撑节点制作安装精确度低的问题；采用三维有限元分析软件对锁口钢管桩围堰进行整体建模，为钢管围堰设计提供数据支持，解决围堰迎水面和背水面受力不平衡的问题。

（2）通过 BIM 模型对承台钢筋进行优化，对系梁大质量加劲板安装固定进行设计，结合围堰支撑拆除顺序合理划分承台分次浇筑位置，改变了传统的大体积混凝土施工工艺，解决大体积高密度钢筋承台施工过程中存在的一系列问题。

（3）基于 BIM 技术，运用 Midas 软件建立了内外劲性骨架整体模型，并进行方案设计，确定了内外劲性骨架布置形式、材料选型等参数，为安全施工提供保障。在施工前基于 BIM 技术建立内外劲性骨架模型，使用该模型进行施工方案模拟，确定了内劲性骨架采用分段接长施工方式，辅助塔柱钢筋定位施工工艺，确定了使用外劲性骨架结合爬模施工技术进行塔柱模板安装和塔柱混凝土浇筑施工工艺。

（4）基于 BIM 技术，根据钢塔尺寸对钢塔进行细分，T1、T2、T3 细化为三个分段，T4-T10 细化为两个分段，T11 为一个分段，便于节段制作时保证异形钢塔曲线状态；提出运用实体化建模方法指导钢塔塔身节段制作并对钢塔节段进行预拼装，保证斜拉桥施工质量。

（5）对大桥钢箱梁施工过程的研究，基于 BIM 技术系统整合了钢箱梁设计及制作、钢箱梁浮运技术，对于现在越来越复杂的市政桥梁施工有很大的应用前景，也为以后类似工程施工提供参考依据和试验数据。

12.3.2 BIM 应用范围和内容

本项目 BIM 应用主要在施工阶段，包括深化设计阶段和施工实施阶段。

深化设计阶段包括土建、结构等子模型，支持深化设计、专业协调、施工模拟、预制加工、施工交底等 BIM 应用。

施工实施阶段包括施工模拟、进度管理、成本管理、质量与安全管理等子模型。

12.3.3　资源配置

怀化鸭嘴岩大桥 BIM 团队主要工作集中在桥梁施工阶段，土建、结构等子模型，支持深化设计、专业协调、施工模拟、预制加工、施工交底等 BIM 应用。本项目施工时，采用建筑信息模型（BIM）技术进行施工、BIM 协同平台的各项管理。以实用性和可执行性为基本原则，充分考虑 BIM 技术与项目施工管理的密切结合。根据本工程特点及需求，项目部采用表 12.3-1 所列软件开展本项目的 BIM 应用工作。

软件资源配置表　　表 12.3-1

软件工具		施工阶段		
软件	专业功能	BIM 建模	深化设计	施工管理
AUTO CAD	复核图纸、桥梁结构建模	√	√	√
Midas Civil	桥梁结构建模、有限元计算、围堰建模	√	√	√
Micro Station	桥梁结构、钢塔、钢箱梁、场地	√	√	√
Open Bridge Modeler	协调、桥梁混凝土结构、下塔柱	√	√	√
Open Roads Designer	道路、桥梁结构	√	√	
LumenRT	渲染、动画制作	√		

12.4　施工阶段 BIM 技术应用

12.4.1　钢管桩围堰模拟计算分析

采用 Midas 桥梁结构计算软件对钢管桩围堰进行整体建模（表 12.4-1）。模型的边界条件为：钢管桩与承台底地基固结，对于黏土、砂砾地层，固结点位于承台底 3m，对于灰岩地基，固结点位于承台底下 1m；钢管桩与围檩的连接采用以受压弹性连接，围檩与内撑，内撑与内撑之间的连接采用共节点刚性连接方式，钢管桩与围边土体的被动土压力用节点的只受压弹性支撑模拟。以安装上、下层支撑后基坑开挖至封层混凝土底面标高为最不利工况，对该工况进行整体建模验算。

12.4.2　大体积高密度钢筋承台优化

由于承台承受的上部荷载较大，承台配筋率大，其次系梁预埋加劲板、下塔柱及斜支腿预埋钢筋集中在承台中，钢筋定位安装是承台施工的一个难点（图 12.4-1）。本工程在施工前进行了 BIM 建模，模拟承台钢筋的安装状况，根据模型可视化效果，设计定位钢筋，分析钢筋安装顺序，并找出钢筋安装错误及时纠正，最终确定钢筋安装、定位方案，

钢管桩围堰计算 表 12.4-1

计算云图	工作内容、计算结果
	承台外观
	围堰整体 Midas 模型
	钢管桩的最大弯拉应力为 284MPa，小于 Q345 钢材的允许拉应力为 310MPa。最大弯拉应力发生在溶洞区深度较大的钢管桩中
	计算的最大位移 3.86cm，小于 1/400 计算跨径的规范要求
	上层围檩及支撑的应力分布图。 梁单元的最大弯拉应力为 275MPa，小于 Q345 钢材的允许拉应力为 310MPa

续表

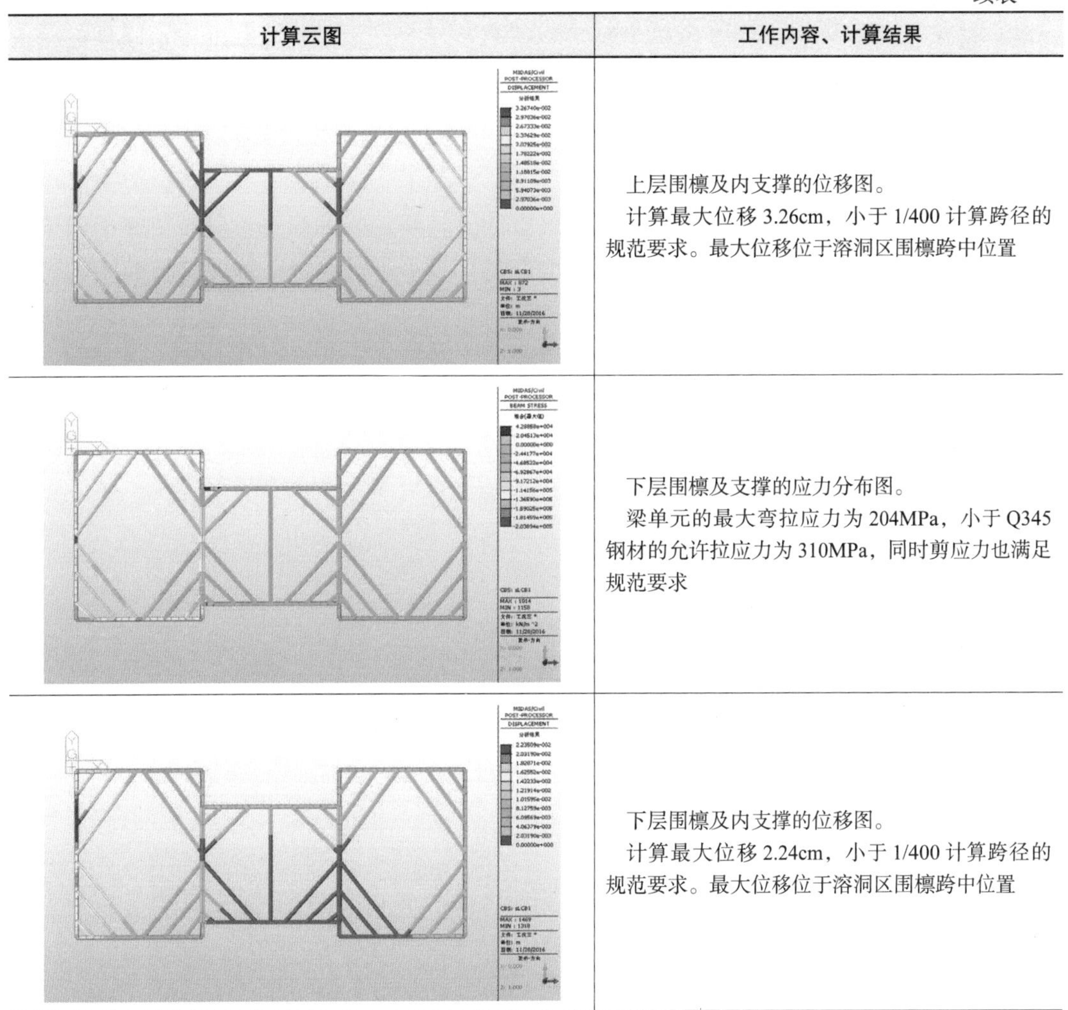

计算云图	工作内容、计算结果
	上层围檩及内支撑的位移图。 计算最大位移 3.26cm，小于 1/400 计算跨径的规范要求。最大位移位于溶洞区围檩跨中位置
	下层围檩及支撑的应力分布图。 梁单元的最大弯拉应力为 204MPa，小于 Q345 钢材的允许拉应力为 310MPa，同时剪应力也满足规范要求
	下层围檩及内支撑的位移图。 计算最大位移 2.24cm，小于 1/400 计算跨径的规范要求。最大位移位于溶洞区围檩跨中位置

指导承台施工专项方案的编制。深化设计主要包括下塔柱斜支腿钢筋布置方式、系梁加劲板方位纠正及安装固定等。

1. 钢筋优化

通过 BIM 模拟下塔柱位置的多维钢筋布置，大部分钢筋间距将小于钢筋直径，经过优化将下塔柱及系梁钢筋按照两根一束的方式布置，从而保证钢筋间距达到 70mm 以上。

2. 加劲板安装优化

根据 BIM 建模分析，并结合承台基坑围堰内支撑拆卸顺序，将层台分块分层方案进行对比，承台竖向分

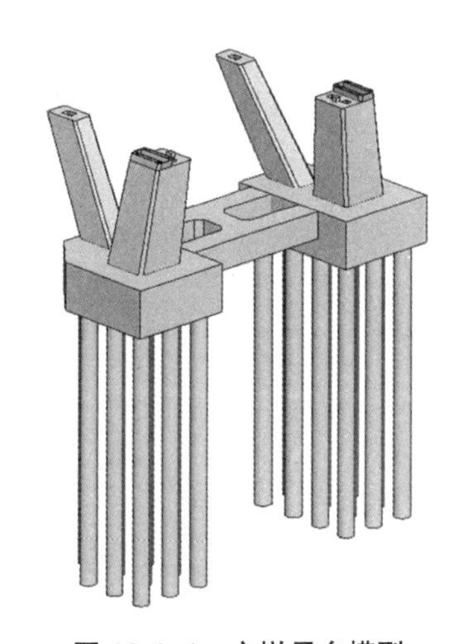

图 12.4-1 主墩承台模型

二次施工，由下至上分层高度为 2.5m 和 4.5m，该方法既满足系梁加劲板安装固定及内支撑拆卸顺序的要求，又减少了大体积混凝土分次浇筑次数；经过比选，发现系梁后浇带位置留在系梁与承台相交位置最为合理，既最大程度减少承台间的不均匀沉降，又满足承台及系梁模板支架的安装。

12.4.3 V 形下塔柱劲性骨架施工模拟

混凝土下塔柱采用现浇 C50 混凝土，为钢筋混凝土结构（图 12.4-2）。混凝土下塔柱全高（从承台顶面起算）为 15m（承台顶高程 +211.00m），其中钢混结合段高 3m。塔柱在纵桥向宽度为 6.54 ~ 7.50m，主跨侧壁厚为 1.5m，边跨侧壁厚为 0.5m；横桥向宽度为 8.0m，壁厚 0.5m。塔柱截面采用矩形空心截面，共分为 4 个箱室，角点设有 50cm × 50cm 的倒角。

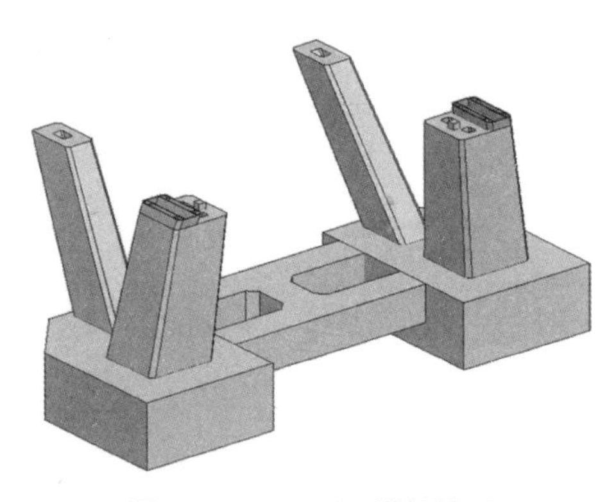

图 12.4-2　V 形下塔柱模型

使用 BIM 技术对内外劲性骨架施工组织设计方案进行模拟分析（图 12.4-3），针对施工过程中的难点进行可视化施工分析，并在 BIM 技术平台下按时间顺序进行施工方案优化。通过模拟施工技术进行分析，进而提升新技术的可行性，减少不确定因素发生机率。

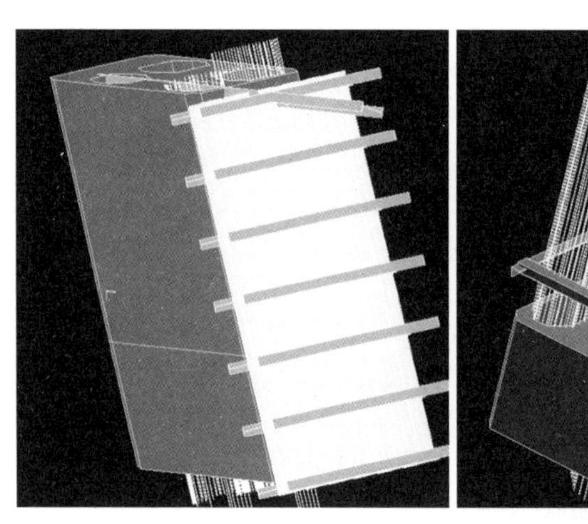
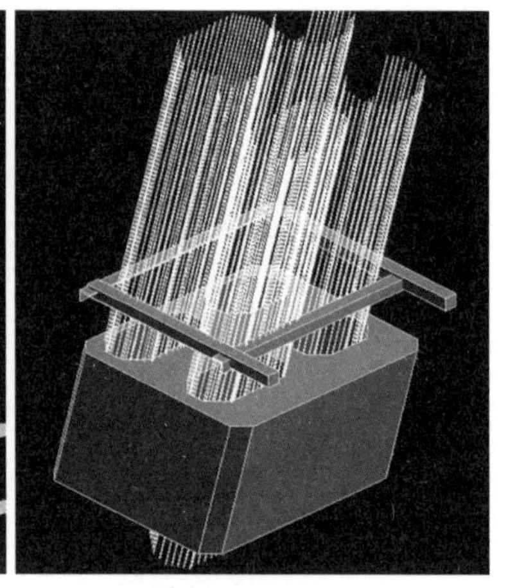

图 12.4-3　内外劲性骨架整体及分段施工模型

通过 BIM 施工模拟发现：由于下塔柱高 15m，若内劲性骨架采用一次施工成型工艺，受限于构件自重，安装便捷性、施工速度、施工安全性存在很大影响；若外劲性骨架采用一次施工成型工艺，受限于场地交叉施工和构件自重，工序工艺搭接、安装便捷性、施工安全性存在很大影响。因此，决定对内外劲性骨架采用分段施工工艺。经过 BIM 施工模拟后，确定竖向以 5m 分为一节，分段接长进行施工。

12.4.4 钢塔节段制作及拼装模拟

大桥原来设计方案是钢塔分为 T1 ~ T11 的 11 个钢塔节段，其中下部将 T1 ~ T3 节段分为 3 节，T1 ~ T3 节段制作和安装精度决定了上部钢塔的安装精度，若 T1 ~ T3 出现安装误差将造成塔顶偏位增大，并且由于 T1 ~ T3 钢塔节段尺寸和重量均较大，造成钢塔制作、安装、运输困难，为保证 T1 ~ T3 钢塔制作精度以及安装的简便，有必要对钢塔节段进行细化。

1. 塔身分段

基于 BIM 技术，根据 T1 ~ T3 钢塔尺寸对底部钢塔进行细分，T1、T2、T3 细化为三个分段，T4 ~ T10 细化为两个分段，T11 为一个分段，对钢塔进行细化分段有利于保证钢塔线形，钢塔分段如表 12.4-2 所示。

主塔塔身分段　　表 12.4-2

现场分段	现场分段	分段尺寸（mm）	主塔分段详图
T1	T1-1	4000	
	T1-2	3000	
	T1-3	4000	
T2	T2-1	4000	
	T2-2	4000	
	T2-3	4000	
T3	T3-1	4000	
	T3-2	4000	
	T3-3	4000	
T4	T4-1	4500	
	T4-2	4500	
T5	T5-1	2300	
	T5-2	3700	
T6	T6-1	3000	
	T6-2	3000	
T7	T7-1	3000	
	T7-2	3000	
T8	T8-1	3000	
	T8-2	3000	
T9	T9-1	3000	
	T9-2	4000	
T10	T10-1	5000	
	T10-2	3000	
T11	T11	5000	

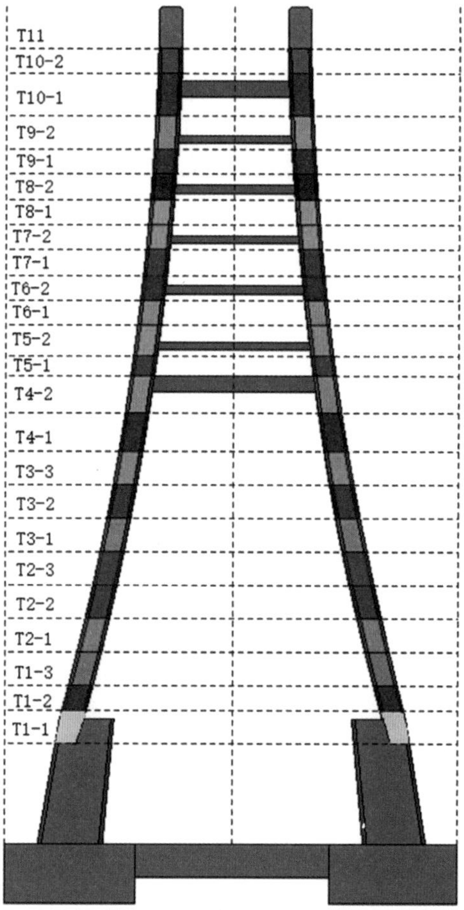

为保证钢塔节段制作精度，基于实体化建模技术提出将钢塔节段进行建模拼接，在建模过程中掌握各部件的制作顺序、部件尺寸等数据，依据实体化建模的流程指导钢塔节段的生产，从而控制钢塔线形的精准度。

2. 主塔塔身节段制作

（1）内壁板按基线对正入胎（图 12.4-4）

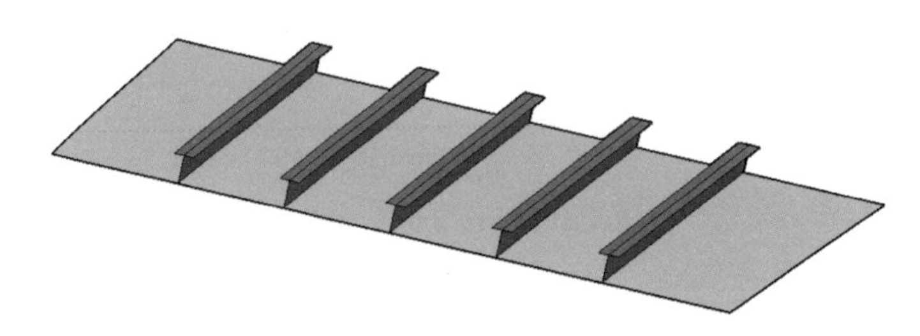

图 12.4-4　内壁板按基线对正入胎

（2）安装下层中间隔板及底层竖板 N13/N1（图 12.4-5）

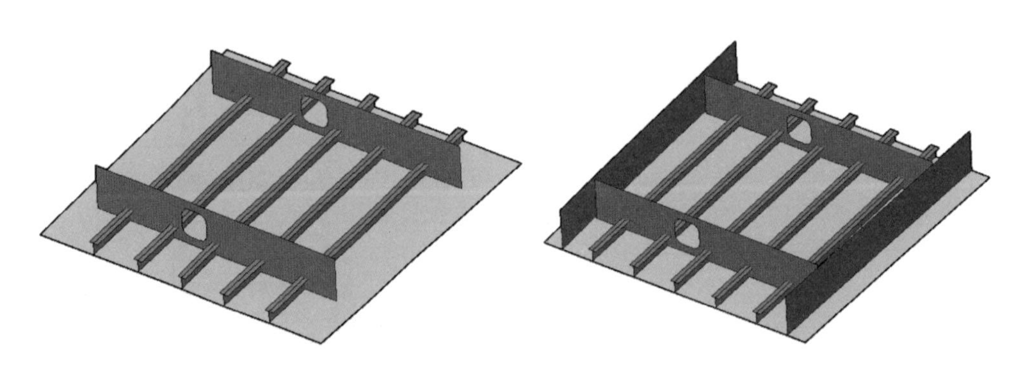

图 12.4-5　安装下层中间隔板及底层竖板 N13/N1

（3）安装底层两侧小隔板及角点壁板（图 12.4-6）

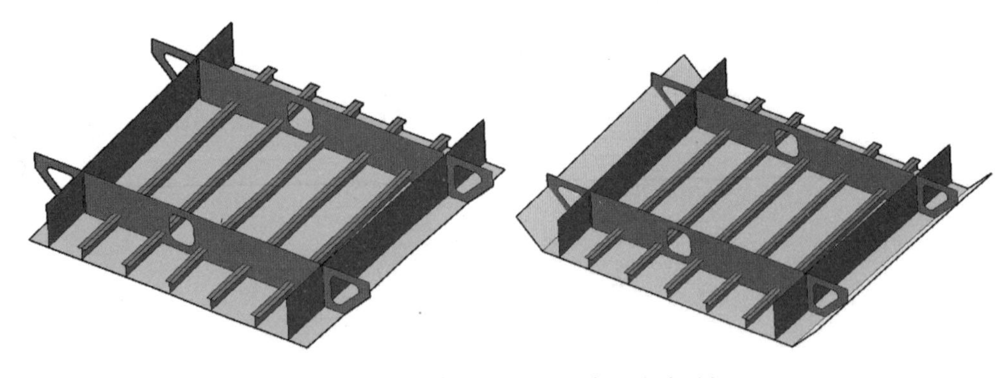

图 12.4-6　安装底层两侧小隔板及角点壁板

（4）安装下层竖板 N10 及中层隔板（图 12.4-7）

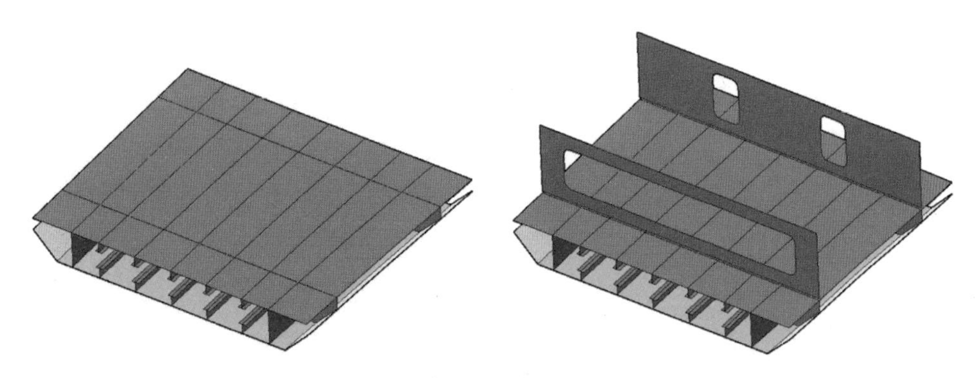

图 12.4-7 安装下层竖板 N10 及中层隔板

（5）安装两侧壁板及上成竖板 N9（图 12.4-8）

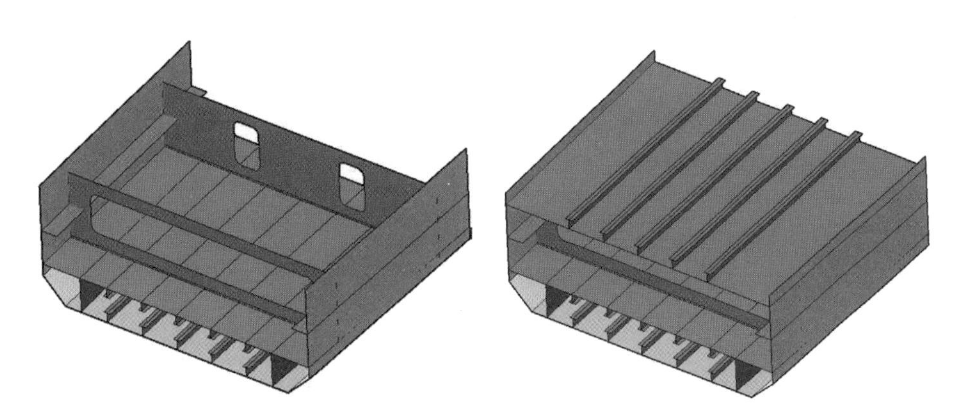

图 12.4-8 安装两侧壁板及上成竖板 N9

（6）安装上层中间隔板及竖板 N11/N12（图 12.4-9）

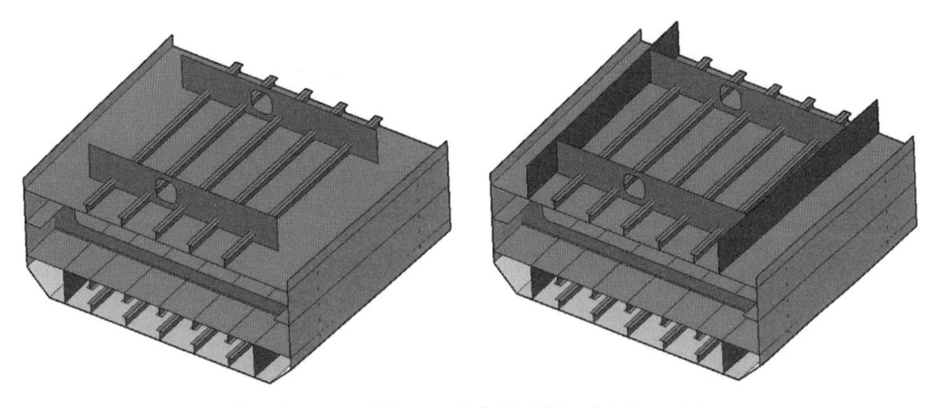

图 12.4-9 安装上层中间隔板及竖板 N11/N12

（7）安装上层两侧小隔板及角点壁板（图 12.4-10）

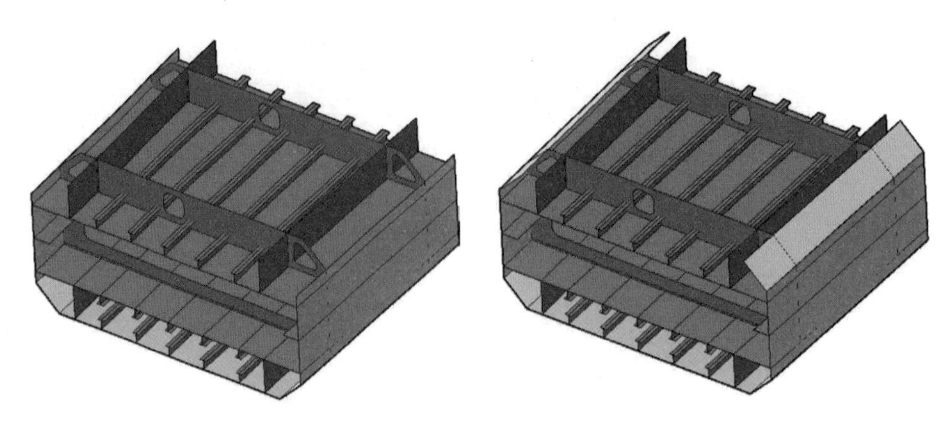

图 12.4-10 安装上层两侧小隔板及角点壁板

（8）安装外壁板（图 12.4-11）

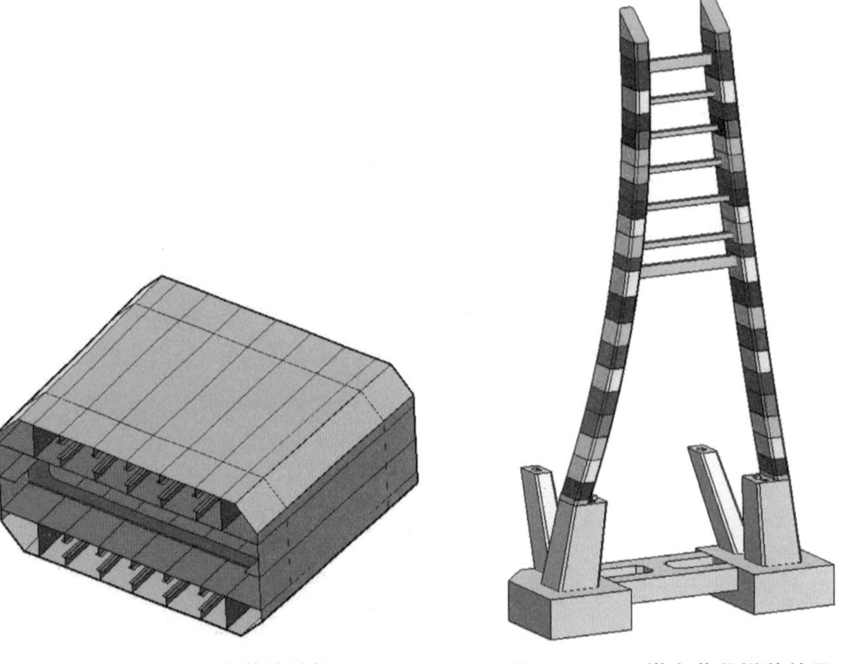

图 12.4-11 安装外壁板

图 12.4-12 塔身节段拼装效果

3. 塔身节段拼装

完成钢塔节段拼装后，对钢塔节段进行预拼装。预拼装以钢塔下端为基准往上拼装的顺序在总拼装胎位上进行，在钢塔制造完成并整体拼装尺寸验收合格后进行（图 12.4-12）。

12.4.5　钢箱梁拼装及浮运吊装模拟

1. 钢箱梁拼装场地布置

采用 BIM 技术优化钢箱梁拼装场地布置，包括板单元存放区、顶底板预拼区、总拼区、存梁区以及浮运港池，使钢箱梁实现流水线式的制作过程，现在详细介绍钢箱梁整体拼装场地布置（图 12.4-13）。

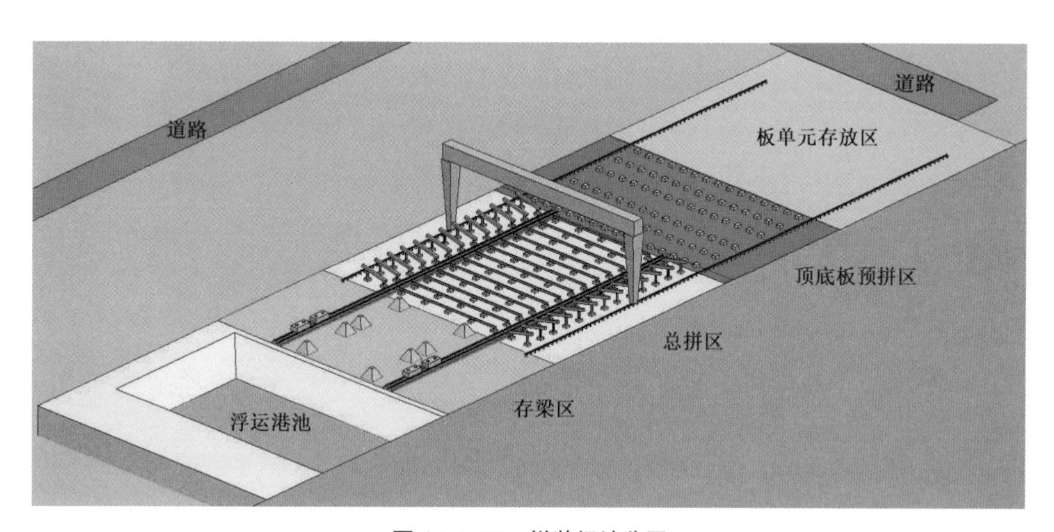

图 12.4–13　拼装场地分区

2. 钢箱梁拼装模拟

采用 BIM 技术模拟钢箱梁拼装过程，梁段组装按照表 12.4-3 所示总拼流程的顺序，实现立体阶梯形推进方式逐段组装与焊接。

钢箱梁整体拼装过程　　表 12.4–3

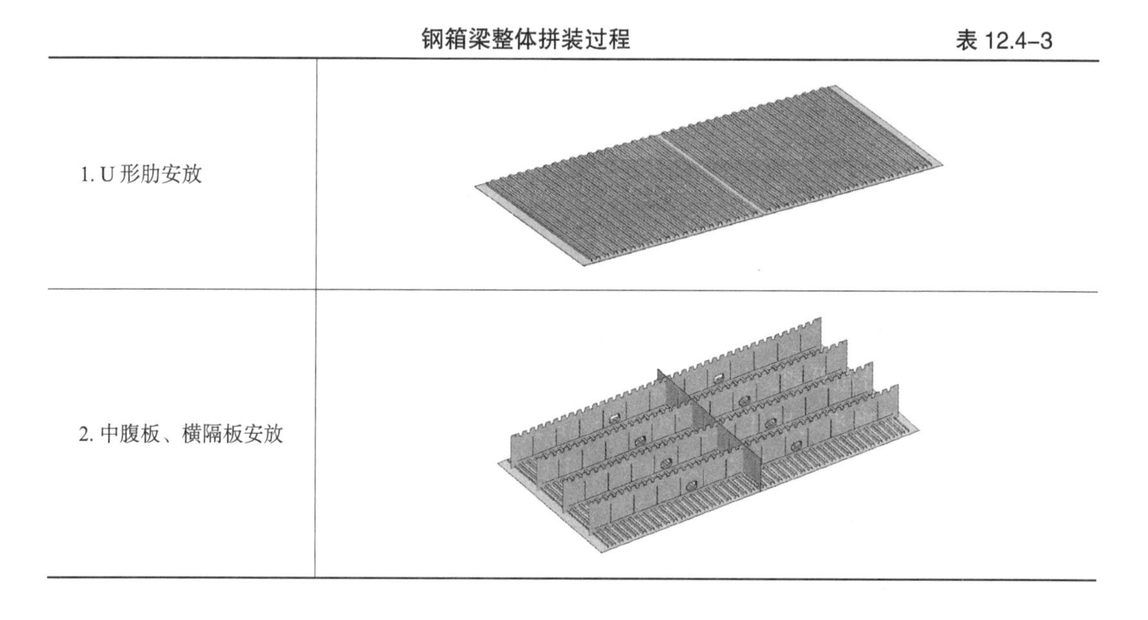

1. U 形肋安放	
2. 中腹板、横隔板安放	

续表

3. 边腹板安放	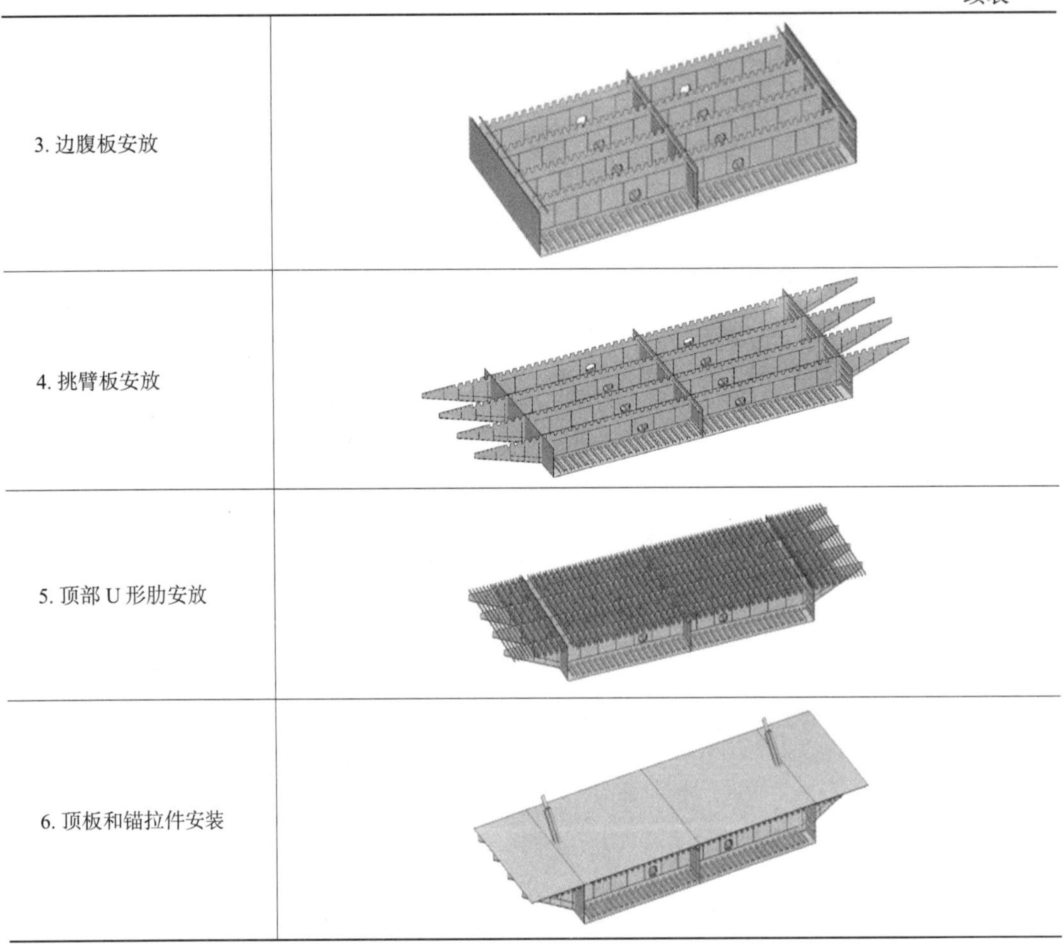
4. 挑臂板安放	
5. 顶部 U 形肋安放	
6. 顶板和锚拉件安装	

3. 钢箱梁节段浮运

采用 BIM 技术模拟钢箱梁陆水转运流程。当钢箱梁在总拼区完成拼装后，将总拼完成的钢箱梁转运至存梁区（图 12.4-14），钢箱梁在存梁区转运区位从路上转运至浮箱上（图 12.4-15），然后采用浮运法（浮运支架）对钢箱梁进行浮运至吊装位置（图 12.4-16、图 12.4-17）。

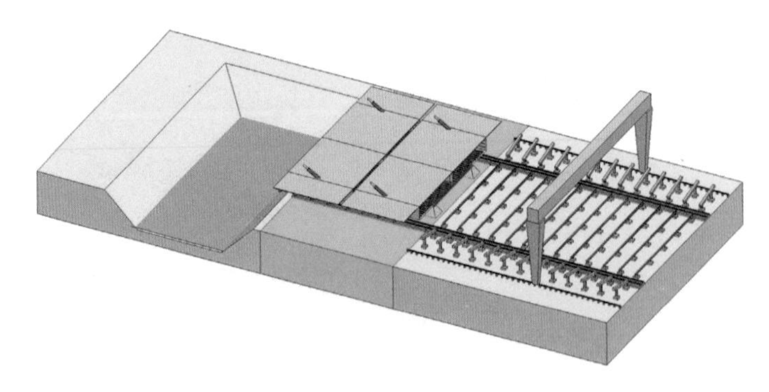

图 12.4–14　总拼区的钢箱梁运输至存梁区

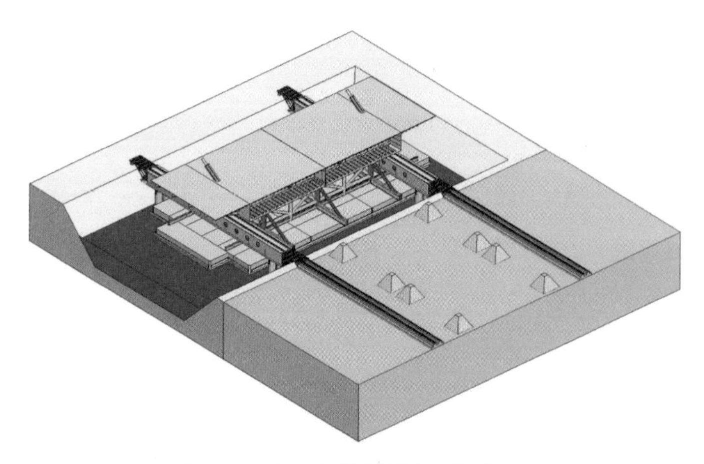

图 12.4-15　钢箱梁转运至浮箱上

图 12.4-16　浮箱浮运前准备

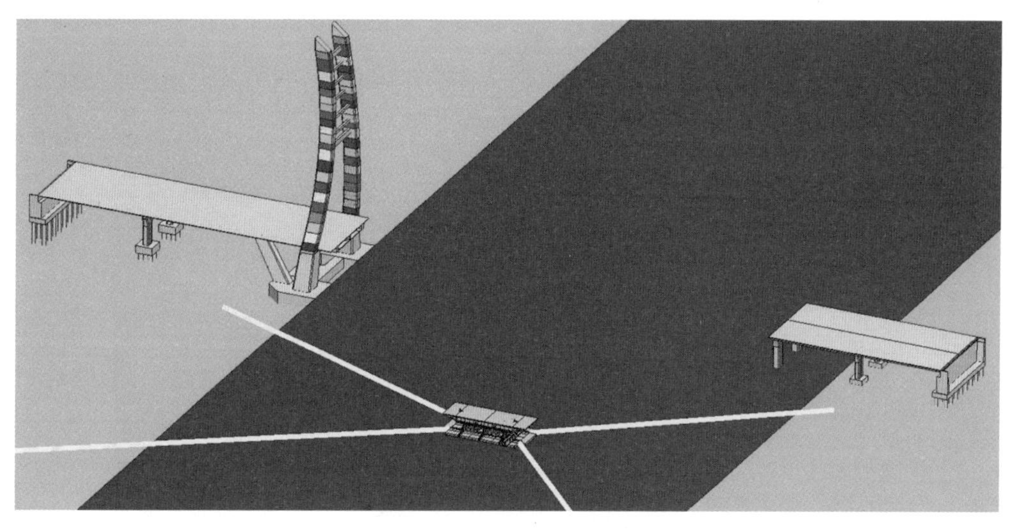

图 12.4-17　浮箱进行浮运

4. 钢箱梁节段吊装（图 12.4-18 ~ 图 12.4-20）

图 12.4–18　钢箱梁节段吊装

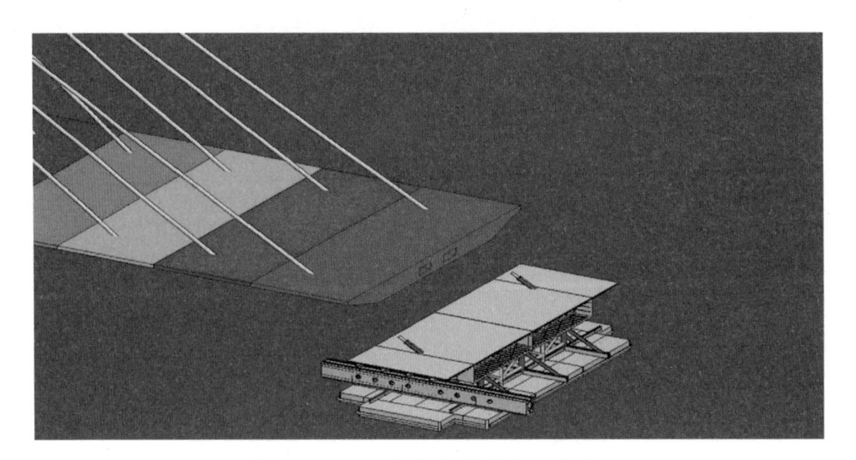

图 12.4–19　钢箱梁节段吊装就位

图 12.4–20　钢箱梁节段斜拉索安装

5. 全桥成型状态（图 12.4-21）

图 12.4–21 桥梁成型

12.5 BIM 交付内容

本项目施工阶段的 BIM 交付内容见表 12.5-1。

BIM 交付内容 表 12.5–1

交付成果	交付内容	交付格式
Midas 模型	围堰模型	*.mcb、*.bak
Bentley 模型	钢塔模型、钢箱梁模型、下塔柱模型	*.dgn
Revit 模型	承台模型、下塔柱模型	*.rvt
施工模拟	模拟动画、图片	*.mp4、*.jpg
复杂节点优化	优化后的模型、优化方案	*.dgn、*.rvt、*.pdf、*.dwg

12.6 BIM 应用总结

怀化鸭嘴岩大桥 BIM 技术应用有利于完善施工方案，确保安全优质施工，同时也为探索斜拉索施工的技术规律，记录分析技术数据，总结施工技术经验，后阶段上升为技术成果和工法，部分先进的成果申请专利，这些成果将会给同行在碰到类似工程提供技术积累及经验参考。经测算相对于传统施工工艺，工期方面节约 50d，总体造价成本可节约 350 万元，同时对工程质量及进度有更积极的作用。BIM 技术成功应用于怀化市鸭嘴岩大桥工程，该大桥已竣工通车，优美的桥梁造型获得媒体的争相报道，有效提升企业形象。

第 13 章　广州新白云国际机场第二高速公路项目

13.1　项目概况

广州新白云国际机场第二高速公路工程全路段位于广州市城区内，由北向南依次途径花都、白云、黄埔、天河 4 区。项目起点位于花都区机场高速公路北延线山前互通立交，项目终点位于天河区环城高速公路奥体互通立交。项目主线全长 44.454km，大致以北二环高速公路为界，划分为北段工程和南段工程（图 13.1-1）。

图 13.1-1　部分标段建成后效果图

13.2　项目特点分析

（1）桥隧比例高，包含机场北隧道等下沉式隧道，在北段工程的北村互通立交中既有临近地铁隧道共线桥梁，又有石牯岭隧道、聚龙山隧道等山岭隧道，结构特性复杂，建设难度大。

（2）线位选择受环境限制较大，选择余地小，沿线经过较多河流湖泊，地质复杂。

（3）地下管线密集，权属单位多，综合环境复杂。

（4）桥型设计及场地复杂，有较多设计变更。

（5）部分施工区域车流量大，交通疏导困难。

（6）沿线邻近城乡、房屋建筑密集，施工空间狭窄，土地资源宝贵，征迁管理及成本控制难度大。

13.3　BIM 应用策划

13.3.1　BIM 应用目标

（1）进行协同式的设计复核、实现精细化设计。

（2）针对复杂道路及高度城市化的施工环境进行综合分析。

（3）对密集的地下管线进行综合分析，辅助管线拆迁及施工决策。

（4）项目体量大，设计变更较多，需形成可追溯的设计及工程量变更管理。

（5）部分标段属于市区中心，重点道路多、车流量大，需合理进行交通导改。

（6）沿线房屋密集，红线范围内合理变更路线方案，降低对房屋影响。

（7）将项目信息数据集成化管理，提高管理水平。

13.3.2　软件配置

机场第二高速公路项目应用的 BIM 软件主要包括：Civil 3D、Revit、Dynamo、Naviswork、3Dmax、Lumion、Recap、Infraworks、Unreal Engine 4 等。

13.3.3　BIM 实施流程

在项目策划阶段，制定建模标准及相关应用流程（图 13.3-1）。

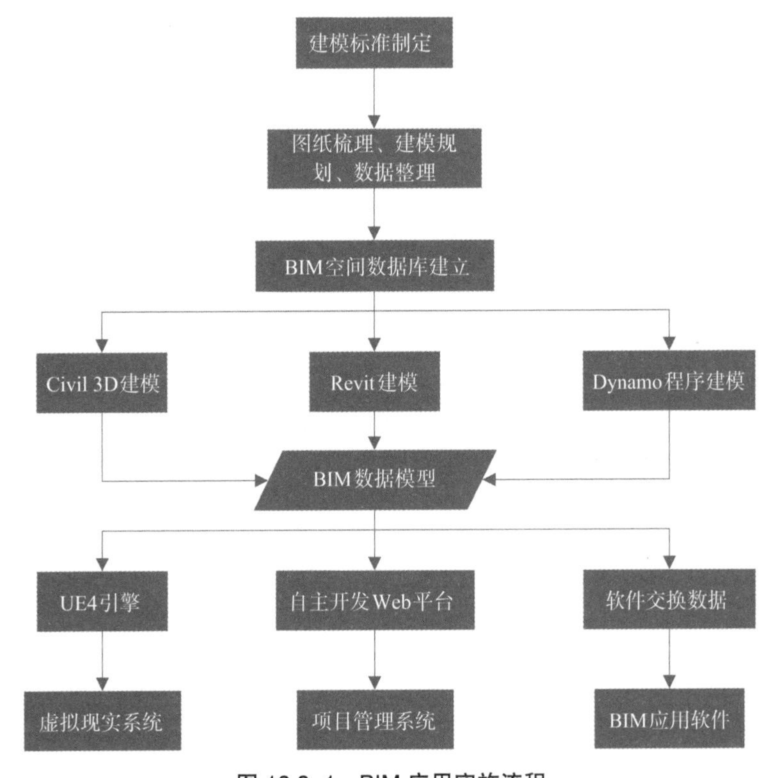

图 13.3-1　BIM 应用实施流程

13.3.4 模型单元拆分

为了提高建模效率和准确性，依据简洁清晰、意义明确的原则，建立桥隧模型的拆分标准（表 13.3-1 ～表 13.3-4）。项目全线 17 个主体标段均采用统一的通用坐标系（单位为 m），每个标段作为单独的项目文件，使不同标段之间可以通过链接文件功能实现“原点对原点”精确定位绑定。

道路工程模型拆分 表 13.3-1

一级系统	二级系统	三级系统	模型单元
道路工程	路线	线路平面	平面直线段、平面圆曲线段、平面缓和曲线段
		线路纵面	纵面直线段、纵面圆曲线段、纵面抛物线段
		里程	里程段
		横断面	机动车道、非机动车道、人行道、绿化带、中间分隔带、两侧分割带、路肩
	路面	路面结构	沥青混凝土层、水泥混凝土层、砌块层、砂浆层、无机结合料稳定层、粒料层、封层、透层、黏层
		缘石	缘石组合体
	路基	路基结构	路床、路堤填筑体、边坡
		支挡防护	植物防护、骨架防护、喷护防护、护面墙、重力式挡土墙、薄壁式挡土墙、锚定板挡土墙、锚杆挡土墙、加筋挡土墙、桩板挡土墙
		地基加固	垫层、袋装砂井、塑料排水板、粒料桩、加固土桩、灰土挤密桩、水泥粉煤灰碎石桩、压实地基、强夯地基
		公用构件	锚杆、土工布、土工膜、支护结构变形缝、粒料反滤层、泄水管、基础
	排水设施	—	排水管、管井、集水槽（雨水口）、排水沟、渗（盲）沟、粒料反滤层、泄水管
	交通设施	交通标志	标志牌、支撑杆件、基础
		交通标线	标线、突起路标、轮廓标
		防护设施	波形梁护栏杆、混凝土护栏杆、栏杆、隔离栅、声屏障、防眩板、基础
	照明设施	照明设施	灯具、灯杆、基础
		配电设施	箱式变电站、供电线缆、接线井、基础
	景观设施	街具	路铭牌、公共休息设施、广告灯箱、垃圾箱
		绿化	绿化带、树池

桥梁工程模型拆分 表 13.3-2

一级系统	二级系统	三级系统	模型单元
梁式桥	上部结构	主梁	桥面板、腹板、底板
			加劲肋（钢桥）、承托（混凝土桥）
		横梁	横隔梁
			加劲肋（钢桥）、承托（混凝土桥）
		预应力系统	钢绞线、波纹管、锚具

续表

一级系统	二级系统	三级系统	模型单元
梁式桥	下部结构	桥墩	盖梁、墩柱、系梁
		桥台	台帽、台身
		基础	承台、桩基础
		预应力系统	钢绞线、波纹管、锚具
	附属结构	—	桥面铺装、人行道板、栏杆、防撞墙、伸缩缝、排水井、集水格栅、泄水管、隔声屏
	支撑系统	—	支座、垫石、梁底楔形块、阻尼器

明挖隧道工程模型拆分　　表 13.3–3

一级系统	二级系统	三级系统	包含模型单元
明挖隧道	隧道结构	围护	围护桩、支撑、止水帷幕、基坑
		结构主体	侧墙、中隔墙、加腋底板、中板
			二次结构墙、加腋
	隧道建筑	设备用房	墙、板、柱、梁、门、窗
		管理用房	墙、板、柱、梁、门、窗
	隧道通风	—	空调、风机、风管、风阀
	隧道消防	—	消火栓、灭火器、喷头、管道
	隧道监控	视频监控	摄像头、视频箱、显示屏
		交通监控	车道指示器、信号灯
		设备监控	环境检测器、风速仪、监控箱
		火灾报警	探测器、喷头
		无线对讲	对讲设备
	隧道照明	照明设施	灯具
		供配电设备	配电箱、电缆桥架
	附属设施	—	检修道、排水沟、沟槽盖板、防撞墙

暗挖隧道工程模型拆分　　表 13.3–4

一级系统	二级系统	三级系统	包含模型单元
暗挖隧道	隧道结构	洞口	洞门端墙、挡墙
		支护	大管棚、锚杆、钢架、钢板
		结构主体	拱部、边墙、仰拱、顶板、底板、隧底填充
	隧道建筑	工作井	墙、板、柱
		设备用房	墙、板、柱、梁、门、窗
		管理用房	墙、板、柱、梁、门、窗
	隧道通风	—	空调、风机、风管、风阀
	隧道消防	—	消火栓、灭火器、喷头、管道

续表

一级系统	二级系统	三级系统	包含模型单元
暗挖隧道	隧道监控	视频监控	摄像头、视频箱、显示屏
		交通监控	车道指示器、信号灯
		设备监控	环境检测器、风速仪、监控箱
		火灾报警	探测器、喷头
		无线对讲	对讲设备
	隧道照明	照明设施	灯具
		供配电设备	配电箱、电缆桥架
	附属设施	—	检修道、排水沟、沟槽盖板、防撞墙

13.4 设计阶段 BIM 技术应用

13.4.1 主体模型创建

本工程项目体量大，结构形式复杂，包含多种桥梁及隧道形式、12 座互通立交，且模型精度要求高，为保证建模过程高效、准确、标准化，团队设计并构建 BIM 空间数据库，采用 Revit 平台结合 Dynamo 可视化编程工具驱动数据库进行参数化、程序化建模，确保 BIM 模型的准确性（图 13.4-1 ~ 图 13.4-3）。同时，BIM 模型作为信息载体，会附带各类几何及非几何信息，为后续各项 BIM 应用奠定基础。

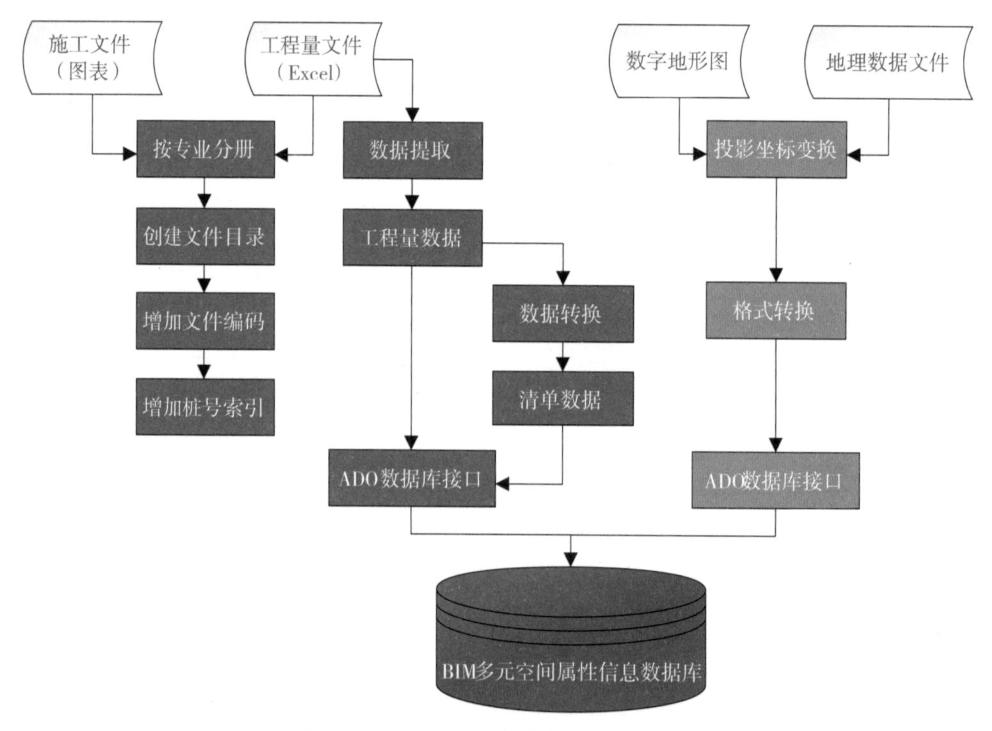

图 13.4-1　BIM 空间数据库建立流程

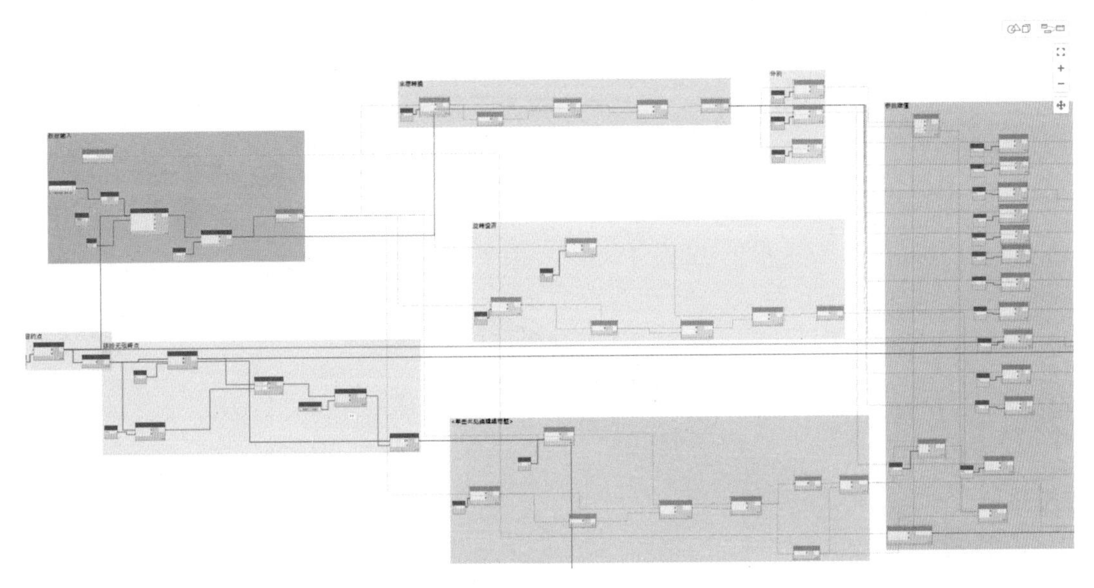

图 13.4-2 Dynamo 程序节点

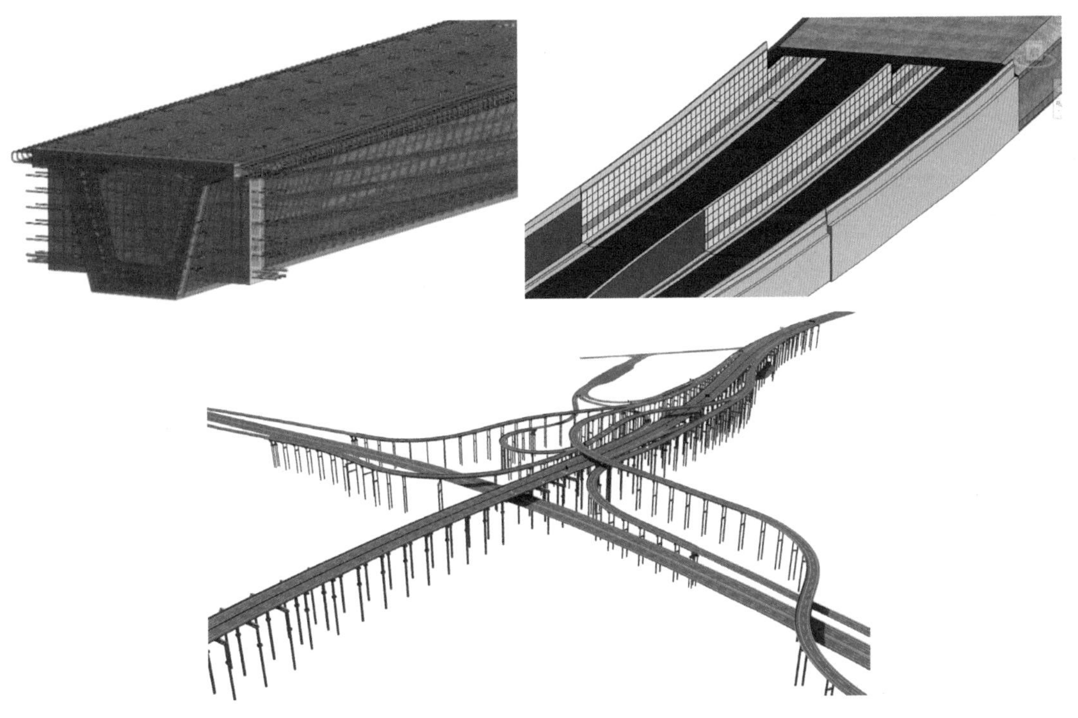

图 13.4-3 项目部分模型

13.4.2 三维地质可视化

根据地质勘探数据，自动建立 BIM 三维地质模型（图 13.4-4），将大量、庞杂的地质信息整合在单个模型当中（图 13.4-5），展示的方式不再局限于钻孔柱状图、剖面图等单一形式，并可任意选择一层地质查看，任意剖切标注，拟建的桩基、基坑、支护结构模型和地质模型叠加进行分析，更加快速、准确地判断地质情况，对结构及支护设计、施工方案的决策带来便利。

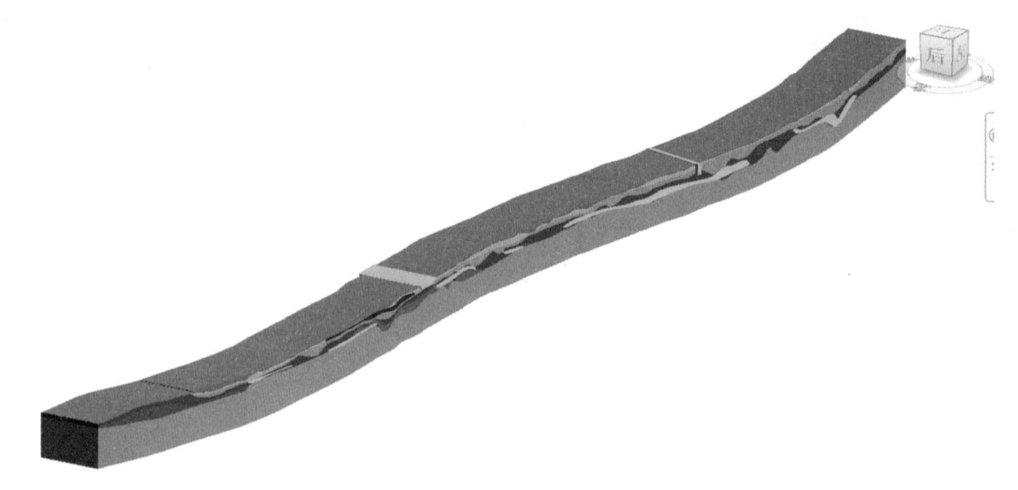

图 13.4-4　BIM 三维地质模型

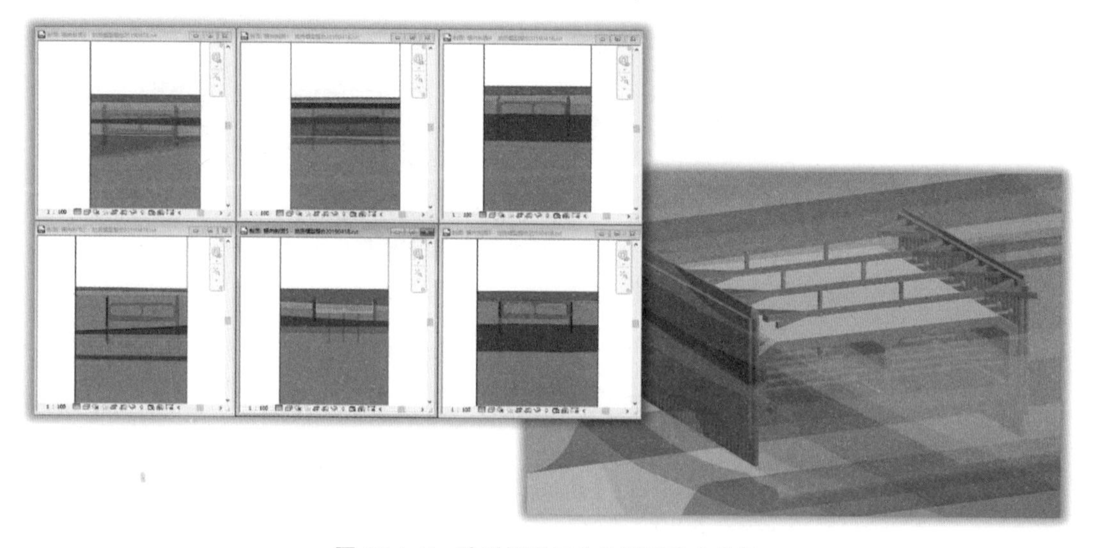

图 13.4-5　地质模型与主体模型叠合分析

13.4.3　基于 GIS+BIM 技术的选线及征迁管理

通过无人机倾斜摄影技术生成基于 GIS 的实景模型后（图 13.4-6），将 BIM 模型通过 GIS 地图及坐标与实景模型等比例准确定位（图 13.4-7），实现已有构造物与拟建构造物间的虚实相互结合，真实、准确地反映和对比工程建设前后的差异，以及工程建设与现有环境间的影响关系，对项目前期的方案讨论、征拆管理及建成后的运营管理具有重要的意义。

图 13.4–6　实景模型

图 13.4–7　实景 +BIM 模型

13.4.4　碰撞检查及净空分析

本项目有多座互通立交，空间关系复杂，结构形式多样，容易出现净空不足的问题，通过建立 BIM 模型，将设计图纸信息化，直观显示构筑物建成后的实际情况，打破二维图纸的局限性，提前发现设计潜在的问题及风险（图 13.4-8、图 13.4-9），及时反馈给设计部门进行调整，有效避免因设计产生的返工现象。

图 13.4-8　车道净空不足

图 13.4-9　桥墩位置与行车空间冲突

13.4.5　基于 BIM 的交互式展示

基于 BIM 模型，建立模拟项目真实位置太阳方位、现场自然环境的虚拟沙盘，创建重力、碰撞和照明交互系统，可进行多项功能操作（图 13.4-10 ～图 13.4-12），如行车模拟、灯光参数调整、模型显隐、测量等，真实感受项目建设完成后成果，以此对驾驶环境进行分析，对拟建物的建设方案及照明设计等提出优化反馈。

图 13.4-10　管理中心建设方案虚拟沙盘

图 13.4-11　第一人称视角行车模拟

图 13.4-12　照明环境模拟

13.5 施工阶段 BIM 技术应用

13.5.1 工程量统计及变更管理

项目 BIM 模型严格按照设计图及《公路工程概预算编制办法》各分部分项工程进行拆分（图 13.5-1），利用自主开发的插件快速导入项目清单中的相应信息（图 13.5-2），如项目节点编号、清单子目号、单价等，对各模型构建进行自动编码，建立起实体工程量和清单的对应关系，同时能对应变更情况，实时统计工程量变更情况（图 13.5-3），使工程量统计及变更直观、清晰、可追溯。

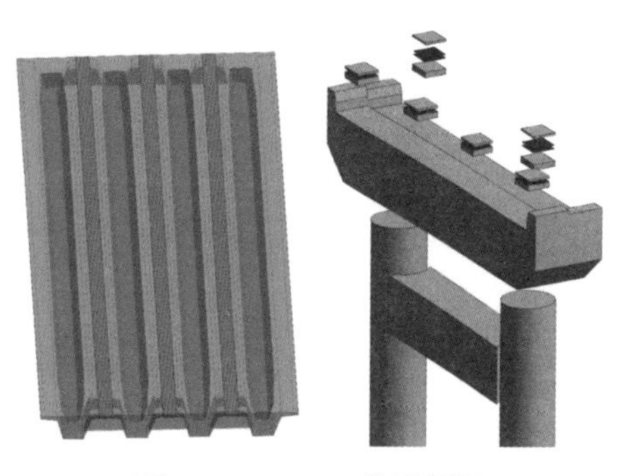

图 13.5-1　BIM 模型拆解

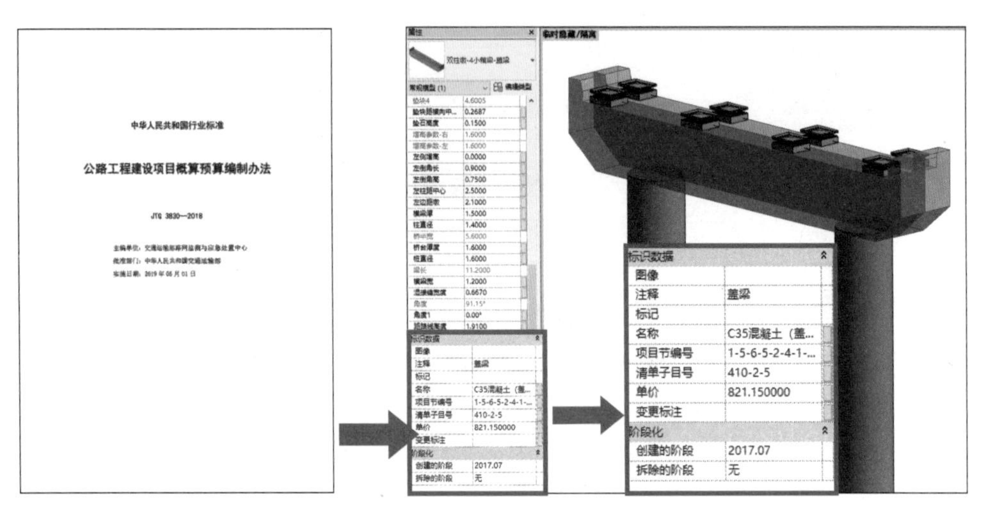

图 13.5-2 根据清单添加模型信息

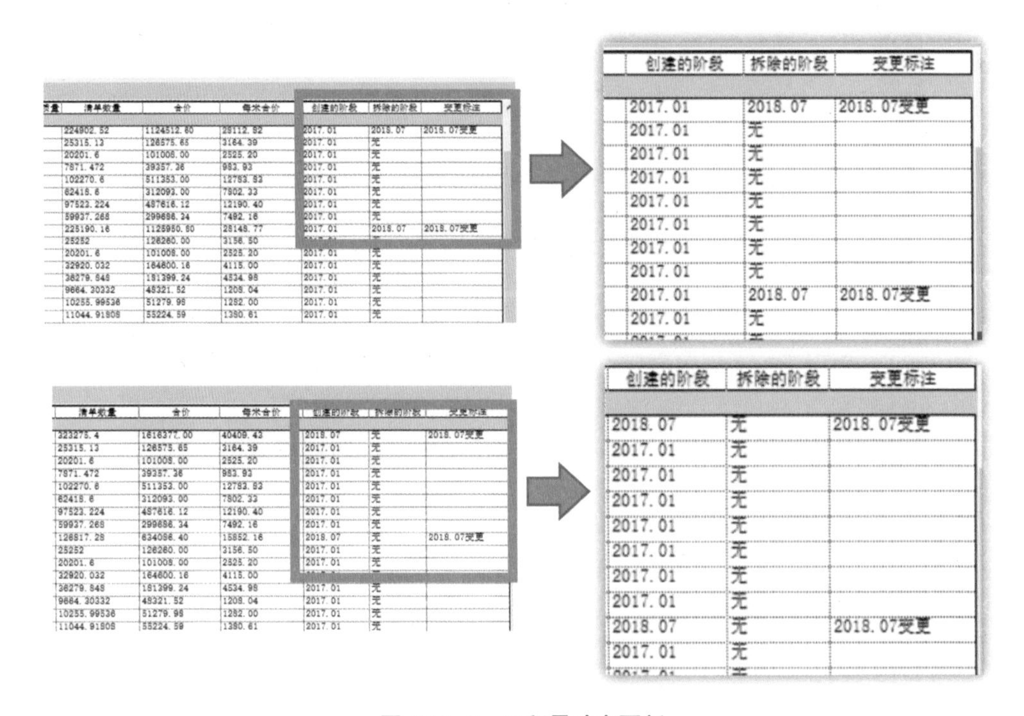

图 13.5-3 工程量动态更新

13.5.2 地下构筑物的保护与拆迁管理

通过 BIM 技术处理管网勘测数据，建立现状地下管线模型并赋予相应的信息属性，如坐标、连接方向、权属单位等，从而建立孪生数字化、可视化的地下施工环境沙盘，对新建桥梁及隧道与已有建（构）造物进行分析（图 13.5-4、图 13.5-5），为管线迁改方案、施工安全预警提供依据。

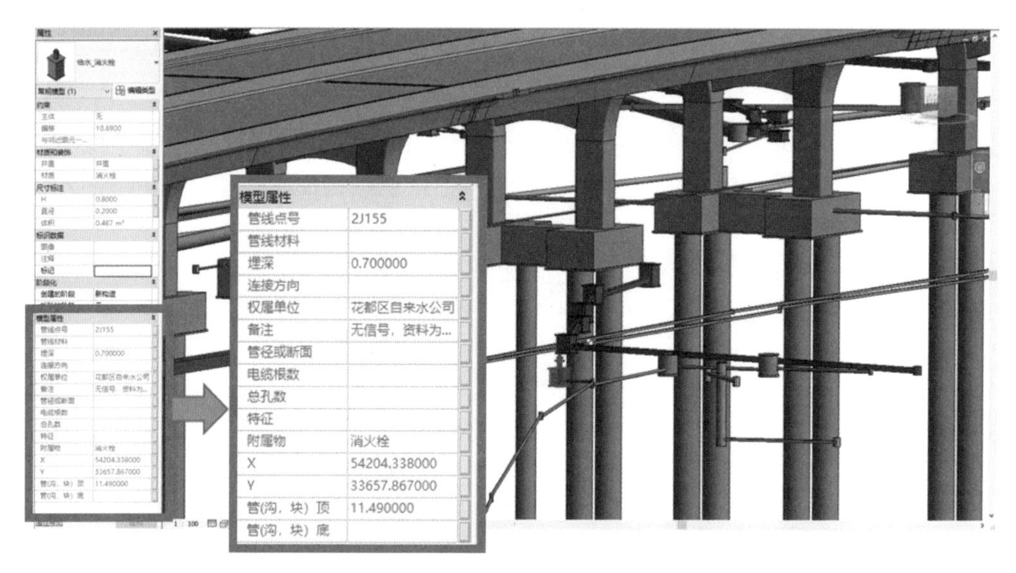

图 13.5-4　现状管网及拟建物空间分析

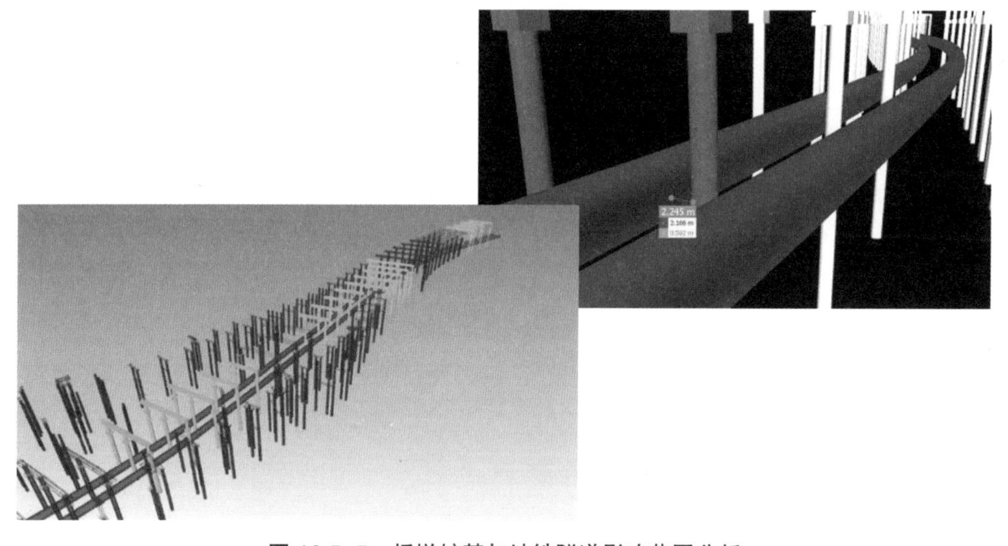

图 13.5-5　桥墩桩基与地铁隧道影响范围分析

13.5.3　基于 BIM 的桥梁施工支架智能设计

自主开发的基于 BIM 的高支模智能设计软件，可以适用于桥梁、隧道结构满堂脚手架设计，包括盘扣式和碗扣式，并可根据实际情况局部布置贝雷架、施工楼梯、过道。通过现有的桥梁隧道 BIM 模型，手动输入脚手架设计相关技术参数，软件智能设计，生成脚手架三维 BIM 模型（图 13.5-6 ~ 图 13.5-8）。另外，软件智能进行计算校核、设计优化及导出计算书，可以及时发现不合理的设计参数，获取相关计算书。设计完成后，能够导出各构件工程量清单及项目平面图、断面图，大大提高设计效率和准确性。

图 13.5-6　施工脚手架模型

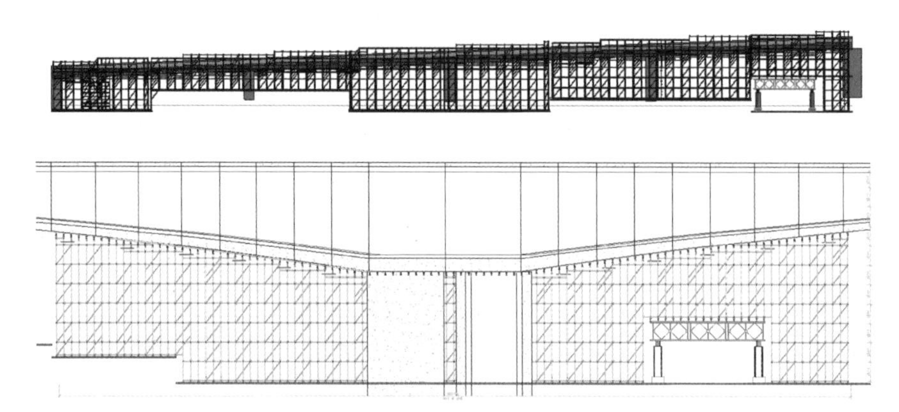

图 13.5-7　施工脚手架立面图

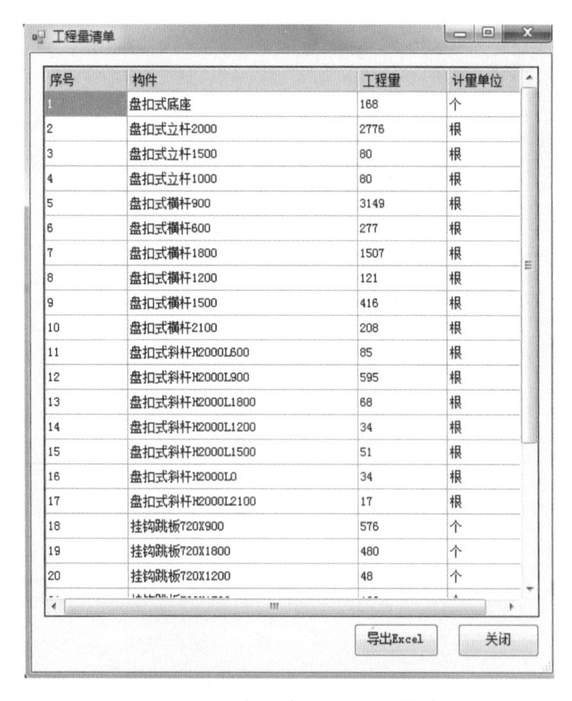

工程量清单

序号	构件	工程量	计量单位
1	盘扣式底座	168	个
2	盘扣式立杆2000	2776	根
3	盘扣式立杆1500	80	根
4	盘扣式立杆1000	80	根
5	盘扣式横杆900	3149	根
6	盘扣式横杆600	277	根
7	盘扣式横杆1800	1507	根
8	盘扣式横杆1200	121	根
9	盘扣式横杆1500	416	根
10	盘扣式横杆2100	208	根
11	盘扣式斜杆H2000L600	85	根
12	盘扣式斜杆H2000L900	595	根
13	盘扣式斜杆H2000L1800	68	根
14	盘扣式斜杆H2000L1200	34	根
15	盘扣式斜杆H2000L1500	51	根
16	盘扣式斜杆H2000L0	34	根
17	盘扣式斜杆H2000L2100	17	根
18	挂钩跳板720X900	576	个
19	挂钩跳板720X1800	480	个
20	挂钩跳板720X1200	48	个

导出Excel　关闭

图 13.5-8　施工脚手架工程量清单

13.5.4　基于 BIM 的智能监测管理平台

BIM 智能监测管理平台具备图形（BIM 模型）浏览和监测数据管理功能，项目现场监测的位移、轴力等数据关联到网页端的轻量化 BIM 模型中，生成可在不同设备上随时查看的基于 BIM 的可视化的数据结果，实现数据全程实时记录。

该平台还接入了新型北斗智能安全帽（安全帽具有视频采集、语音对讲、4G 传输、人员定位、数据储存等功能），采集的实时定位、实时视频和后台的设备列表数据实时关联到 BIM 管理平台，可在平台中显示人员实际定位，实现语音对讲（图 13.5-9 ~图 13.5-12）。

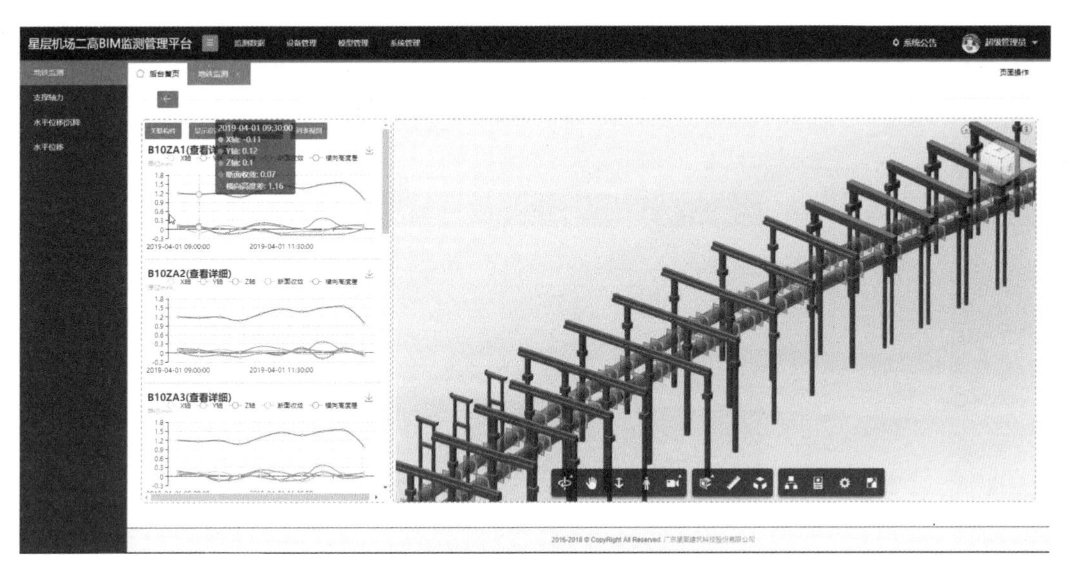

图 13.5-9　实时监测设备列表

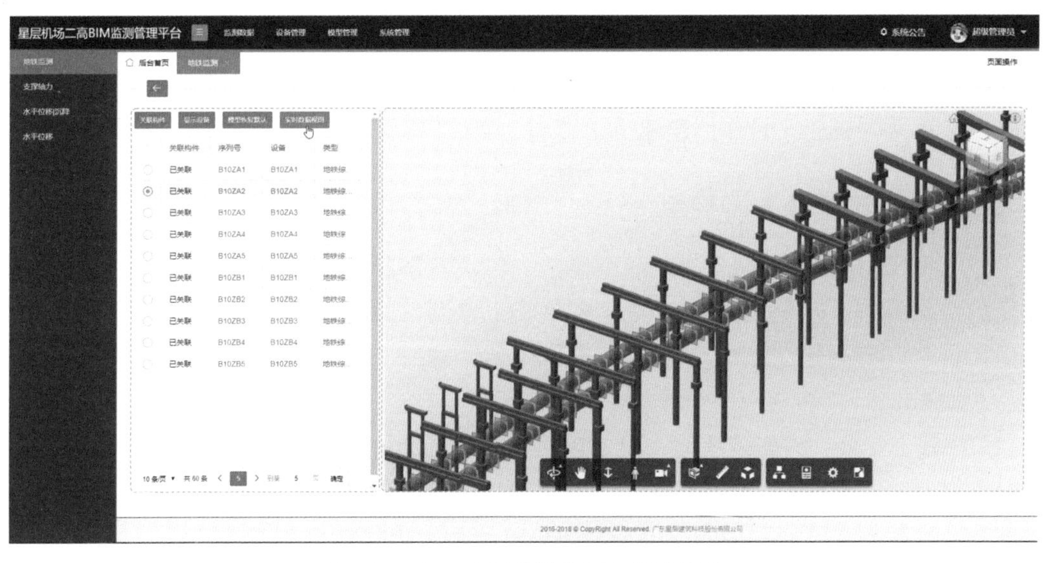

图 13.5-10　实时监测数据与模型关联

图 13.5-11　北斗智能安全帽

图 13.5-12　实时定位及视频通话功能界面

该系统最终将升级改造为基于 BIM 技术的建设、管理、养护一体化平台，把各项 BIM 科研成果模块整合移植到平台中，嵌入模型和文件管理系统，并将预留养护期功能接口，使 BIM 可通过平台作用于建设、管理、养护各阶段中。

13.5.5　施工进度及方案模拟

利用 Naviswork 软件进行 4D 施工模拟，对现有的施工组织方案进行模拟验证和可视化的优化调整。在施工过程中输入实际施工进度，通过计划和实际进度的对比，使管理人员可以直观地了解整个工程的进度偏差，进行工期分析，达到进度管控的目的（图 13.5-13）。

对于施工工序、现场环境复杂，难以确保施工顺利推进的地方，结合专项施工方案，预先对整个施工专项过程以及其中的工艺工法、道路导改进行精细化模拟（图 13.5-14），排查施工过程中有可能发生的工序冲突与施工机械进出场碰撞等，验证施工方案的可行性，并形成可指导现场施工的展示成果，用于安全和技术可视化交底。

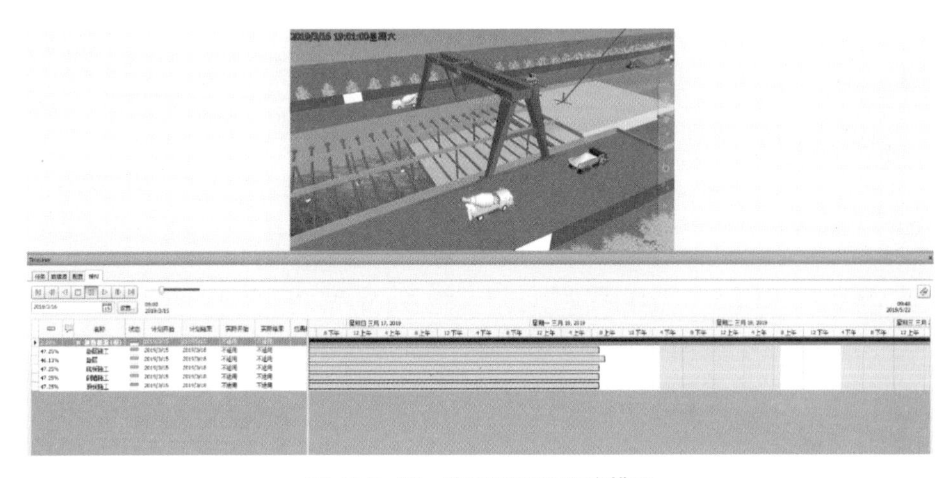

图 13.5-13　施工组织及进度模拟

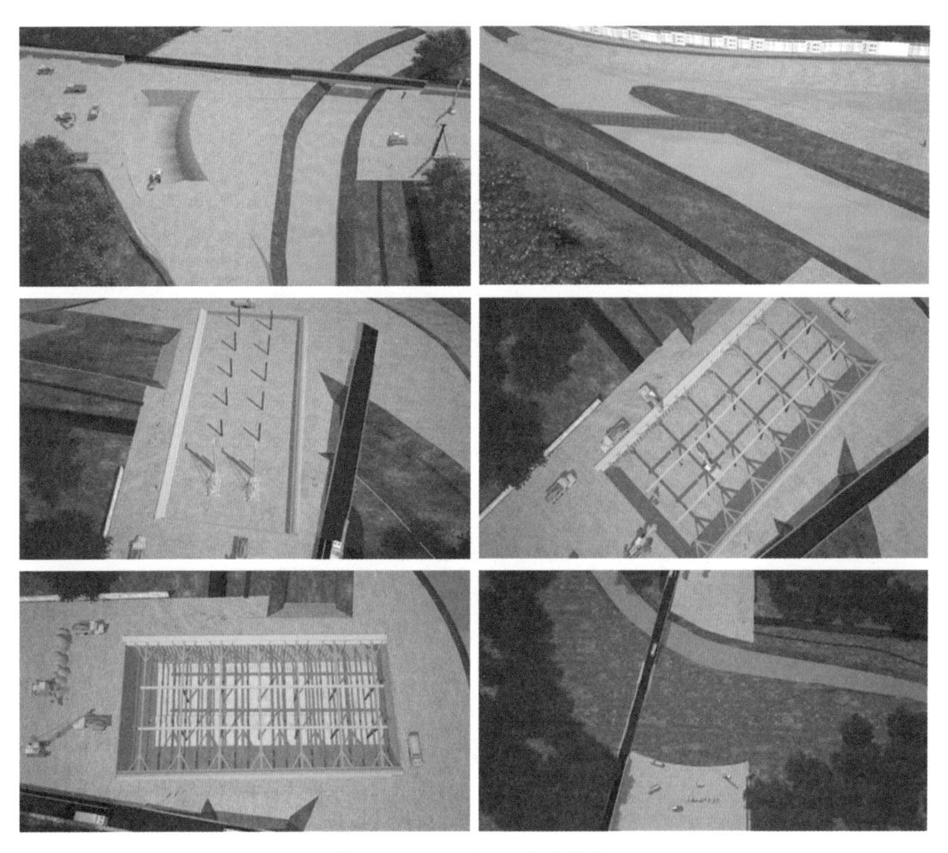

图 13.5-14　施工方案模拟

13.6　BIM 交付内容

各阶段交付内容如表 13.6-1、表 13.6-2 所示。

设计阶段交付成果 表 13.6-1

序号	设计阶段	成果要求	交付格式
1	道路、桥梁、隧道 BIM 模型创建	根据设计单位交付的图纸创建 BIM 模型： 路、桥、隧主体模型包括： 根据图纸创建梁体模型（小箱梁、T 梁、钢箱梁、现浇箱梁等）；创建参数化桥梁构件库，构件库中包括常用的桥墩模型（双柱墩、花瓶墩、品字墩、薄壁空心墩等）； 隧道主体模型：项目中主要含有穿山隧道和下沉式隧道两种； 道路填挖方部分：包含道路的多级放坡，桥头锥坡以及隧道口的洞顶放坡 附属设施模型包括： 全线道路两侧的侧护栏，波形护栏以及隔声墙； 互通立交以及交叉口的道路指示牌； 隧道中常用交通安全设施：风口、灭火器箱、鼓风机、噪声监测器、照明设备等	*.rfa、 *.rvt、 *.nwd
2	三维地质可视化	根据地质勘察数据，建立不同地质层的 BIM 模型； 不同地质模型赋予不同的颜色以及信息标注，方便不同地质在三维模型中的区分； 可任意选择一层地质查看，任意位置剖切标注，拟建的桩基、基坑、支护结构模型和地质模型叠加进行分析	*.rvt
3	基于 GIS+BIM 技术的选线及征迁管理	将无人机倾斜摄影技术生成的实景模型进行整合处理； 将 BIM 模型通过 GIS 地图坐标以及实景模型比例进行定位，把 BIM 模型与 GIS 实景模型进行结合，实现拟建构造物与现有建筑的相互结合； 根据图纸提供建筑红线，在实景模型中准确圈画出红线范围，直观查看征迁涉及的房屋范围，反映现有建筑与拟建建筑的冲突，为前期方案讨论、征迁管理以及建成后的运营管理提供便利	*.exe
4	设计校核及优化	使用 Navisworks 进行碰撞检查，复核结构空间设计、立交净空是否符合规则规范，把不符合设计要求的位置进行统计，以 Excel 表格的形式反馈给业主和设计方	*.nwd、 *.exls
5	基于 BIM 的交互展示	基于 BIM 模型，建立模拟项目真实位置太阳方位、现场自然环境的虚拟沙盘，创建重力、碰撞和照明交互系统，可进行多项功能操作，如行车模拟、灯光参数调整、模型显隐、测量等，真实感受项目建设完成后成果，以此对驾驶环境进行分析，对拟建物的建设方案及照明设计等提出优化反馈	*.exe

施工阶段交付成果 表 13.6-2

序号	施工阶段	成果要求	交付格式
1	工程量统计及变更管理	项目模型按照《公路工程概预算编制办法》中各分部分项进行拆分，利用自主研发的插件快速导出工程量清单	*.rvt
2	地下构筑物的保护与拆迁管理	通过 BIM 技术，把已有管网与未建设施进行整合，发现现有管网与设计方案的冲突，为管线迁改方案和施工安全预警提供依据	*.rvt
3	基于 BIM 的桥梁施工支架智能设计	自主研发的基于 BIM 高支模智能设计软件，根据现有模型，手动输入脚手架设计线管技术参数，软件会自动生成脚手架三维模型，并且可以进行计算校核、设计优化以及导出计算书，设计完成后可以一键出图，提高设计效率和准确性	*.rvt、 *.exe
4	基于 BIM 的智能监测管理平台	BIM 智能监测管理平台可以在网页端对 BIM 模型进行查看，BIM 模型会保留制作时添加的模型信息，并且可以绑定施工进度表，可以更直观方便地查看施工进度； 平台还接入了新型北斗智能安全帽，实现对施工现场进行实时把控监管	web 网页端
5	施工进度及方案模拟	利用 Naviswork 软件对现有施工方案进行可视化模拟，直观表达各工区的施工进度，方便施工方进行工期优化与进度管控	*.nwd、 *.mp4

13.7 BIM 应用总结

广州新白云机场第二高速公路为省级重点工程，项目体量大，工期紧，地质及周边环境复杂，希望通过 BIM 技术，切实解决工程上的难点痛点。本项目的 BIM 实施以 Autodesk 的 Revit 作为核心平台，利用该平台的开源特性，在 17 个不同的标段中各自归纳相应的工程难点，定制研发各项 BIM 应用，为项目各方创造效益，提高高速公路建设管理水平，为建设单位积累了宝贵的经验，实施总结如下：

（1）本项目 BIM 技术在设计校核优化、施工方案的推演、工程量与造价管控方面的应用，对保障项目施工安全、提升质量、节约成本、加快进度均起到促进作用。

（2）针对项目施工特点、难点进行了 BIM 技术二次开发，在切实帮助解决了技术问题外，形成了多项软件成果，且研发成果有一定的通用性，可为类似项目所用。

（3）集成化的 BIM 项目现场管理系统，成功将项目参加方离散的数据通过 BIM 模型进行集成，加快了信息传递效率，提高了信息化管理程度。

（4）BIM 技术在施工全过程与传统项目管理运转模式相融合，形成了适用于高速公路建设管理的特色 BIM 管理流程。

第 14 章　广州市车陂路—新滘东路隧道工程项目

14.1　项目概况

车陂路—新滘东路隧道工程位于广东省广州市，工程南起现状新港东路，下穿珠江后止于现状黄埔大道交叉口（图 14.1-1），全长约 2.07km，道路等级为城市主干路，设计速度 60km/h。隧道工程主线全长 1547m，其中跨江段采用沉管隧道，隧道总长 492m，主线采用双向 6 车道设计。

图 14.1-1　项目位置图

14.2　项目特点分析

车陂路—新滘东路隧道工程具有以下几个特点：

（1）工程体量庞大，设计复杂，涉及交通、道路、桥梁、隧道、排水、建筑、景观绿化、通风、照明等多个专业，设计协同难度大。

（2）工程下穿珠江航道，隧道采用明挖 + 沉管施工方法。其中，过江段采用沉管法施工，沉管结构构造设计复杂，施工难度大，需要在设计时充分考虑施工的可行性和经济性。

（3）工程与现状地铁 4 号线存在平面交叉，设计方案的确定需充分考虑并验证项目实施方案对地铁运营安全的影响。

（4）工程周边受既有道路及规划道路、市政管线、河涌等多种因素影响，设计制约因素众多。

14.3　BIM 应用策划

14.3.1　BIM 应用目标

本项目设计阶段 BIM 技术应用的目标是用信息化手段实现精细化设计，提高设计质量，优化设计方案，减少后期设计变更。具体如下：

（1）多专业协同设计，减少错漏碰缺。

（2）利用 BIM 技术进行设计优化，实现精细化设计。

（3）利用 BIM 模型进行三维可视化设计，与周边构筑物协调。

（4）为项目施工及运维阶段 BIM 技术的实施提供基础数据支撑。

14.3.2　BIM 应用范围和内容

本项目的 BIM 应用范围包括工程范围内的隧道、道路、桥梁、管线、建筑、设备等各项设计内容。隧道工程主线长 1547m，其中沉管隧道长 492m，分 4 段预制。桥梁工程包含一座跨涌桥。

14.3.3　资源配置

设置BIM负责人，并根据项目包含专业将BIM设计工作划分为道路、隧道、桥梁、建筑、管线设备、交通、附属设施等部分分别建模。

本项目 BIM 实施的组织架构如图 14.3-1 所示。

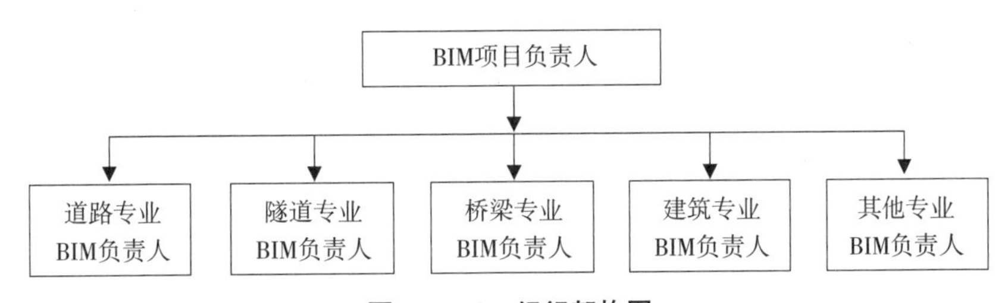

图 14.3-1　组织架构图

本项目采用 Bentley 系列软件和 Revit 进行三维设计。使用 Open Roads Desginer 创建地形、道路、管线模型，Revit 创建隧道、建筑、设备模型，Open Bridge Modeler 创建桥梁专业模型，Microstation 创建交通、附属设施模型。最后通过将 Revit 模型导出为 i-model 模型，在 Microstation 上进行总装，并结合 LumenRT 进行渲染漫游，提供渲染视频、效果图等可视化成果（表 14.3-1）。

软件配置一览表　　表 14.3–1

序号	软件名称	所属公司	软件功能
1	Revit	Autodesk	建筑及隧道建模
2	Open Roads Desginer	Bentley	道路、管线建模
3	Open Bridge Modeler	Bentley	桥梁建模
4	LumenRT	Bentley	可视化浏览、动画制作
5	Fuzor	Kalloc Studios	交互式设计及施工模拟

14.3.4　建模标准及模型单元拆分

模型是项目信息的载体，模型的建立是 BIM 技术在项目全生命周期中开展应用的前提。为确保模型的完整性和准确性，同时满足一定的深度要求，使其能够真实、全面地反映设计意图，保证后期应用顺畅，需要制定较为完善的项目建模标准，并在建模过程中遵照执行。

本次建模通过分析项目特点和软件的要求，确定了项目的建模方法和流程，确定了统一的项目文档管理方法、模型拆分及命名方法、项目协同方法以及模型深度要求等一系列项目实施标准，形成了本项目的建模标准和应用标准。建模标准包括模型等级划分、模型命名以及构件拆分原则等部分组成。

模型文件命名由项目名称、工程阶段、专业、描述依次组成，以半角下划线“_”隔开，字段内部的词组以半角连字符“–”隔开；如：车陂路 – 新滘东路隧道工程 _ 施工图阶段 _ 隧道工程 – 明挖段。

模型单元的命名宜由专业、系统、子系统、模型单元名称依次组成，以半角下划线“_”隔开，字段内部的词组宜以半角连字符“–”隔开。如：桥梁工程 – 下部结构 – 桥墩 – 盖梁。

设计阶段模型拆分的基本原则为：先按专业拆分，在各专业内再按照功能和系统进行拆分，模型拆分应结合各专业的拆分习惯，并结合 BIM 应用需求。本项目模型单元汇总如表 14.3-2 所示。

本项目模型单元汇总表　　表 14.3–2

一级系统	二级系统	三级系统	模型单元
道路工程	路线	线路平面	平面直线段、平面圆曲线段、平面缓和曲线段
		线路纵面	纵面直线段、纵面圆曲线段、纵面抛物线段
	路面	路面结构	面层、基层、垫层
		路缘石	路缘石、垫块
	路基	路基	路床
		边坡	挡墙、防护

续表

一级系统	二级系统	三级系统	模型单元
明挖隧道	隧道结构	围护	围护桩、支撑、基坑
		结构主体	侧墙、中隔墙、加腋底板、中板
			二次结构墙、加腋
	隧道建筑	设备用房	墙、板、柱、梁、门、窗
		管理用房	墙、板、柱、梁、门、窗
	附属设施	—	检修道、排水沟
沉管隧道	隧道结构	基槽	基槽结构
		干坞	围护桩、支撑、基坑
		沉管管节	管节、防锚层、剪切键、端封门
	隧道建筑	设备用房	墙、板、柱、梁、门、窗
		管理用房	墙、板、柱、梁、门、窗
	附属设施	—	排水沟、隔板、立柱、支墩
桥梁	上部结构	主梁	桥面板、箱梁
		横梁	横隔板、托梁
	下部结构	桥墩	盖梁、墩柱
		桥台	台帽、台身
		基础	承台、垫层、桩基础
	附属结构	—	桥面铺装、人行道板、防撞墙、栏杆
	支撑系统	—	支座、垫石
管线工程	排水管线	排水管（沟）	管道
		检查井	井壁、井盖、井底
	给水管线	给水管	管道、基础
		检查井	井壁、井盖、井底
电气系统	供配电系统	供配电系统线路及线路敷设	支架、吊架
			线缆

14.4 设计阶段 BIM 技术应用

14.4.1 多专业协同设计

本项目涉及隧道、道路、桥梁、交通、排水、管线、建筑、电气、绿化等多个专业，专业之间相互影响制约，通过 BIM 协同实现各专业在同一平台上完成信息的创建和共享，从而提高信息的传递效率，避免信息滞后、丢失等问题（图 14.4-1）。

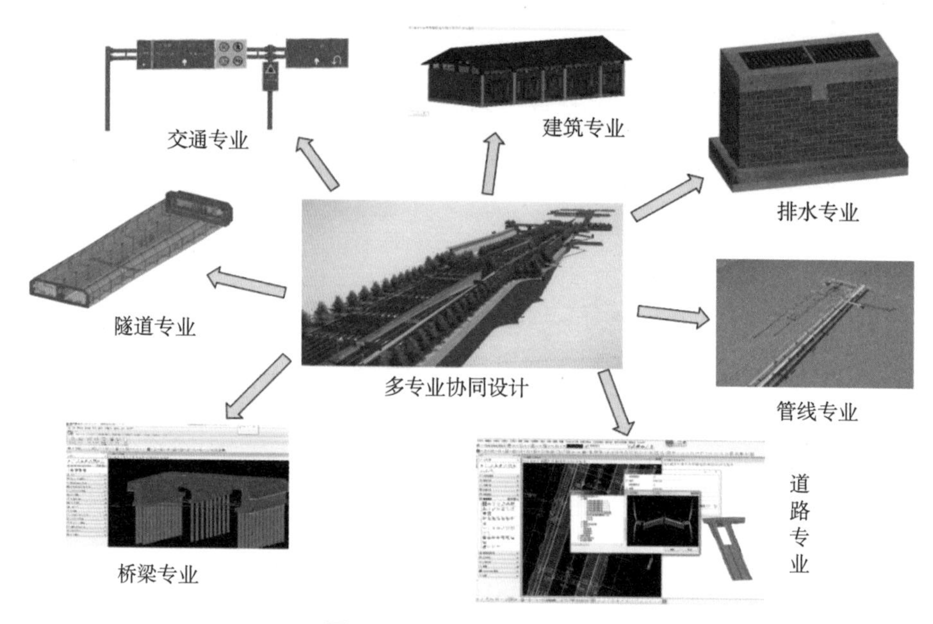

图 14.4–1　多专业协同设计

14.4.2　精细化设计

BIM 建模是一个虚拟建造的过程，利用三维可视化设计手段，可以将设计意图完整直观表达，实现精细化设计（图 14.4-2）。

图 14.4–2　项目精细化整体模型

沉管段隧道全长 492m，纵向分为 4 段在干坞内完成预制。沉管管节及管节两侧钢封门构造复杂，包含剪力键、止水带、连接件、橡胶支座、端封门面板、加劲板等众多构件（图 14.4-3 ～图 14.4-6）。

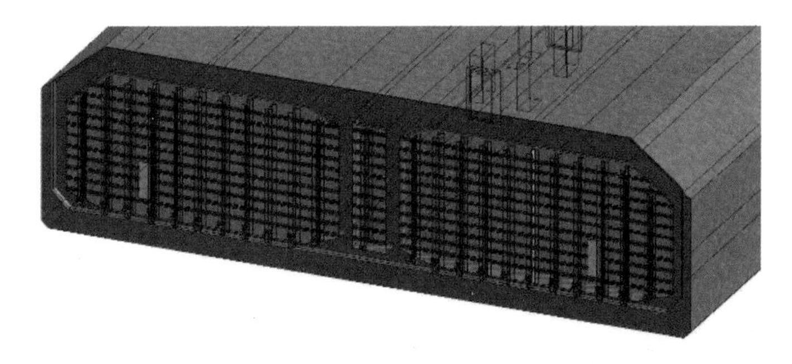

图 14.4-3 沉管管节精细化设计

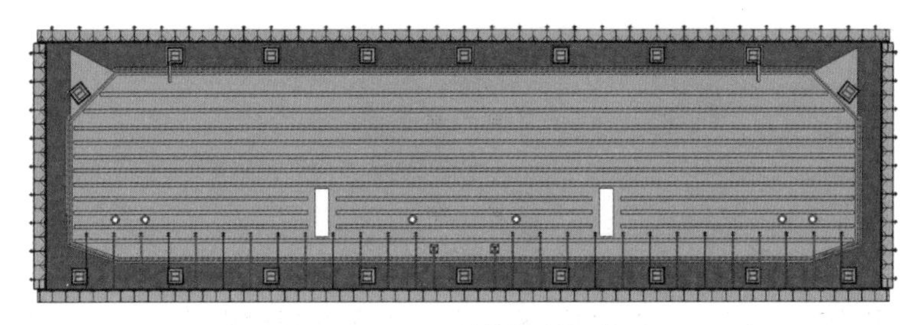

图 14.4-4 沉管钢端封门模型

图 14.4-5 钢端封门内部细节

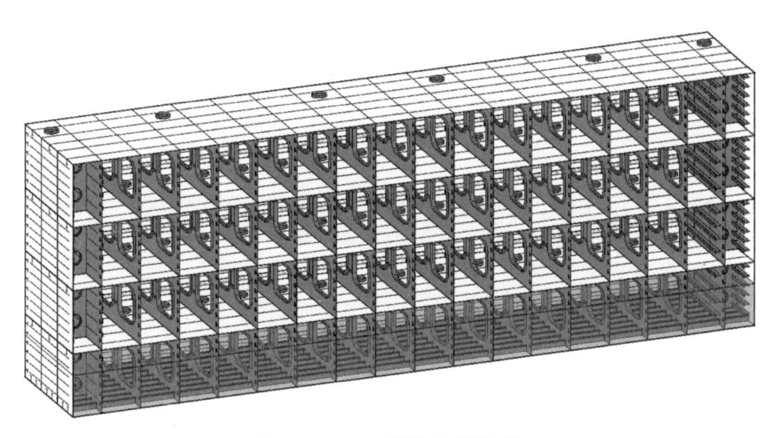

图 14.4-6 干坞坞门细节

14.4.3 碰撞检查及管线综合

BIM 建模过程就是对设计成果的校核过程，通过碰撞检查可以有效发现项目中的错漏碰缺，降低因设计失误对后期施工带来的不利影响。同时，利用 BIM 技术还可以对管线进行优化排布、检查构筑物之间的净空净距等（图 14.4-7、图 14.4-8）。

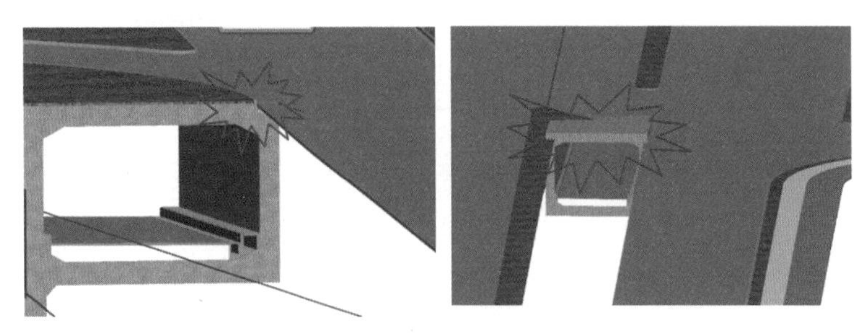

图 14.4–7 隧道出口与地面道路冲突

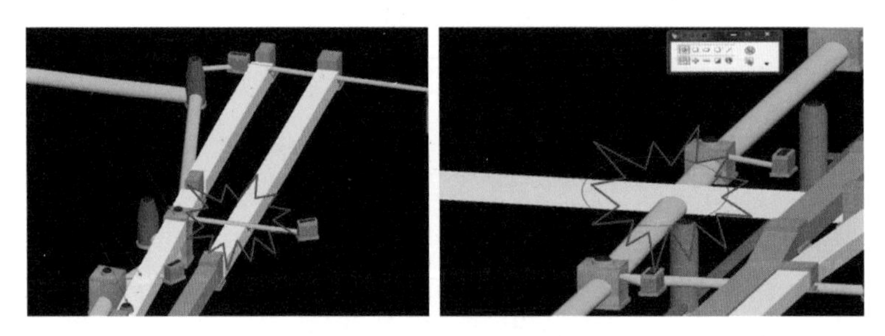

图 14.4–8 管线间碰撞检查

14.4.4 与周边构筑物的位置关系

本项目设计时需充分考虑与地铁等周边构筑物的相互影响，通过三维可视化设计能够准确反映与构筑物的空间位置关系，为方案论证和优化提供依据（图 14.4-9）。

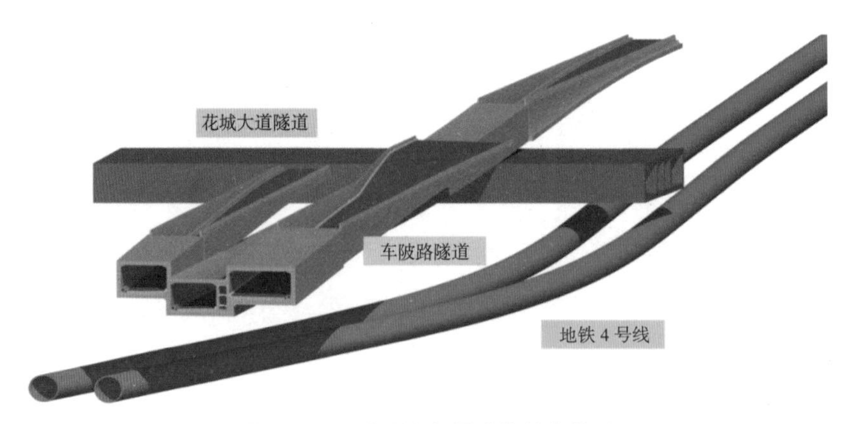

图 14.4–9 本项目与周边构筑物关系

14.4.5 行车模拟及标志标线检查

通过创建交通标线、标志牌的详细模型，利用漫游、行车模拟等功能，检查交通标志、标线设置的合理性（图 14.4-10）。

图 14.4–10 行车模拟与标志标线检查

14.4.6 工程量计算

利用 BIM 模型自动统计出材料的工程数量表，并与 BIM 模型动态关联，确保了工程量统计的及时性和准确性（图 14.4-11）。

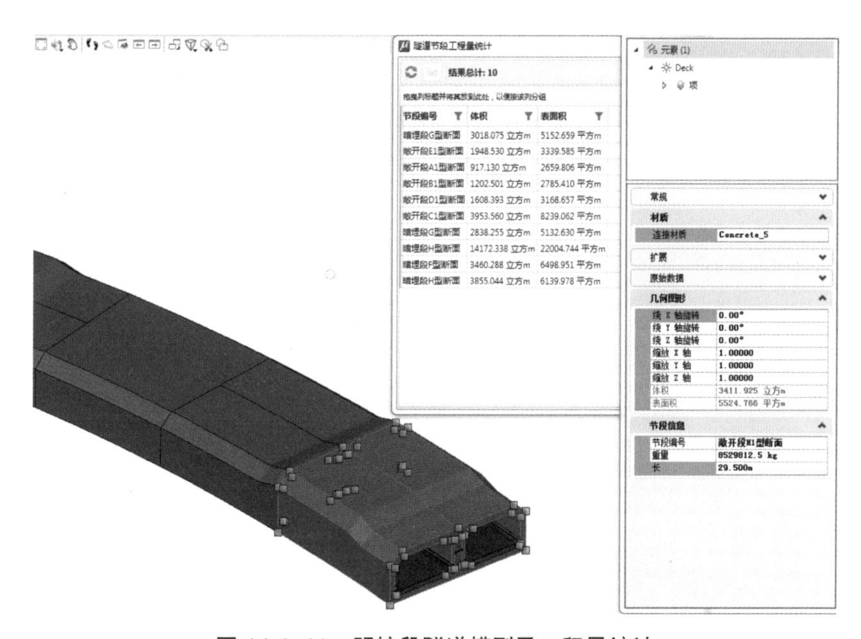

节段编号	体积	表面积
暗埋段G型断面	3018.075 立方m	5152.659 平方m
敞开段E1型断面	1948.530 立方m	3339.585 平方m
敞开段A1型断面	917.130 立方m	2659.806 平方m
敞开段B1型断面	1202.501 立方m	2785.410 平方m
敞开段D1型断面	1608.393 立方m	3168.657 平方m
敞开段C1型断面	3953.560 立方m	8239.062 平方m
暗埋段G型断面	2838.255 立方m	5132.630 平方m
暗埋段H型断面	14172.338 立方m	22004.744 平方m
暗埋段F型断面	3460.288 立方m	6498.951 平方m
暗埋段H型断面	3855.044 立方m	6139.978 平方m

图 14.4–11 明挖段隧道模型及工程量统计

14.4.7 结构分析

本项目中需要对隧道结构受力、变形进行计算分析，通过将 BIM 模型导入计算软件进行结构有限元计算，能够避免重复建模工作，缩短结构验算和方案优化周期，提高设计工作效率（图 14.4-12）。

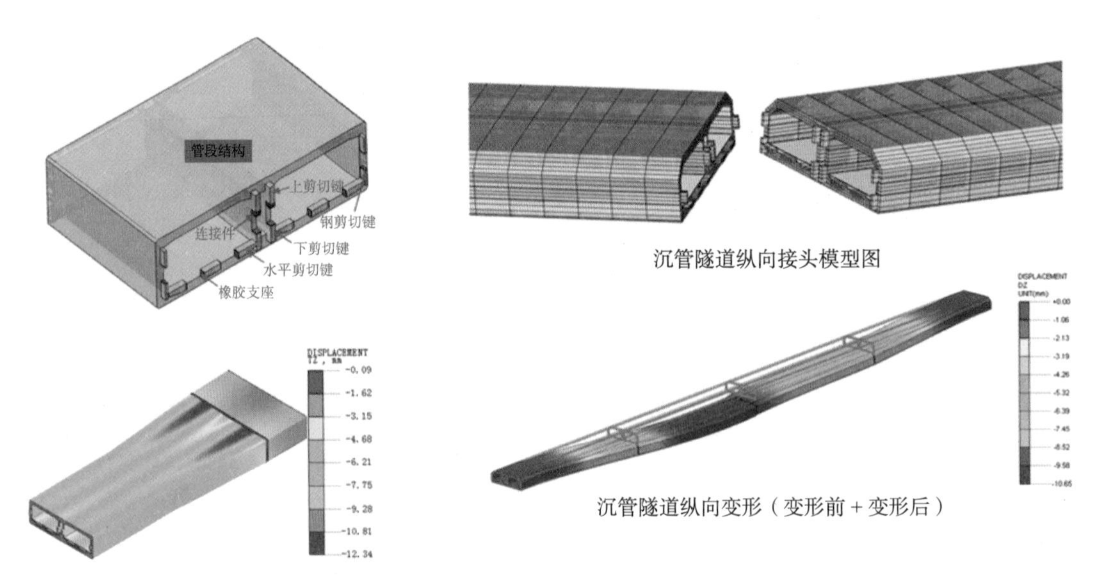

图 14.4-12　BIM 模型导入计算软件进行结构分析

14.4.8 施工模拟

在本项目中，沉管隧道的关键施工工序包括：管段预制、基槽开挖、管段浮运、管段下沉对接安装、基础处理等。对于复杂工序，利用 BIM 技术进行施工过程模拟，从而提前排查施工方案可能存在的问题，优化施工方案，通过对基槽开挖和沉管拼装进行模拟，验证施工可行性（图 14.4-13、图 14.4-14）。

图 14.4-13　基槽开挖、垫块和千斤顶安装

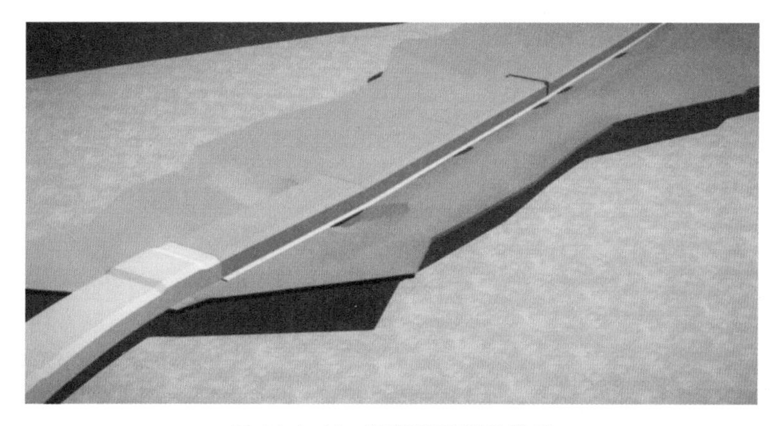

图 14.4–14 沉管管节拼装模拟

14.5 BIM 交付内容

本项目的交付物主要包括 BIM 实施工程大纲、设计 BIM 模型、专业综合信息报告、虚拟漫游视频、BIM 应用报告等，具体内容及成果要求见表 14.5-1。

本项目交付成果要求 表 14.5–1

序号	交付物	主要内容	成果要求
1	BIM 实施工作大纲	主要包括实施目标、主要工作内容、组织架构、技术标准、交付内容、实施流程、软件选择、进度计划、质量控制等	文档
2	设计 BIM 模型	主要包括项目各专业 BIM 模型文件、倾斜摄影模型、工程周边重要建筑物、管线模型等	模型
3	专业综合分析报告	对设计 BIM 模型进行专业内和专业间综合分析，如碰撞检查、管线综合分析等，提供分析报告	文档、视频
4	虚拟漫游视频	利用 BIM 技术，对项目的重点部位、交通组织、整体效果进行虚拟漫游，辅助设计方案的效果展示	模型、视频
5	BIM 应用报告	对本项目 BIM 应用情况进行全面总结	文档

14.6 BIM 应用总结

通过本次项目的实践，探索出一套市政道路隧道的 BIM 解决方案，产生了很好的 BIM 实施效果。本项目在设计阶段的 BIM 应用，有效地发现了设计中的多项错漏碰缺，与传统设计方法相比，大大地提高了设计的精细化水平，为业主提供了更好的设计服务。

BIM 解决方案在设计阶段的实施为项目施工和运维阶段的 BIM 应用奠定了信息基础，在后续的工作中将与施工和运维单位深化 BIM 技术应用，促进本项目全生命周期 BIM 技术的应用与开展。

第 15 章　广州市轨道交通 18 号线番禺广场站及番禺广场站—南村万博站区间项目

15.1　项目概况

广州市轨道交通 18 号线番禺广场站及番禺广场站—南村万博站区间位于广州市番禺区，内容包括番禺广场站及番禺广场站—南村万博站区间。

番禺广场站为 18 号线、22 号线、3 号线及远期 17 号线四线换乘站，同时预留远期番禺广场衔接中山或顺德支线的条件。车站主体长 540m，标准段宽 52.25m。建筑总面积 134785m^2（图 15.1-1 ~图 15.1-4）。

番禺广场站—南村万博站区间南起番禺广场站，线路出番禺广场站后，向西北方向延伸，下穿番禺区政府、沙圩村房屋群、华盛新村房屋群、蔡二村房屋群，龙美村房屋群后，进入番禺大道，在汉溪大道东路口处至南村万博站。

图 15.1-1　番禺广场整体效果图

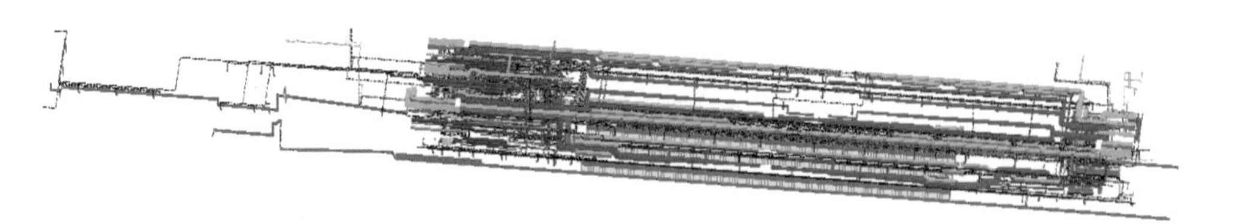

图 15.1-2　番禺广场机电模型图

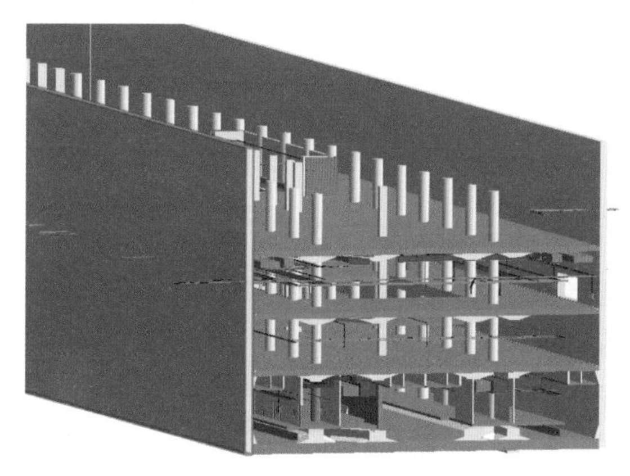

图 15.1-3　番禺广场模型剖面图

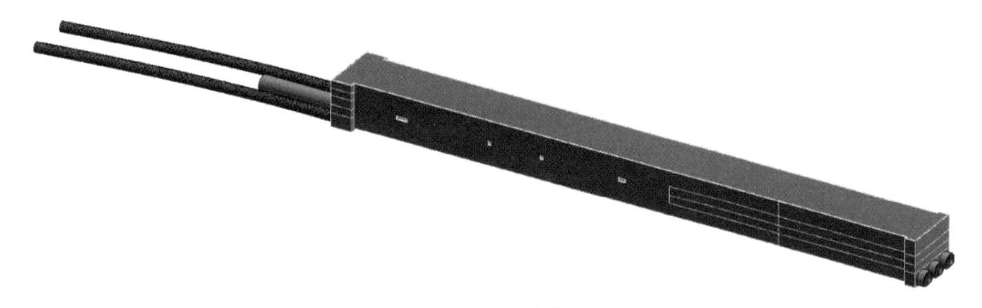

图 15.1-4　整体模型图

15.2　项目特点分析

1. 车站空间、功能复杂

地下站房安装工程涉及专业多、管线密集、施工空间小、工期紧张、工程复杂程度高，此外，地铁项目各专业接口多，数据庞大，各专业之间的协同工作需提高管理效率。

2. 隧道断面大、区间长、线路长

广州地铁 18 号线定位为南北快线，是国内首批可以实现地铁服务水平的全地下市域快线之一。是目前广州市最大直径为 8.8m、速度为 160km/h 的盾构隧道，穿越地层复杂、重要建（构）筑物众多的大直径高风险盾构隧道之一。番禺广场站—南村万博站区间为全地下敷设，长度约 8980m。

3. 施工难度大，区间工法复杂

正线设置 1 座中间风井，2 座盾构井，1 座矿山法隧道施工竖井，16 个联络通道。采用盾构法 + 矿山法 + 明挖法施工，周边环境、地质状况复杂。

4. 方案变化多，工期紧

标准高，要求高，受周边环境影响因素多，工期短，需短时间内优化合理的方案。

15.3 BIM 应用策划

15.3.1 BIM 应用目标

（1）搭建三维 BIM 设计环境，做到正向设计并出图。BIM 是一个集成了全生命周期中不同专业数据的信息模型，努力在本项目做到轨道交通工程的正向设计。

（2）多专业协同设计，减少错漏碰缺。本城市轨道交通涉及诸多专业及多家设计单位、专业间协调量大、设计周期长及反复工作量及工序大等的综合性工程。利用多专业的协同设计，减少设计错漏率。

（3）进行 BIM 参数化设计，提高 BIM 模型搭建效率。

（4）利用 BIM 模型进行三维可视化设计，与周边构筑物协调。

（5）为项目施工及运维阶段 BIM 技术的实施提供基础数据支撑。

15.3.2 BIM 应用范围和内容

BIM 应用范围包括番禺广场站及番禺广场站—南村万博站区间，内容包括车站主体结构、盾构法隧道区间、矿山法隧道区间、机电工程、车站装饰工程等。车站主体长 540m，标准段宽 52.25m，建筑总面积 134785m^2。区间为盾构隧道，长度约 8980m。

15.3.3 资源配置

1. 环境资源

BIM 工作环境是设计项目推动 BIM 技术应用的前提，是通过 BIM 工作方式成功提高设计工作效率的基础。广州地铁设计研究院有限公司根据自身项目经验及设计工作流程，搭建了属于自己的 BIM 设计工作环境（图 15.3-1）。

图 15.3-1　工程设计的 BIM 工作环境

2. 信息化资源

根据设计项目经验，搭建 BIM 族库并进行管理；搭建设计标准化构件库实现高效设计；通过前期 BIM 软件应用搜集地形信息、勘探数据等设计信息数据库；通过《轨道交通设施设备编码体系》搭建设计项目精准的信息化数据库，将信息化贯穿整个项目生命周期。

3. 人才队伍

为了将 BIM 技术与项目实施的具体流程和实践融合，真正发挥 BIM 技术应用的功能和巨大价值，提高实施过程中的效率，本项目 BIM 实施团队均为项目的设计人员直接完成，以确保方案、数据、管理、责任的统一管理和责任明晰。

4. 软硬件资源

在城市轨道交通设计行业，目前 BIM 设计软件以 Revit 为主，对运行配置要求也较高（表 15.3-1）。本项目主要采用 Autodesk Revit 2019，电脑及系统配置应满足 Revit 2019 运行要求。

电脑软硬件配置 表 15.3-1

项目	配置
软件系统	64 位 win7 sp1 以上系统
CPU	i7 四代及以上，八核以上
显卡	独立显卡，显存 4G 以上
内存	8G 以上
硬盘	500G 以上机械硬盘 +128G 以上固态硬盘
显示器	1920 × 1200 真彩色显示器，最高可以配到超高清（4k）显示器

15.3.4 建模标准及模型单元拆分

1. 建模标准

该项目的建模标准遵循《广州市市政工程 BIM 建模与交付标准》的相关规定，模型信息深度等级划分见表 15.3-2。

模型信息深度等级划分 表 15.3-2

等级	英文名	代号	等级要求
1 级信息深度	Level 1 of Information Detail	N1	宜包含市政工程模型单元的身份描述、项目信息、组织角色等信息
2 级信息深度	Level 2 of Information Detail	N2	宜包含和补充 N1 等级信息，增加市政工程实体系统关系、组成及材质，性能或属性等信息
3 级信息深度	Level 3 of Information Detail	N3	宜包含和补充 N2 等级信息，增加市政工程生产信息、安装信息
4 级信息深度	Level 4 of Information Detail	N4	宜包含和补充 N3 等级信息，增加市政工程资产信息和维护信息

各等级属性信息深度包括的具体信息内容见表 15.3-3。

各信息深度等级包括的信息内容 表 15.3-3

信息深度	属性分类	常见属性组	宜包含信息
N1	项目信息	项目标识	项目名称、编号、简称等
		建设说明	地点、阶段、自然条件、建设依据、坐标、采用的坐标系、高程基准等
		结构类别或等级	结构类别、等级、抗震等级、消防等级、防护等级等
		设计说明	各类设计说明
		技术经济指标	各类项目指标
		建设单位信息	名称、地址、联系方式等
		建设参与方信息	名称、地址、联系方式等
	身份信息	基本描述	名称、编号、类型、功能说明
	定位信息	项目内部定位	线性工程的标段、里程，包括道路、桥梁、隧道、轨道交通、综合管廊等
		坐标定位	可按照平面坐标系或地理坐标系统或投影坐标系统分项描述
		占位尺寸	长度、宽度、高度、厚度、深度等
N2	系统信息	系统分类	系统分类名称
		材质性能	混凝土等级、钢筋等级、钢材等级
N3	技术信息	构造尺寸	长度、宽度、高度、厚度、深度、角度等主要方向上特征
		组成构件	主要组件名称、材质、尺寸等属性
		设计参数	系统性能、产品设计性能等
		技术要求	材料要求、施工要求、安装要求等
	生产信息	产品通用基础数据	应符合现行行业标准
		产品专用基础数据	应符合现行行业标准
N4	资产信息	资产等级	—
		资产管理	—
	维护信息	巡检信息	—
		维修信息	—
		维护预测	—
		备件备品	—

2. 模型单元拆分

该项目的模型单元拆分遵循《广州市市政工程 BIM 建模与交付标准》中模型单元拆分的相关内容。具体拆分可参见本书第 2 篇第 5.5 节相关内容。

15.4 设计阶段 BIM 技术应用

15.4.1 搭建有效的协同平台

项目协同管理平台 PW 结合当前常用的建模软件 Revit，实现协同作业管理、设计模型及文档管理、权限管理等功能，固化 BIM 应用标准体系以确保标准落地，整合设施设备构件库以确保数据统一，集中管理项目数据源以确保数据源唯一。支撑并规范建设期的提资、设计、校审、发布等业务流程，加强各参与方的协同作业，提高轨道交通建设项目管理质量和效率。

15.4.2　制定 BIM 技术实施方案

针对本项目实施的重难点制定 BIM 技术实施方案（图 15.4-1），旨在提供项目实施的方法论和具体应用点，制定准确化、标准化的 BIM 模型标准。设计单位制定相关技术标准、培训手册及管理办法。

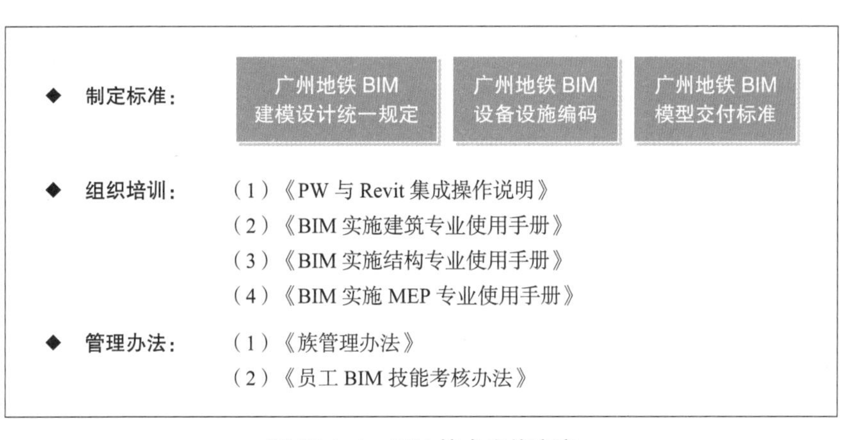

图 15.4-1　BIM 技术实施方案

15.4.3　车站参数化建模

番禺广场站的出入口较多，出入口方案变化次数多。基于 Revit 的平台开发出入口快速建模插件，方便设计人员快速建模。将出入口分为平直段、人防段、爬坡段等模块，设计时根据需要快速创建出入口方案，通过调整数据即可快速修改方案（图 15.4-2）。

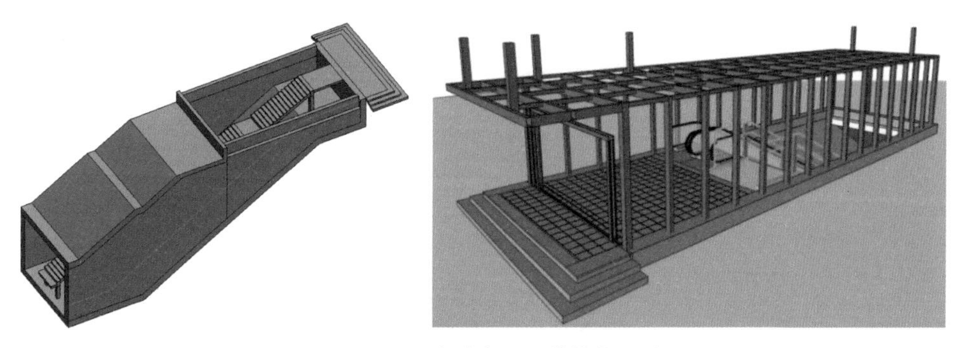

图 15.4-2　车站出入口模块化设计

15.4.4 BIM 结构分析计算

对地铁车站的 BIM 模型进行支座检查、物理 / 分析模型的一致性检查和碰撞检查完善 BIM 模型。使用 Revit Extensions 将完善后的 BIM 模型发送到 Robot Structure Analysis Professional，在发送过程中可以对模型进行基本和附加选项的设置，包含杆端释放、自重工况、材料、模型转换等，最后得到地铁车站 Robot 结构分析模型。由于 Robot 和 Revit 具有很好的兼容性，在 Revit 中关于模型材质、荷载、荷载组合、支座、弹簧约束等定义均能被 Robot 识别和使用，不需要重新进行设置，同时 Robot Structure 可以将分析计算结果反馈给 Revit，实现结构信息的双向对接（图 15.4-3）。

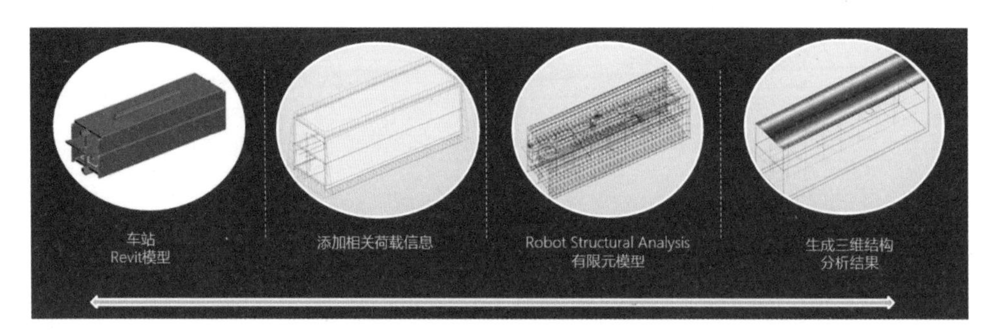

图 15.4-3 结构分析软件与 BIM 结合

通过设计参数集成结合二次开发，如图 15.4-4 所示，将内力计算和配筋计算整合在结构计算软件中，BIM 模型和结构计算软件之间数据互通，这种模式下的结构计算，软件只需要建模出图软件和结构计算软件，且二者之间不再需要人工提取和录入数据，信息联动，大大减少了结构设计师的工作量，同时也避免了人工提取和录入数据可能导致的错误。

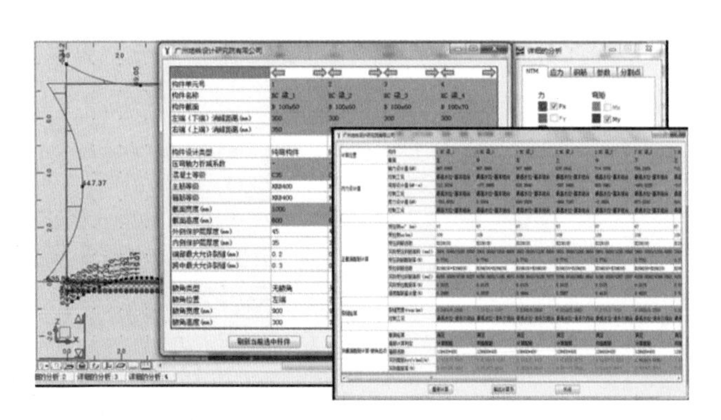

图 15.4-4 结构配筋计算插件界面

15.4.5 管线碰撞检查

运用 Dynamo 对现场勘查的资料进行三维管线建模，直观地反映管线的位置、标高等数据，与区间模型进行结合，对可能存在的管线冲突、设备干扰、空间隐患等情况进行模拟演练，辅助设计方案的稳定及管线搬迁的优化，有效减少了设计误差，大幅度提升了施工质量与效率。

轨道交通车站设计虽不像高层建筑那样体量庞大，但是依然有许多较为复杂的空间设计，其中综合管线布置是最让设计师与业主头疼的部分之一。传统的二维图纸经常会出现错漏碰撞的情况，不仅影响施工进度，还会造成较大的经济损失。基于 BIM 协同平台之后，各专业基于相同的三维模型展开设计，可以直观地看到自己的管线与土建结构以及其他管线的关系，在结合传统的设计原则与设计经验，可以避免大部分的碰撞。在所有的管线设计完成之后，再进行管线碰撞检查并进行修改，循环重复直到管线零碰撞，方便出图或者指导施工（图 15.4-5）。

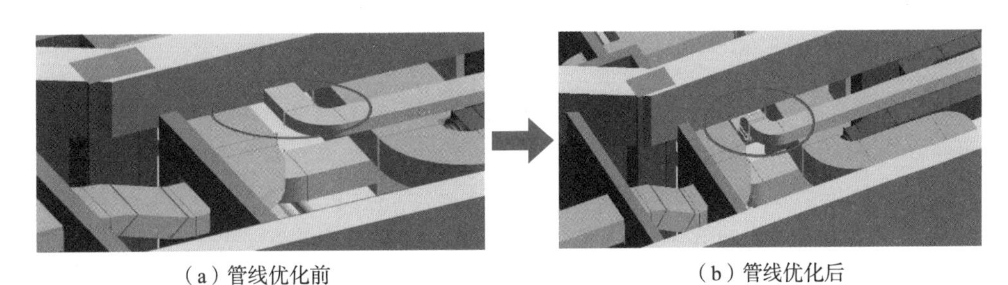

（a）管线优化前　（b）管线优化后

图 15.4-5　管线碰撞检查

15.4.6　基于三维模型的二维出图

按照国家相关二维制图标准，以三维设计模型为基础，通过剖切的方式形成平面、立面、剖面、节点等二维设计图，直接使用二维断面图方式出图。对于复杂局部空间，宜借助三维透视图和轴测图进行表达。基于 BIM 的出图可以保证各专业图纸的一致性。本工程的结构、机电等专业均在 BIM 模型导出的图纸基础上，深化出图，车站主体平面图、剖面图、综合管线图基本可达到施工图深度（图 15.4-6、图 15.4-7）。

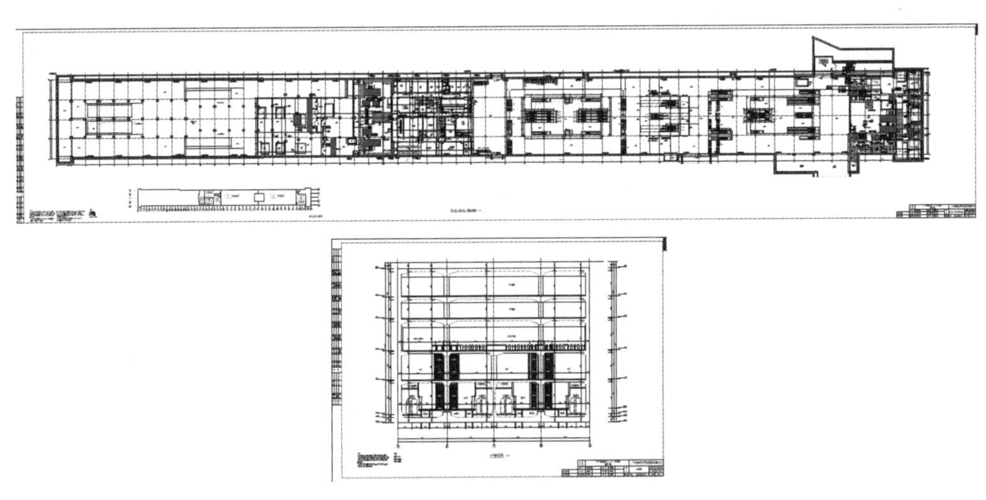

图 15.4-6　车站主体剖面图（制图标准的三视图）

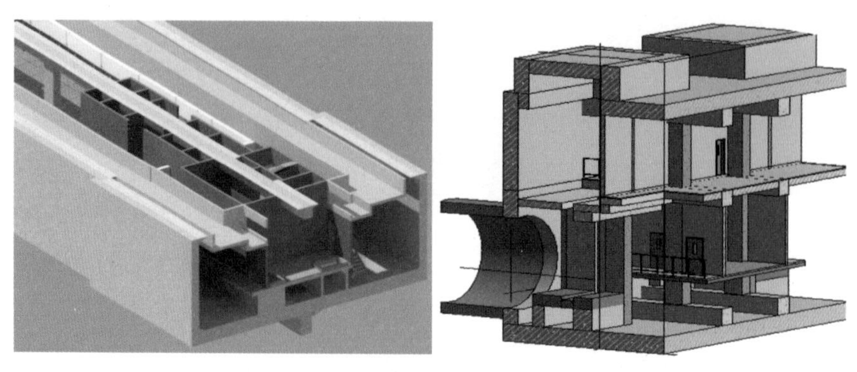

图 15.4–7　车站模型局部三维图（复杂局部空间）

15.4.7　基于 BIM 的防灾模拟分析

地铁车站是人员集散的重要场所，经常会出现车辆到站后瞬间集聚大量客流的情况，有些站点甚至人满为患，节假日时情况尤其严重。一旦发生灾害，可能造成重大的人员及财产伤亡。所以在轨道交通大规模建设的过程中，对于防灾尤其是人员逃生疏散这个建筑生命线，不容忽视，开展基于 BIM 的防灾模拟研究刻不容缓。事实上，BIM 疏散模拟在国内外均有不同程度的发展，不同的疏散理念、不同的分析软件如雨后春笋般涌现。Pyro Sim 2010 和 Thunderhead Engineering Pathfinder 是两款常用疏散分析软件，一个用于简单建模，一个用于模拟逃生（图 15.4-8）。

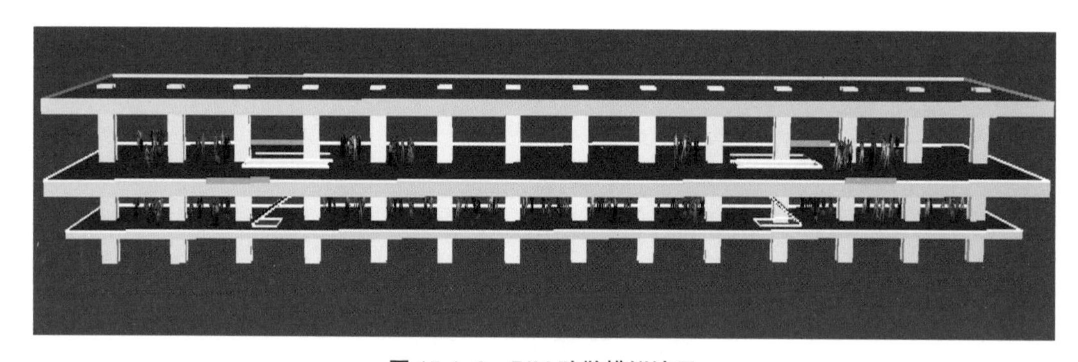

图 15.4–8　BIM 疏散模拟演示

15.4.8　盾构法隧道区间智能设计

盾构法隧道是采用盾构机进行隧道掘进并在盾构机内拼装管片衬砌、实施壁后注浆等修筑而成的隧道，因此，盾构管片的拼装排版是盾构法隧道非常重要的一项工作。在设计阶段，我们可以根据三维线路数据，结合管片错、通缝的要求以及封顶块的位置要求，计算理论的管片排版结果，并结合 BIM 技术，建立建筑信息化的隧道管片拼装三维可视化模型，直观地给相关人员提供效果展示和评估，有利于各参与方之间的沟通，最终实现设计对施工的全过程实时指导（图 15.4-9）。

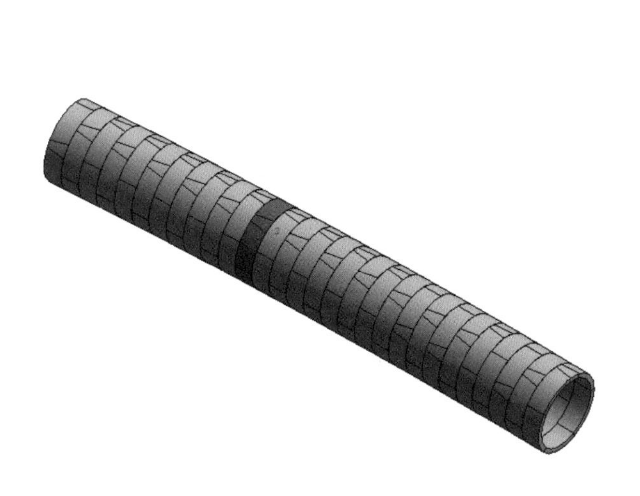

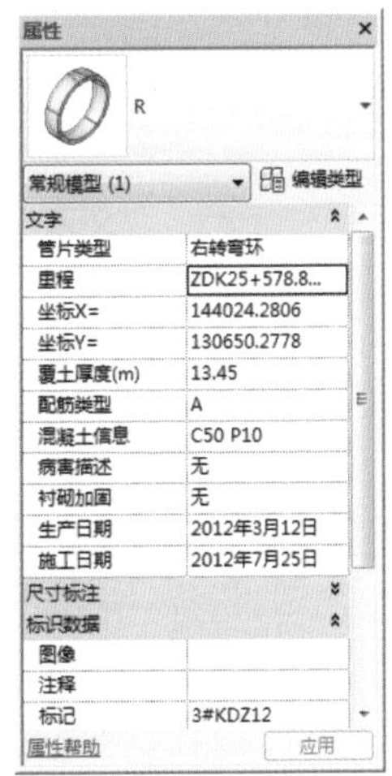

图 15.4–9 盾构法隧道拼装模型及其属性

在设计阶段研发了盾构区间智能设计快速建模及出图插件来辅助提高设计人员工作效率。基于线路通过软件自动计算管片拼装点位，驱动盾构管片元件，一键实现管片拼装，生成盾构隧道三维精细化模型（图 15.4-10）；区间各专业（疏散平台、接触网、轨道等）在管片拼装模型基础上可快速建立各自的专业模型，满足不同项目的应用需要。

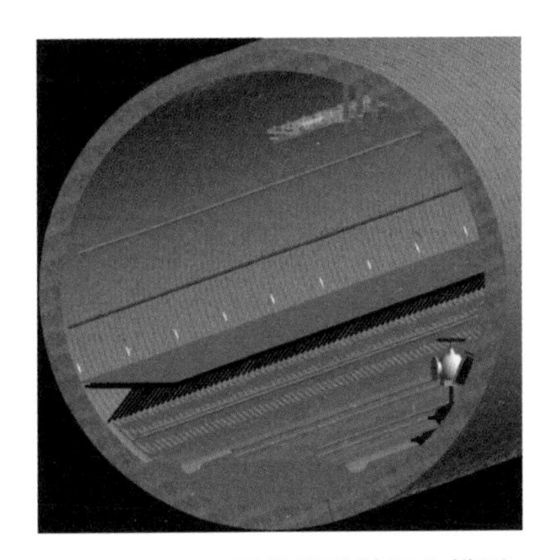

图 15.4–10 盾构隧道精细化模型

15.4.9 矿山法隧道区间参数化设计

矿山法是暗挖法的一种，主要用钻眼爆破方法开挖断面而修筑隧道及地下工程的施工方法。用矿山法施工时，将整个断面分步开挖至设计轮廓，并随之修筑衬砌。由于矿山法的特点，矿山法隧道的断面尺寸经常发生变化。通过建立参数化的 BIM 模型，将矿山法断面的半径、角度等作为参数，设计阶段实际应用时，可以节约大量时间（图 15.4-11）。

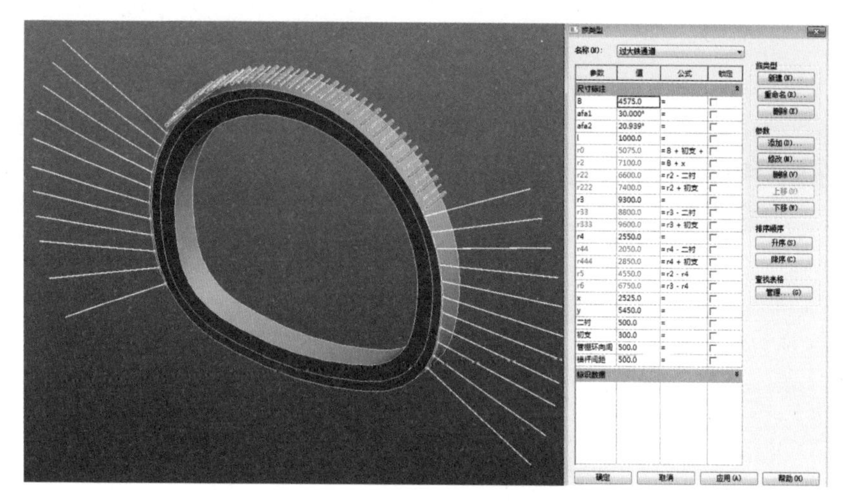

图 15.4–11 矿山法隧道模型及其参数

此外，矿山法隧道的施工方法往往因周边围岩条件、断面轮廓形状等不同，可以分为台阶法、CD 法、CRD 法、双侧壁导坑法等。在设计阶段，我们可以结合 BIM 技术，对矿山法隧道的施工工序进行模拟，为施工单位提供可视化的技术交底，大大提高沟通效率（图 15.4-12）。

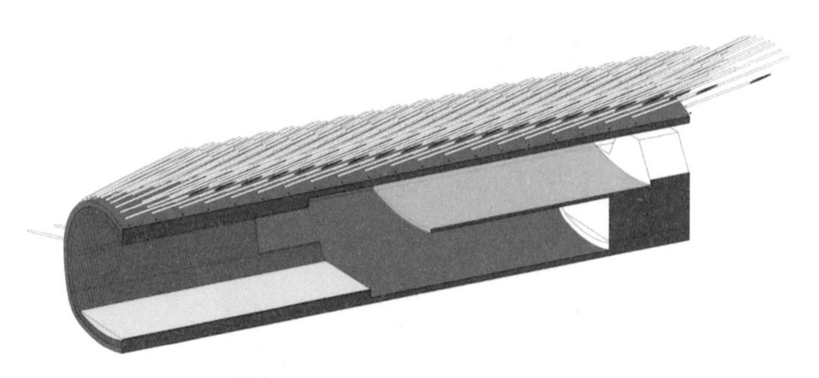

图 15.4–12 矿山法隧道施工工序

15.4.10 施工模拟

为了确保区间工程有序推进，提前对沿线控制因素多、施工复杂节点、施工顺序等进行预演，结合不同的设计方案，选择较好的设计方案。管片拼装模拟：对管片拼装的过程进行模拟，帮助施工人员熟悉施工工艺流程，在管片拼装模拟的基础上，结合实际测量、洞口间隙等进行管片选型，可以节约管片选型时间，效率提高 80%，同时提前进行管片排布，对于计算出整条线路需要标准环、左转环和右转环的数量，比常规工作时间缩短 60% 且准确度高（图 15.4-13）。盾构分体始发模拟：盾构施工开始前，由于始发场地受到局限，无法满足整面盾构机台车完全下井，于是采用盾构机分体始发技术并应用 BIM 技术，对该过程进行模拟展示，提前预演施工过程，生动形象地描述整个施工流程，使施工方案更容易理解、更直观、操作性更强，现场实施效果较好，极大地优化了施工方案，加快了施工进度（图 15.4-14）。

图 15.4-13　盾构拼接模拟图

图 15.4-14　动态施工反馈图

15.4.11　轻量化 BIM 模型校审

针对 BIM 模型的校审流程，基于 IFC 的轻量化图形平台实现 BIM 校审流程，设计人员发起 BIM 校审流程，校核、审核等人员可在线浏览模型，对模型中存在问题圈出具体位置，提出该位置存在问题，便于设计人员进行修改（图 15.4-15）。

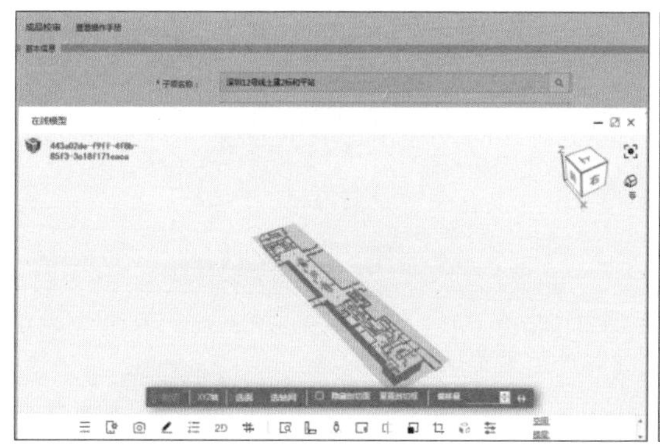

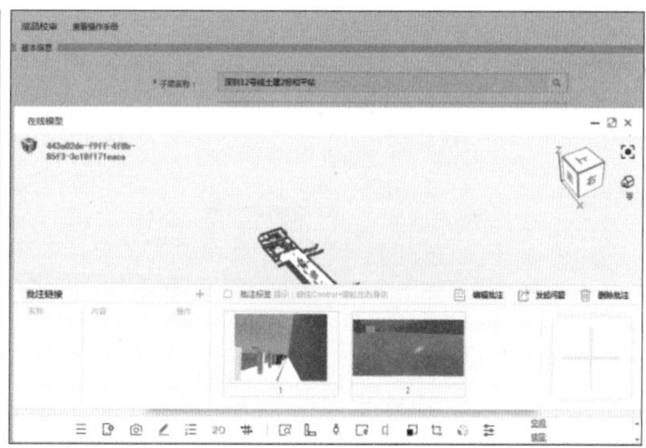

图 15.4-15　轻量化 BIM 模型校审

15.4.12　工程量计算

BIM 具有参数化的特点，使得模型可以直接用来计算与分析，BIM 技术能够将模型所包含的工程量信息进行准确统计，进行工程量核算。利用 BIM 技术进行的工程量统计数据与 BIM 模型保持联动性，模型的更改情况能够及时地反映到对应的工程量明细表中。

15.4.13 标准模型库的建立

项目实施过程中建立参数化标准模型库，包括各专业工程模型库、设备交付模型库、标准设备房模型库、标准车站模型库等。当功能需求相同、外部条件类似时，实现标准化设计，保证标准化模块互通互用，便于施工及运营维护（图 15.4-16、图 15.4-17）。

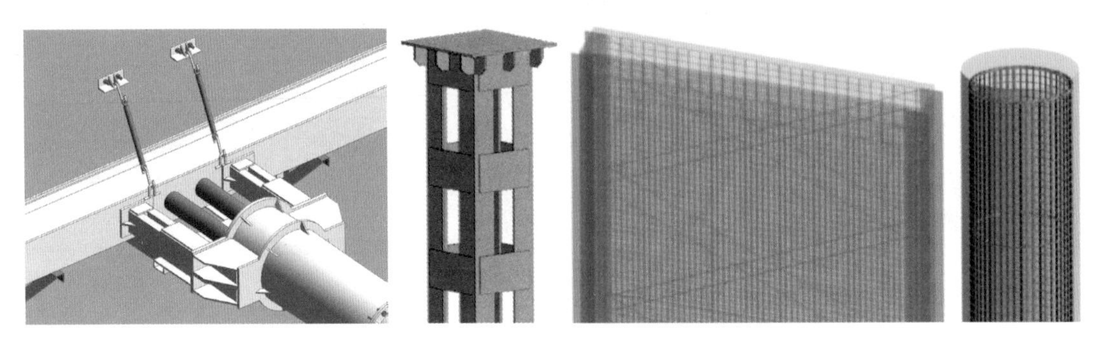

图 15.4–16 重要施工节点大样图

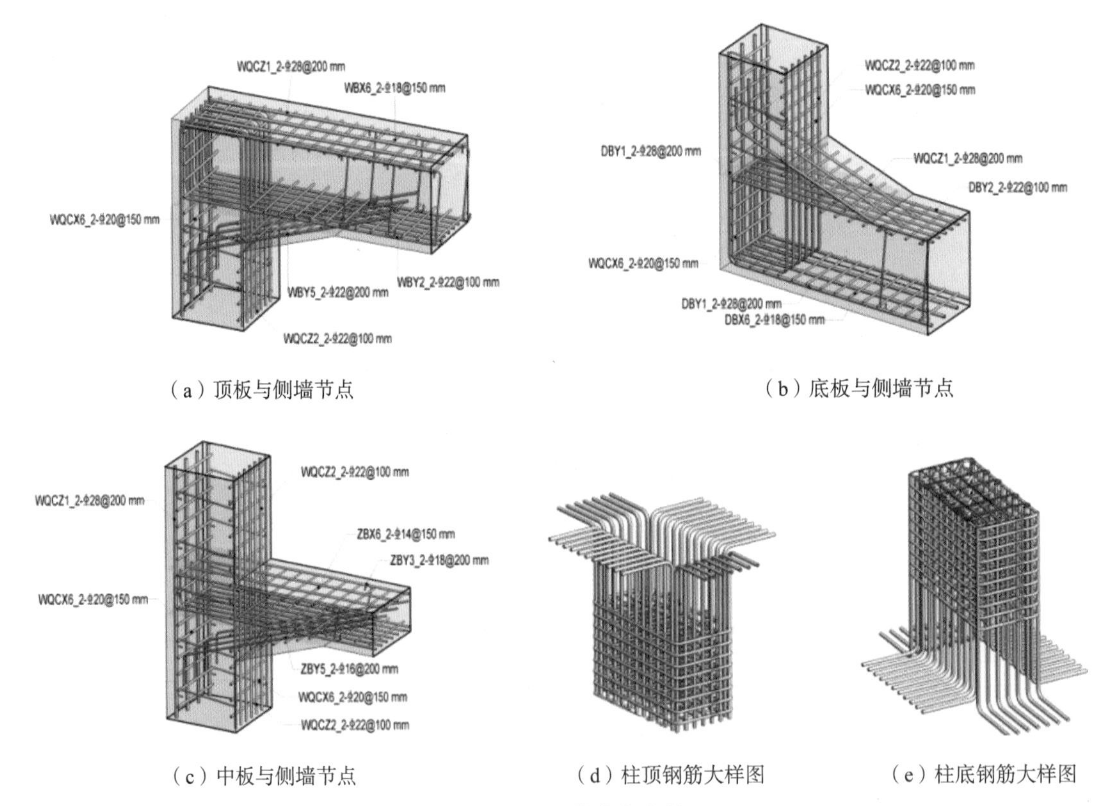

（a）顶板与侧墙节点　（b）底板与侧墙节点

（c）中板与侧墙节点　（d）柱顶钢筋大样图　（e）柱底钢筋大样图

图 15.4–17 配筋节点大样图

15.5 BIM交付内容

在该项目的各专业BIM成果交付，遵循《广州市市政工程BIM建模与交付标准》中对于轨道交通工程交付要求。交付物主要包括BIM实施工程大纲、设计BIM模型、专业综合信息报告、虚拟漫游视频、BIM应用报告等。

以轨道工程结构专业为例，交付标准遵循下列要求：根据BIM模型建模及交付等相关标准及规定的内容，在数据库中定义构件的名称、颜色等，模型交付前，各专业校核人员使用工具对模型进行校验，实现标准的多版本支持、统一校验、批量修改的效果，极大地提升了工作效率及校核的准确性。

15.6 BIM应用总结

本项目在BIM技术应用中有以下亮点：

1. 协同工作

通过设计软件与协同平台的集成，解决专业间或专业内的协同设计，解决图纸问题，优化设计方案；在施工阶段，不同参与方保持沟通顺畅、信息传达准确，提高工作效率，保证工期。

2. BIM地铁通用族库

在BIM应用各阶段过程中，根据相关资料创建各专业设备构件录入构件库，实施构件的统一管理和使用，并在图纸输出时，可直接生成三维节点图，将三维节点应用到施工阶段中，实现了从设计阶段到施工阶段的信息更新和传递。

3. BIM综合管线技术

本项目应用BIM技术创建建筑结构三维模型，并创建地铁通用族库，实现一次建模多次使用、标准统一，将各专业模型进行整合，优化各专业管线排布，实现空间充分利用，使设备安装合理化，工作人员根据管线穿过墙梁板的部位进行事前模拟分析，并根据出具的三维洞口排布图与位置说明进行精确的模拟定位，使得孔洞的位置和尺寸较精确，从而减少因图纸问题造成的返工，缩短施工工期，进而节约施工成本，对项目的进度、质量和成本控制均有积极作用。

4. BIM项目管理

实现模型信息与项目管理信息（进度、质量、安全、造价等）的集成，多用户、多单位、全过程的信息集成与协同工作。通过OA系统的项目管理系统对项目进行各设计阶段的管理，项目进行过程中，校核、审核、审定各个阶段均需上传轻量化的模型至项目管理平台，实现模型的在线审核。

5. 隧道智能设计

隧道区间具有机电设备专业系统繁多、管线布局交错复杂的特点。设计人员采用智能隧道设计，能够进行碰撞检查、方案优化和特殊设计优化，减少管线错漏碰缺，减少图纸错误，提高设计质量。智能设计插件能满足区间各专业（疏散平台、接触网、轨道等）的应用需求，在管片拼装模型基础上可快速建立各自的专业模型。

6. 参数化建造控制

盾构区间、矿山法区间等复杂的区间实现隧道群的快速设计建模，方便设计师反复修改隧道相关参数。将参数化隧道应用到施工阶段，最终实现设计对施工的全过程实时指导。

在该项目上，利用 BIM 技术进行协同工作、搭建地铁通用族库、管线综合、隧道智能化设计、参数化建造控制、基于 BIM 的项目管理、施工模拟、基于 BIM 结构分析等应用探索，开创了广州市轨道交通在 BIM 设计阶段的应用先例，同时暴露出当前 BIM 应用标准不统一、软件不符合国内行业实际需求、设计阶段向施工阶段的交付还不能完成满足施工需求等痛点。当前 BIM 技术在城市轨道交通全生命周期应用仍然存在很多困难，需要项目各参与方共同努力。

第 16 章　湖北鄂州民用机场工程项目

16.1　项目概况

湖北鄂州民用机场为客运支线、货运枢纽机场，场址位于湖北省鄂州市鄂城区燕矶镇杜湾村附近。鄂州民用机场（即湖北国际物流核心枢纽、鄂州顺丰机场）主体工程位于机场转运中心中轴线北侧，建设用地面积约 6932m^2，包含塔台、裙楼及附属物建筑。空管塔台工程是最先开建的机场主体工程部分。塔台建筑高度 89m，地上 13 层、地下 1 层，建成后将成为机场的制高点。

鄂州机场项目总投资 183.6 亿元，飞行区等级指标 4E，建设东西 2 条远距跑道，长 3600m、宽 45m；包括 1.5 万 m^2 的航站楼、124 个机位的站坪；1 座塔台和 5000m^2 的航管楼，以及通信、导航等设施；场外输油管线、机坪加油管线、机场油库、加油站等（图 16.1-1）。

图 16.1–1　湖北鄂州民用机场全貌示意图

16.2　项目特点

（1）工程规模大。本工程总投资大，建设面积大，工程规模及造价大。

（2）专业多。本工程涉及航站楼、航管楼等房屋建筑工程，飞机跑道、停机坪等道场工程，通信、电力、消防、给水排水等工程，专业多，各专业的协调工作量大。

（3）工期紧。该工程工期紧，任务重，需要采取综合措施促进工程进度，确保机场工程按期竣工。

（4）质量和安全管理要求高。湖北鄂州民用机场位于湖北鄂州，是我国第一个大型货运枢纽机场，将重构我国物流格局，提高我国货运运输在全球民航中的地位。该工程的工程质量和安全目标和要求都高。

（5）BIM 技术应用要求高。该项目在设计招标时要求设计单位进行 BIM 正向设计，并且为整个工程的整个建设阶段聘请了专业的 BIM 咨询单位，对 BIM 技术应用的深度和广度的要求都很高。

16.3 BIM 应用策划

16.3.1 BIM 应用目标

本项目主要叙述施工阶段的 BIM 技术应用。施工阶段 BIM 技术应用主要包括深化设计、专业协调、施工模拟、预制加工、施工交底、质量安全管理、进度成本管理等。鄂州机场施工阶段 BIM 技术实施目标为：

（1）指导现场施工技术方案的编制及实施。以信息化技术解决传统的技术难点，为施工方案提供可视化、可分析的数据支持。

（2）将 BIM 技术应用于图纸会审、技术交底、施工模型等。

（3）基于工程信息模型进行质量验评和计量支付管理工作；

（4）应用工程信息模型辅助进行进度管理、安全管理、变更管理等管理工作；

（5）工程竣工时实现基于工程信息模型的数字化移交。

16.3.2 BIM 应用范围

BIM 技术在整个机场从设计—施工—运维整个过程中，是通过对于海量的数据进行模型化，通过系统的自动分析，进行使用；同时对于不同部门之间的信息互通，将各个管理部门通过模型进行综合管控，实现协同作业。本书主要叙述施工阶段的 BIM 技术应用。

BIM 应用工程范围包括：航站楼、航管楼、飞机跑道、机位站坪、通信设施、油管设施等。本书主要叙述航站楼、飞机跑道等工程的 BIM 技术应用。

16.3.3 资源配置

1. BIM 人员投入

本项目共投入 BIM 技术人员共计 10 人，并视现场工作进度需求灵活安排增减（表 16.3-1）。

2. 硬件配置清单

本项目 BIM 应用采用的电脑硬件配置见表 16.3-2。

人员配置表 表 16.3-1

序号	岗位名称	人数（人）
1	BIM 项目组长	1
2	BIM 信息组长	1
3	BIM 模型负责人	1
4	BIM 建模组	5
5	模型应用组	1
6	平台管理组	1
7	合计	10

硬件配置表 表 16.3-2

序号	名称
1	显示器：DellU2419HS23.8 寸
2	电源：MVPK650650W
3	散热器：msiNH-D15S
4	主板：Z390-APRO
5	CPU：Inteli78700K
6	GPU：影驰 RTX20606G
7	内存：金士顿 16GDDR43200
8	固态硬盘：西数 SN7501T
9	机械硬盘：西数 1TBSATA6Gb/s7200 转

3. 软件配置

（1）建模软件（表 16.3-3）

BIM 建模软件选型表 表 16.3-3

编号	专业	类型	软件及版本	软件公司名称
1	总图专业	常规建模	Autodesk Infraworks 2018 版	Autodesk 公司
2	地形	常规建模	Auto CAD Civil 3D 2018 版	Autodesk 公司
3	地质、岩土	常规建模	SKUA-GOCAD17	Paradigm 公司
4	场道、助航灯光	常规建模	OpenRoads Designer Connect Edition 版	Bentley 公司
5	建筑与装修专业	常规建模	Autodesk Revit 2018 版	Autodesk 公司
6	结构专业	常规建模	Autodesk Revit 2018 版	Autodesk 公司
		钢筋建模	Pro Structure	Bentley 公司
7	幕墙专业	常规建模	Dassault Caitia R21 版	Dassault 公司
8	给水排水、电气、暖通	常规建模	Autodesk Revit 2018 版	Autodesk 公司
9	市政专业、道桥、综合管廊	常规建模	OpenRoads Designer Connect Edition 版	Bentley 公司

（2）专业应用软件（表 16.3-4）

BIM 建模软件选型表　　表 16.3–4

编号	应用阶段	基本应用点	软件及版本	软件公司名称
1	方案设计阶段	场地分析、排水分析、土方开挖分析	Auto CAD Civil 3D 2018 版	Autodesk 公司
2		室外风环境分析、室外热环境分析	Phoenics 2009 版	Cham 公司
3		日照分析	斯维尔日照分析 THS-Sun 2016 版	斯维尔公司
4		交通分析	Pathfinder 2017 版	Thunderhead 公司
5		形体分析、设计方案比选	Autodesk Revit 2018 版	Autodesk 公司
6		虚拟仿真漫游	Autodesk Navisworks 2018 版	Autodesk 公司
7	初步设计和施工图设计阶段	室内温度分析、室内气流组织分析	Phoenics 2009 版	Cham 公司
8		建筑热工和能耗分析	斯维尔节能设计 THS-Becs 2016 版	斯维尔公司
9		火灾模拟、人员疏散分析、客流仿真分析、行李系统模拟分析	Pathfinder 2017 版	Thunderhead 公司
10			TransCAD 6 版	CALIPER 公司
11		雨水系统分析	Dassault Caitia R21 版	Dassault 公司
12		结构分析	构力 PKPM-BIM	构力科技公司
13		明细表应用、碰撞检查和管线综合、净空优化、工艺方案模拟与设计方案优化、标识系统可视化分析、精装设计协调	Autodesk Revit 2018 版	Autodesk 公司
14		建筑性能分析—照明分析	Autodesk Ecotect Analysis 2011 版	Autodesk 公司
15	施工阶段	三维模型设计交底	Autodesk Revit 2018 版	Autodesk 公司
16			OpenRoads Designer Connect Edition 版	Bentley 公司
17		砌筑深化设计	斯维尔 BIM 三维算量 2018 For Revit+ 斯维尔 BIM5D 2018	斯维尔公司
18		钢结构深化设计	Tekla Structure 2018 版	Trimble 公司
19		机电管线深化设计	博超电缆敷设软件	北京博超时代软件有限公司
20		幕墙深化设计	Dassault Caitia R21 版	Dassault 公司
21		4D 施工模拟	Autodesk Navisworks 2018 版	Autodesk 公司
22		施工方案模拟	Autodesk Navisworks 2018 版	Autodesk 公司
23		施工场地规划	广联达 BIM 施工现场布置软件	广联达公司
24		构件预制加工管理	Autodesk Revit 2018 版	Autodesk 公司
25		设备与材料管理	BIM-CMP 平台	中国建筑标准设计研究院建标院
26		质量与安全管理	质量验评平台	希盟科技公司
27	竣工验收阶段	竣工验收	BIM-CMP 平台	中国建筑标准设计研究院建标院

16.3.4 建模标准及模型单元

1. 建模标准

湖北鄂州民用机场工程项目建设方委托相关咨询单位建立了本项目的建模标准。建模标准的内容包括：整体数据结构设置；进行信息模型的分类、编码与组织；模型应用和管理及模型数据集成和互用；构件资源库的建立；模型文件的规范管理和成果交付；各阶段建筑信息模型内容及精细程度等。

2. 模型单元

航站楼、航管楼、飞机跑道、机位站坪、通信设施、油管设施等均按本项目建模标准拆分模型单元。以飞行区场道工程为例，其模型单元拆分见表 16.3-5。

飞行区场道工程模型单元拆分表　　表 16.3–5

<table>
<tr><th>一级系统</th><th>二级系统</th><th>三级系统</th><th>模型单元</th></tr>
<tr><td rowspan="15">飞行区道场工程</td><td rowspan="2">土石方与地基处理工程</td><td>地基处理工程</td><td>换填、压密注浆、水泥土搅拌桩、土工合成材料等</td></tr>
<tr><td>土石方工程</td><td>土方工程、石方工程等</td></tr>
<tr><td rowspan="2">防护及支挡工程</td><td>支挡工程</td><td>扶壁式挡土墙、悬臂式挡土墙、桩板式挡土墙等</td></tr>
<tr><td>防护工程</td><td>浆砌砌体、干砌砌体、植草防护、锚喷防护等</td></tr>
<tr><td rowspan="3">跑道、滑行道、机坪道面工程</td><td>底基层</td><td>水泥稳定集料底基层、级配碎石底基层等</td></tr>
<tr><td>基层</td><td>水泥稳定集料基层、级配碎石基层等</td></tr>
<tr><td>面层</td><td>水泥混凝土面层、沥青混凝土面层等</td></tr>
<tr><td rowspan="3">服务车道、巡场路路面工程</td><td>底基层</td><td>水泥稳定集料底基层、级配碎石底基层等</td></tr>
<tr><td>基层</td><td>水泥稳定集料基层、级配碎石基层等</td></tr>
<tr><td>面层</td><td>水泥混凝土面层、沥青混凝土面层</td></tr>
<tr><td rowspan="2">排水工程</td><td>沟涵工程</td><td>钢筋混凝土明涵、钢筋混凝土盖板沟等</td></tr>
<tr><td>管道及其他附属</td><td>管道、盲沟、检查井、连接井、进出水口等</td></tr>
<tr><td rowspan="2">围界及监控系统工程</td><td>围界工程</td><td>钢筋网围栏、钢板网围栏、混凝土预制板围栏等</td></tr>
<tr><td>监控系统</td><td>线缆、设备等</td></tr>
</table>

16.4 设计阶段 BIM 技术应用

16.4.1 实现各专业 BIM 协同设计

通过参数化、模块化建立道路、管网、建筑等信息化模型，将设计思路直接呈现在三维视图上，实现各专业的整合，减少二维的设计盲区，便于设计优化、降低专业协调次数，提高设计进度和质量（图 16.4-1）。

为探索基于 BIM 技术进行正向设计的项目诉求，解决多地协同设计的信息孤岛、文件传输、版本控制、互提资料等问题，保证数据的正确性、唯一性、一致性、连续性，基于 Project Wise 协同管理平台，对人员、进度、文件、流程进行管理，在项目前期，统一了项目所采用的工作空间、单元库、断面模板、出图模板等工作环境，消除了团队协作、不同人员思路不同所导致的差异（图 16.4-2）。

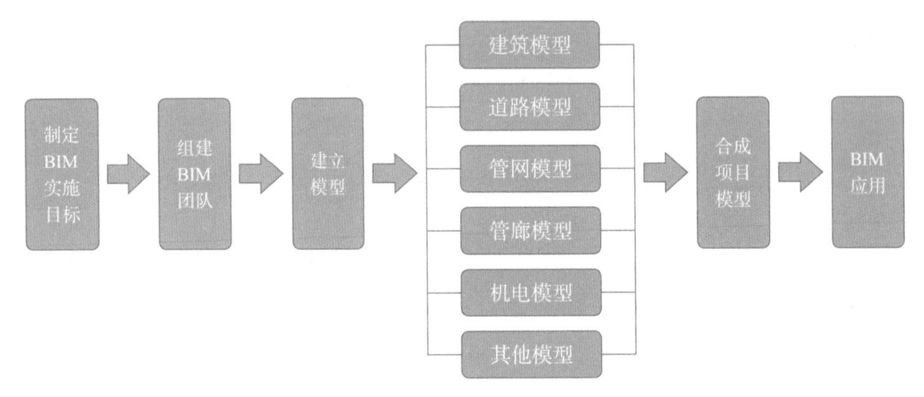

图 16.4-1　BIM 设计流程图

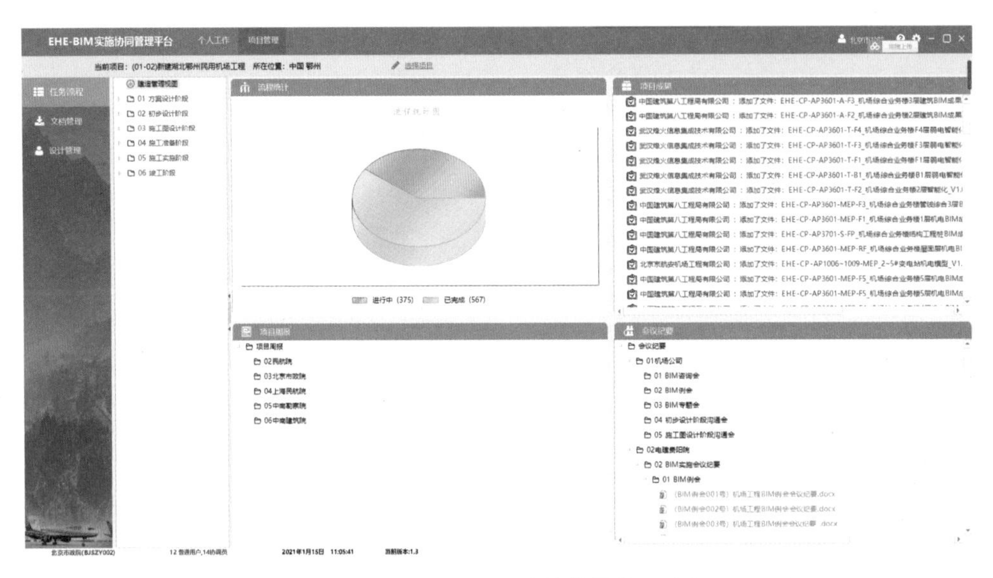

图 16.4-2　EHE-BIM 实施协同管理平台

实现了项目模型从设计阶段向下流转的跨阶段应用，通过 IFC 格式模型解析和非 IFC 格式建筑信息转化，将设计模型、属性信息、构件编码，轻量化至施工管理平台，施工方基于设计模型、设计编码进行分部分项拆分、深化设计，与 WBS 进行绑定，进行人机料控制，完成进度、质量、安全管理。实现了设计模型向造价模型、施工模型的转换，实现各参建方之间信息的传递和共享（图 16.4-3）。

16.4.2　地下管网插件 PNL 开发

将相关地下管网节点录入 PNL 模型库中，经过二次开发，在软件中安装插件，通过导入 PNL，将节点模型直接使用，节省创建节点的时间，提高了 30% 的工作效率。

图 16.4-3 各参建方平台数据互通

PNL 插件基于本项目需求，集成了以下图集:《通信管道人孔和手孔图集》YD 5178—2009、《地下通信线缆敷设》05X101-2、《市政排水管道工程及附属设施》06MS201（全图集包含 1 ~ 9 共 9 个图集）、《市政给水管道工程及附属设施》07MS101（全图集包含 1 ~ 5 共 5 个图集）、《电力电缆井图集》07SD101-8、《电缆敷设》12D101-5、《埋地用聚乙烯（PE）结构壁管道系统第一部分聚乙烯双壁波纹管管材》GB/T 19472.1—2019、《混凝土和钢筋混凝土排水管》GB/T 11836—2009。

利用插件将鸿业等其他专业软件设计出来的设计成果，导出管网井坐标、高程、井型号、管型号等数据，通过 SUE 可一键生成地下管网三维模型（图 16.4-4），并且在 SUE 中可以方便地调整井高程、型号、位置等数据，同时可以反向导出井坐标、高程、井型号、管型号、管长度等工程信息。

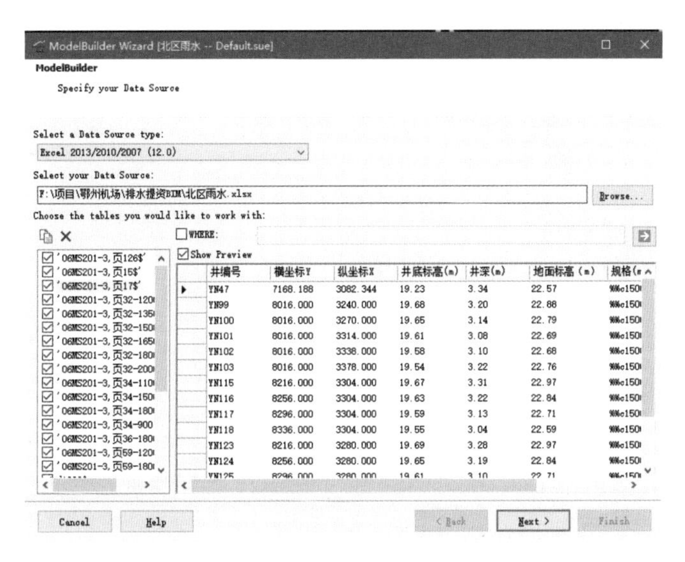

图 16.4-4 PNL 插件一键生成地下管网三维模型

16.4.3 BIM 模型正向出图

通过 BIM 模型对设计进行可视化展示、模拟、优化后，实现各设计阶段二维图纸的自动出具，不仅可以出具传统的平面图纸，还可以对特定剖面、视角进行截取保存（图 16.4-5）。

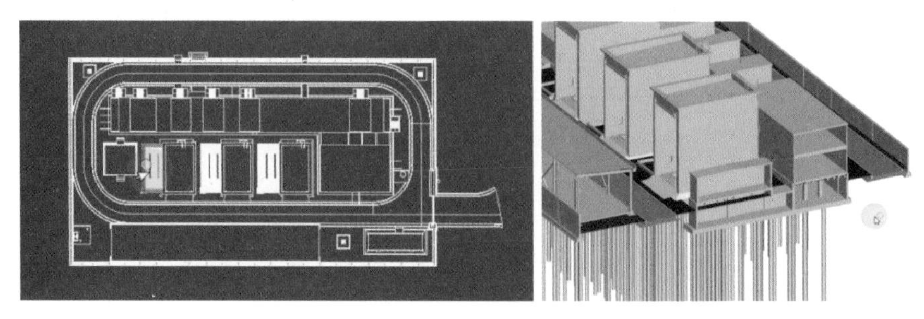

图 16.4–5 利用 BIM 模型正向出图

16.4.4 BIM+VR 沉浸式体验

将 BIM 的数字化仿真与 VR 虚拟现实相结合，采用沉浸式的体验进行工程规划和设计，具有多感知、存在感、交互性、自主性等特点。利用 VR 技术，以虚拟漫游沉浸式体验方式，优化建筑布局、道路设计、景观绿化等方案（图 16.4-6）。

图 16.4–6 利用 VR 优化方案及沉浸式体验

16.5 施工阶段 BIM 技术应用

16.5.1 深化设计

对结构工程、机电工程、道场工程、市政工程等按专业类别进行深化设计，发现设计中存在的错、漏、粗等问题，直观展示设计细节，协助施工技术人员和操作人员识图。比如对 1 号能源站建模进行设计深化和优化，在进行多方案对比后，最终合理布置地热泵的地埋孔，优化地埋孔布置方案，充分利用地源热泵系统的优势（图 16.5-1）。

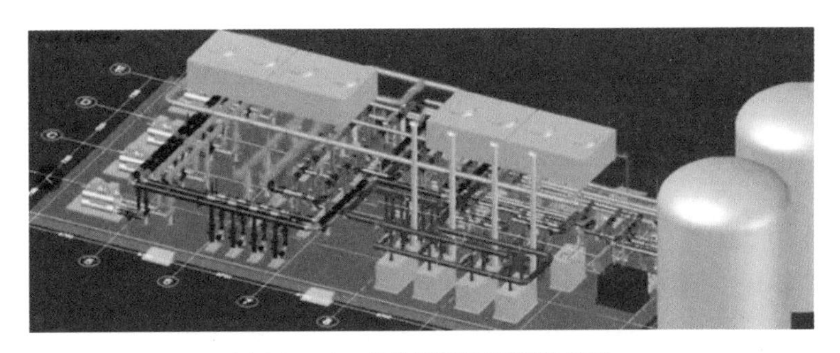

图 16.5-1 供热管道工程深化设计

16.5.2 专业功能模拟分析

对供热、供冷、通风、日照等专业设计，采用专业分析软件进行模型分析，对设计图纸进行校核和会审。比如鄂州民用机场市政配套工程 1 号能源站热力工程中的供能方式以浅层地热和水蓄能为主，水蓄能方式为夏季蓄冷、冬季蓄热。冬季采用浅层地热 + 水蓄能 + 调峰燃气锅炉的复合式系统供热；夏季采用浅层地热 + 水蓄能 + 调峰冷水机组的复合式系统供冷（图 16.5-2）。

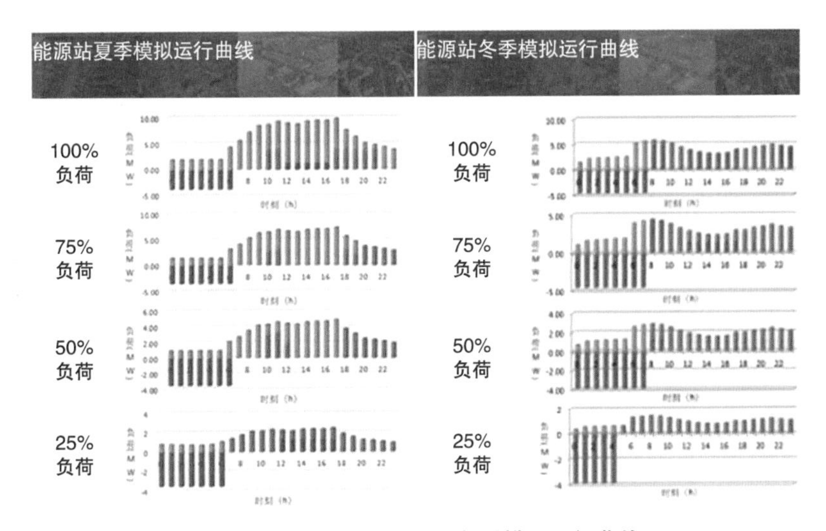

图 16.5-2 能源站夏季、冬季模拟运行曲线

16.5.3 施工区域、临建区域规划

利用 BIM 技术可视化形式，对施工区域、临建区域规划，可以直观感受临建设施间的位置关系，以便进行多角度、多方面考量。在各专业协同工作中沟通、讨论、提出不足之处并进行修改，反复改进之后，即可形成成熟的布置方案，避免施工过程中出现策划缺陷问题。通过建立现场 BIM 模型，完善整个 BIM 施工现场，创造一个更便于管理和安全控制的施工现场（图 16.5-3、图 16.5-4）。

图 16.5–3　项目部 BIM 布置

图 16.5–4　施工场地 BIM 布置

16.5.4　跑道地势模型应用与土石方调配

本工程土石方调配工程量大，且土石方来源广泛，通过 BIM 软件进行土方平衡设计。综合考虑流水段划分、施工顺序，保证整体运距总量最小。从而达到优化工期、降低成本的目标。对机场跑道的交叉口进行精细化竖向设计，对跑道描绘地势等高线，精确计算跑道土石方填挖工程量，从而保证土石方调配工程量的准确性（图 16.5-5 ~ 图 16.5-7）。

图 16.5–5　交叉口竖向设计模型

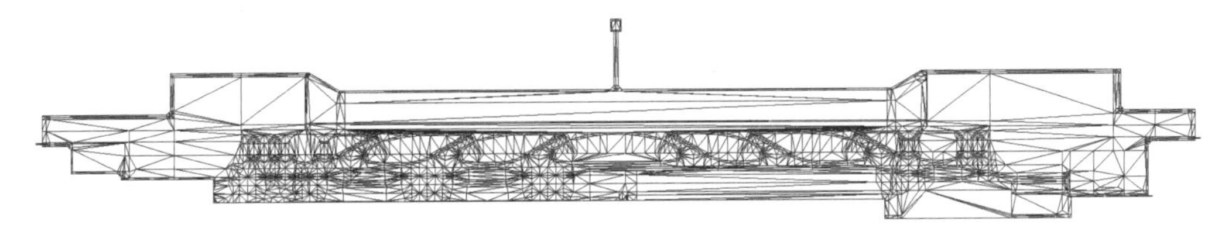

图 16.5-6　地势模型—等高线

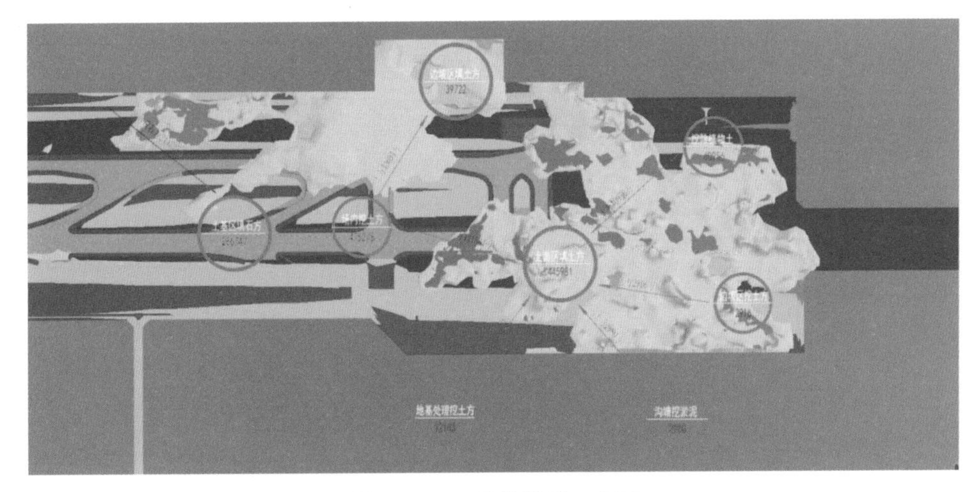

图 16.5-7　地势模型—曲面

16.5.5　场地临时排水设计

利用 BIM 软件进行场地临时排水设计，通过对线路和接口的模拟同时考虑永久排水设施，确定最佳路径和界面的组合形式（图 16.5-8 ~图 16.5-10）。

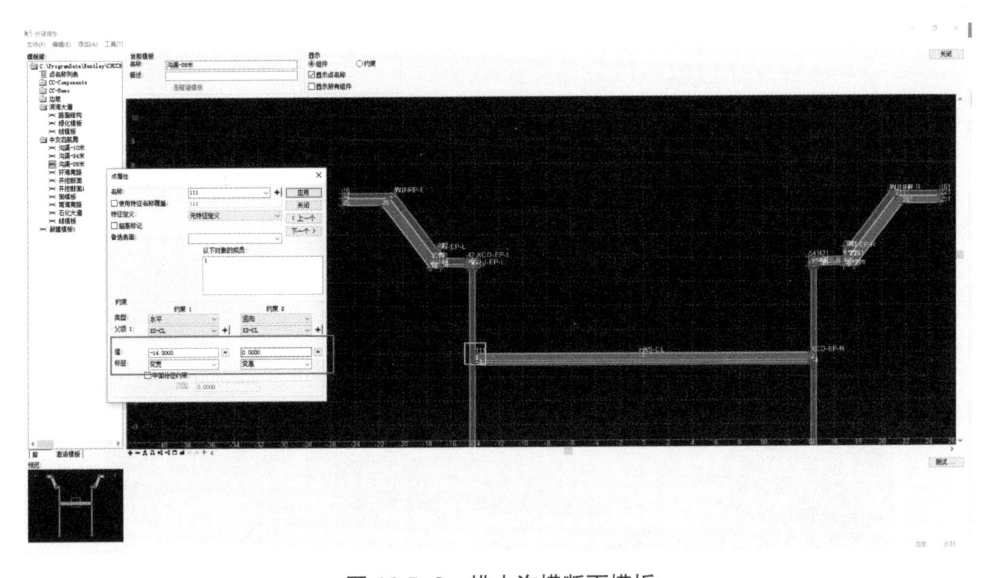

图 16.5-8　排水沟横断面模板

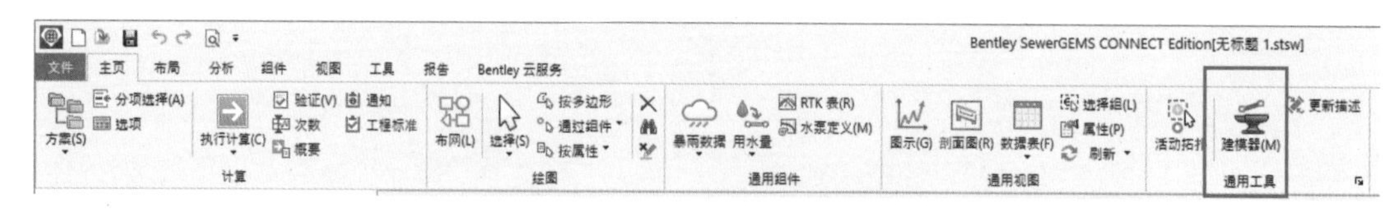

图 16.5–9 水力模型创建工具插件

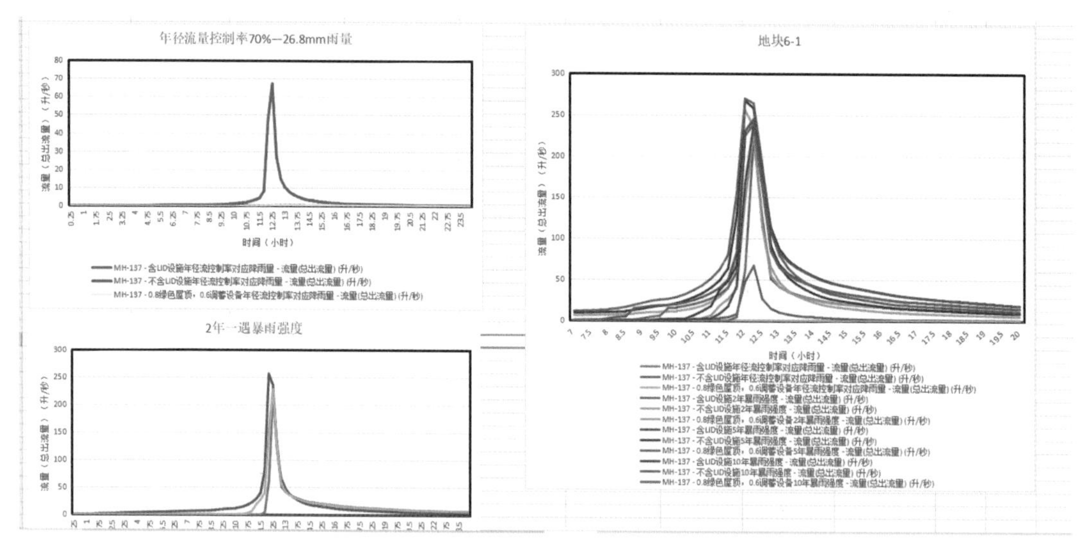

图 16.5–10 排水设施降雨模拟分析计算

在 Sewer GEMS 软件中，可以利用“主页 > 通用工具 > 建模器”的功能，实现 CAD 图纸到水力模型的过程。

16.5.6 BIM 碰撞检查

本项目涉及的全场排水工程以及道面工程的铺设，专业间碰撞需要考虑排水工程与道面工程，道面工程专业内碰撞需要考虑结构物顶标高与地势复核，排水工程专业内碰撞需要考虑排水沟钢筋与传力杆之间、钢筋与钢筋之间的碰撞，采用 Navigator 软件进行以上项目的碰撞检查，进行有效的事前控制，降低实施风险（图 16.5-11）。

图 16.5–11 BIM 管线碰撞检查

16.5.7 施工工艺模拟

基于深化设计模型和施工图、施工组织设计文档等创建施工组织模型，将工序安排、资源配置和施工场地布置（包含生活区及办公区临时设施、生产加工区、施工机械及机具、材料堆场、临时道路、水电管线、安全文明施工设施等内容）等信息与模型关联，输出施工进度、资源配置等计划，进行施工组织模拟（图 16.5-12）。

新建湖北鄂州民用机场工程飞行区场道工程FXQ-CD-001标段BIM建模网络进度计划

序号	项目名称	工期/day	开始时间	完成时间	2020年6月				2020年7月				2020年8月				2020年9月			
					W1	W2	W3	W4	W1	W2	W3	W4	W1	W2	W3	W4	W1	W2	W3	W4
一	土石方与地基处理工程	395	2020年6月1日	2021年7月1日																
1	全场原地势（含EPC完成面）	3	2020年6月1日	2020年6月4日																
2	一标段设计地势	4	2020年6月5日	2020年6月9日																
3	土石方挖填、计算	386	2020年6月10日	2021年7月1日																
二	道面工程与道面附属工程	28	2020年7月15日	2020年8月12日																
1	一标段道面标志	7	2020年7月15日	2020年7月22日																
2	一标段道面补充基层	5	2020年7月20日	2020年7月25日																
3	一标段道面分缝	9	2020年7月23日	2020年8月1日																
4	一标段道面分块	9	2020年7月30日	2020年8月8日																
5	一标段道面工程	7	2020年8月6日	2020年8月13日																
6	一标段道面灯坑补强	7	2020年8月11日	2020年8月18日																
7	一标段道面地锚	7	2020年8月16日	2020年8月23日																
8	一标段道面静电接地	6	2020年8月21日	2020年8月27日																
9	一标段道面检井补强	6	2020年8月25日	2020年8月31日																
10	一标段道面灌缝，刻槽	7	2020年8月29日	2020年9月5日																
11	一标段道面标志标线	15	2020年9月3日	2020年9月18日																
三	排水工程	78	2020年6月1日	2020年8月10日																
1	一标段排水沟标准段	37	2020年6月1日	2020年6月30日																
2	一标段交汇节点，集水井，进出水口	11	2020年6月24日	2020年7月5日																
3	一标段排水沟标准段钢筋	50	2020年6月10日	2020年7月30日																
4	一标段排水沟集水井钢筋和节点钢筋	16	2020年7月25日	2020年8月10日																
四	防护工程	11	2020年8月8日	2020年8月19日																
1	六棱砖砌，浆砌石块防护	10	2020年8月8日	2020年8月18日																
2	边坡	25	2020年8月16日	2020年9月10日																
五	围界工程	12	2020年9月18日	2020年9月30日																
1	围界基础	6	2020年9月18日	2020年9月24日																
2	围界设施	8	2020年9月22日	2020年9月30日																

图 16.5-12 鄂州机场飞行场道工程 BIM 建模网络进度计划

对于新工艺以及重难点部位的施工工艺，或发包人要求的工艺，基于施工组织模型和施工图创建施工工艺模型，并将施工工艺信息与模型关联，输出资源配置计划、施工进度计划等，进行施工工艺模拟（图 16.5-13）。

图 16.5-13 排水沟 BIM 技术施工模拟（一）

图 16.5–13　排水沟 BIM 技术施工模拟（二）

16.5.8　可视化技术交底

民航工程有着严格的质量、安全要求，施工组织要求精细。利用 BIM 技术进行可视化交底，还原或者模拟项目实际，实施具有一定的难度。对特殊施工方案的交底，需要进行大量的准备工作（图 16.5-14）。以深化设计模型、施工组织模拟和施工工艺模拟视频等辅助二维图纸，对施工班组进行施工交底。

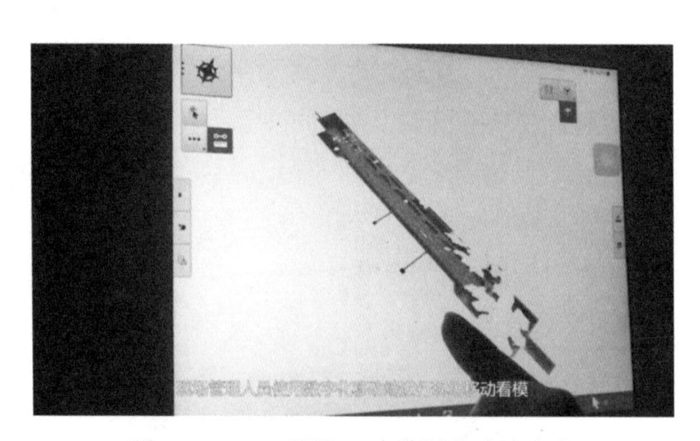

图 16.5–14　利用 BIM 模型移动端交底

16.5.9　工程量输出

本项目是住房和城乡建设部首个运用 BIM 模型清单算量计价的试点项目，要求在勘察、设计、施工、质量验评、清单算量、后期运维等全过程运用 BIM 技术，实现构件编码、算量计价等功能。应用深化设计模型输出构件明细表，基于模型输出工程量，为计量支付提供数据基础（图 16.5-15）。

序号	名称	数量/个
1	C类机位分块加滑动传力杆36mm，长度550mm-36cm-3750mm	156
2	C类机位分块加滑动传力杆36mm，长度550mm-36cm-4000mm	56
3	C类机位分块加滑动传力杆36mm，长度550mm-36cm-4500mm	450
4	C类机位分块加滑动传力杆36mm，长度550mm-36cm-5000mm	612
5	道面假缝加传力杆直径36mm，长度550mm-36cm、40cm-3000mm	210
6	道面假缝加传力杆直径36mm，长度550mm-36cm、40cm-3500mm	4398
7	道面假缝加传力杆直径36mm，长度550mm-36cm、40cm-4000mm	12525
8	道面假缝加传力杆直径36mm，长度550mm-36cm、40cm-4500mm	3043
9	道面假缝加传力杆直径36mm，长度550mm-36cm、40cm-5000mm	6290
10	道面平缝加传力杆-直径36mm，长度550mm-36cm	102
11	道面平缝加传力杆-直径36mm，长度550mm-36cm-4000mm	1000
12	道面平缝加传力杆-直径36mm，长度550mm-36cm-4500mm	15
13	道面平缝加传力杆-直径36mm，长度550mm-36cm-5000mm	4712
14	道面企口缝加拉杆直径16mm，长度1000mm-36cm、40cm-4500mm	17406
15	道面企口缝加拉杆直径16mm，长度1000mm-36cm、40cm-5000mm	3991
16	服务车道假缝加传力杆直径25mm，长度550mm-25cm-3000mm	127
17	服务车道假缝加传力杆直径25mm，长度550mm-25cm-3500mm	60
18	服务车道假缝加传力杆直径25mm，长度550mm-25cm-4000mm	640
19	服务车道假缝加传力杆直径25mm，长度550mm-25cm-4500mm	2175

（a）道面板工程量统计

1	层	体积
15307	18cm巡逻道分块	4.050m³
15308	18cm巡逻道分块	4.050m³
15309	18cm巡逻道分块	4.500m³
15310	18cm巡逻道分块	4.950m³
15311	18cm巡逻道分块	4.500m³
15312	18cm巡逻道分块	4.500m³
15313	18cm巡逻道分块	3.071m³
15314	36cm跑道中部、快滑分块	6.250m³
15315	36cm跑道中部、快滑分块	3.431m³
15316	36cm跑道中部、快滑分块	8.100m³
15317	36cm跑道中部、快滑分块	8.100m³
15318	36cm跑道中部、快滑分块	7.730m³
15319	36cm跑道中部、快滑分块	8.544m³
15320	36cm跑道中部、快滑分块	7.290m³
15321	36cm跑道中部、快滑分块	7.290m³
15322	36cm跑道中部、快滑分块	8.544m³
15323	36cm跑道中部、快滑分块	2.366m³
15324	36cm跑道中部、快滑分块	5.677m³
15325	36cm跑道中部、快滑分块	5.677m³

（b）分缝工程量统计

图 16.5-15　BIM 模型工程量统计

16.5.10　基于 BIM 模型计量支付

质量验收合格后，对于工程量清单项中能输出工程量的模型构件，以深化设计模型输出的工程量作为计量支付申请的依据（若有特殊情况，须经业主 / 咨询顾问审批通过）。根据合同规定，申请工程质量验收、中间支付、最终支付等必须提交经设计人、监理人、业主 /BIM 咨询顾问、业主 / 造价咨询等签署的相关模型审查文件。质量验评模型准确完整，施工单元质量验收合格后，总包才可以申请计量支付。对于清单项中由模型构件输出的工程量，承包人应以深化设计模型输出的工程量作为计量支付申请的依据，模型输出的工程量优先级高于图纸（图 16.5-16）。

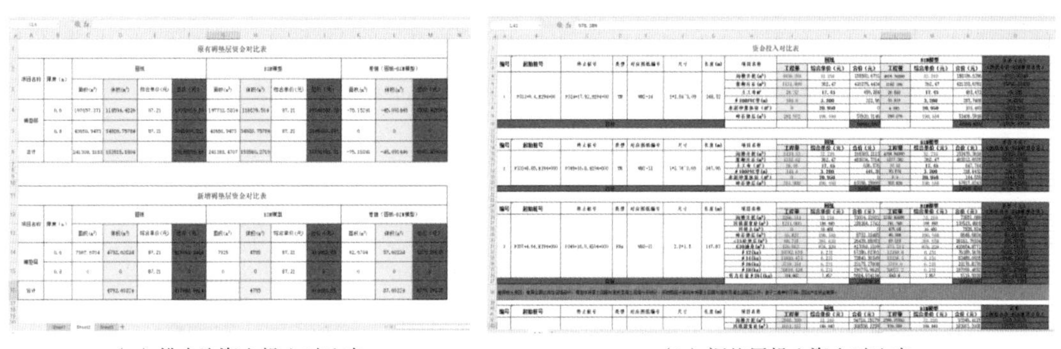

（a）排水沟资金投入对比表　　（b）褥垫层投入资金对比表

图 16.5-16　BIM 模型计量统计

16.5.11　施工信息管理

通过管理平台功能进行施工信息管理。根据施工图深化设计要求对模型进行拆分与整合，并基于业主提供的工程管理平台，以模型为载体，开展施工信息管理工作，按时提供业主需要的模型和基于模型关联的各种属性信息。并且结合自身需求，搭建满足现场管理的监控管理平台以及智慧工地管理平台（图 16.5-17）。

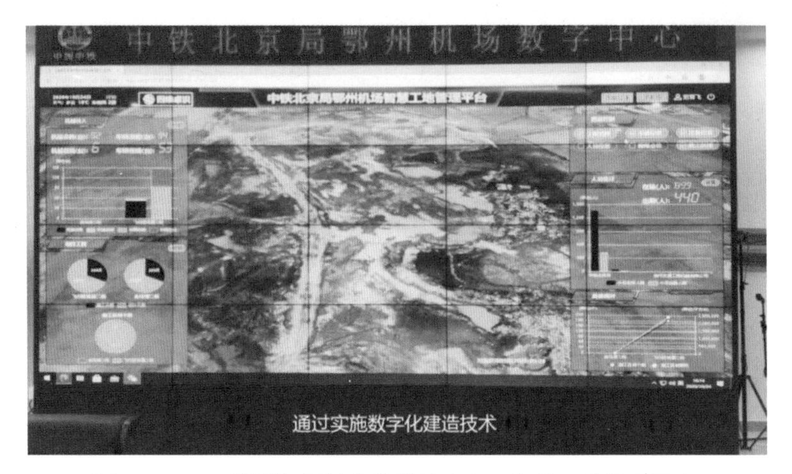

图 16.5-17　鄂州机场数字化监控中心、智慧工地管理平台

16.6　BIM 交付内容

16.6.1　机场工程 BIM 成果交付基本规定

（1）机场工程 BIM 成果验收应按专业、子单位工程、单位工程、标段逐级进行。

（2）机场工程专业、子单位工程、单位工程的划分应符合企业标准《机场工程 BIM 模型结构标准》的规定。

（3）机场工程 BIM 成果验收项应满足各阶段设计深度或施工实施的技术要求。

（4）建筑信息模型交付应包括设计建造阶段的交付和面向应用阶段的交付。交付应包含交付物、交付过程和交付物管理等方面内容。本标准中，交付物管理包含交付物审核、配置管理、发布和知识产权管理等内容。

（5）机场工程设计建造阶段应包括方案设计、初步设计、施工图设计、施工准备、施工实施、竣工等阶段。建筑信息模型的交付物、交付行为、交付物管理应满足各阶段设计深度或施工实施的要求。

（6）建筑信息模型交付过程中，应根据设计和施工信息建立建筑信息模型，并输出交付物，交付行为应以交付物为依据。

16.6.2　BIM 成果验收

1. 一般要求

（1）BIM 成果验收应为 BIM 模型验收及 BIM 应用验收。

（2）BIM 成果验收结论等级分为合格、不合格。

（3）BIM 成果验收应以专业为基本验收单元，在专业验收的基础上，逐级验收子单位工程、单位工程、标段。

2. BIM 模型验收

BIM 模型验收的内容应包括：模型完整性、模型精度、模型标准符合性及其他，各验收项应符合企业标准《机场工程 BIM 模型结构标准》的要求。

3. BIM 应用验收

（1）BIM 应用验收的内容应包括：模型出图、明细表统计、其他应用，各验收项应符合表 16.6-1 的要求。

（2）模型出图、明细表统计、其他应用任一不满足验收要求，则该验收项为不合格。

机场工程 BIM 应用验收要求　　表 16.6–1

序号	验收项	验收要求
1	模型出图	（1）基于 BIM 模型直接生成的图纸（平面图、立面图、剖面图、轴测图）为原始图纸图元，设计单位不得私自对其进行删除、增加、修改，若须修改修改，须报甲方审批并签字确认。 （2）为了不影响出图效率，尺寸标注、文字注释可在 BIM 软件或 CAD 中进行标注。 （3）图纸目录、设计说明及原理系统图可在 BIM 软件或者 CAD 中进行绘制
2	明细表统计	基于 BIM 模型输出明细表
3	其他应用	（1）除模型出图和明细表统计以外的其他应用。 （2）满足相应阶段 BIM 应用点设置的要求。 （3）应用报告满足要求

16.6.3 交付物及交付格式

1. 一般要求

（1）建筑信息模型交付准备过程中，应根据交付深度、交付物形式、交付要求、项目和应用需求设置模型结构并选取适宜的模型精度等级。

（2）建筑信息模型的参数、文件及文件夹等命名、建筑信息模型交付深度和模型精度等级应符合《机场工程 BIM 实施标准手册》等的规定。

（3）机场工程 BIM 实施各关联方应根据设计和建造阶段的要求和应用需求，从各阶段建筑信息模型中提取所需的信息形成交付物。交付物还应包括交付管理产生的过程审核文件和管理流程文件。

（4）交付物包括模型、图纸、表格及相关文档等，不同表现形式之间的数据、信息应一致。

（5）建筑信息模型及交付物提供方应保障所有文件链接、信息链接的有效性。

（6）交付人应保证 BIM 交付物几何信息与属性信息的准确完整。

2. 交付内容

主要交付物的代码及类别应符合表 16.6-2 的要求。

机场工程 BIM 实施交付物代码及类别　　表 16.6-2

代码	交付物的类别	备注
D1	建筑信息模型	含模型属性信息表
D2	样板文件	
D3	工程图纸	含 BIM 出图与模型对应关系表
D4	BIM 应用分析模型及报告	
D5	建筑指标表	
D6	模型工程量统计报表	
D7	多媒体及图像文件	
D8	过程审核文件	
D9	管理流程文件	

3. 交付格式

交付物表达方式应根据建设阶段和应用需求所要求的交付内容和交付物特点选取，应采用模型视图、文档和表格，宜采用图纸、图像、多媒体和网页作为表达方式。主要交付物的文件类型、软件名称、交付格式如表 16.6-3 所示。

机场工程 BIM 实施交付物文件类型　　表 16.6-3

<table>
<tr><th>序号</th><th>文件类型</th><th>软件名称</th><th>交付格式</th><th>备注</th></tr>
<tr><td rowspan="6">1</td><td rowspan="6">模型成果文件</td><td>Autodesk Revit 2018</td><td>*.rvt</td><td rowspan="9">在满足数据互用的前提下，软件应采用当前广泛应用的版本。模型提交时，应同时提交 IFC 格式文件</td></tr>
<tr><td>Dassault Caitia V5 R21</td><td>*.CATPart、*.CATProduct</td></tr>
<tr><td>Tekla Structure 2018</td><td>*.dbl</td></tr>
<tr><td>Autodesk Civil 3D 2018</td><td>*.LandXML/dwg</td></tr>
<tr><td>Rhino 6.0</td><td>*.3DM</td></tr>
<tr><td>Bentley 相关软件</td><td>*.DGN</td></tr>
<tr><td rowspan="3">2</td><td rowspan="3">浏览审核文件</td><td>Autodesk Navisworks 2018</td><td>*.nwd</td></tr>
<tr><td>Navigator Connect Edition</td><td>*.i-model</td></tr>
<tr><td>Autodesk 3ds Max</td><td>*.3dxml</td></tr>
<tr><td rowspan="4">3</td><td rowspan="4">多媒体文件</td><td rowspan="4">—</td><td>*.avi</td><td rowspan="4">原始分辨率不小于 800×600，帧率不少于 15 帧 /s。内容时长应以充分说明表达内容为准</td></tr>
<tr><td>*.wmv</td></tr>
<tr><td>*.exe</td></tr>
<tr><td>*.mpeg</td></tr>
<tr><td rowspan="3">4</td><td rowspan="3">图像文件</td><td rowspan="3">—</td><td>*.jpeg</td><td rowspan="8">分辨率不小于 1280×720</td></tr>
<tr><td>*.png</td></tr>
<tr><td>*.tif</td></tr>
<tr><td>5</td><td>图纸文件</td><td>Autodesk CAD 2018</td><td>*.dwg/*.dwf/*.dxf</td></tr>
<tr><td rowspan="4">6</td><td rowspan="4">文档表格类文件</td><td rowspan="3">Office 2013</td><td>*doc/*.docx</td></tr>
<tr><td>*.xls/*.xlsx</td></tr>
<tr><td>*.ppt/*.pptx</td></tr>
<tr><td>Adobe</td><td>*.pdf</td></tr>
</table>

4. 关联方交付物

除各建设阶段的模型交付物外，BIM 实施关联方还应根据应用需求，从相应建筑信息模型中提取所需的信息，并根据分析应用结果编写报告，形成交付物。其中还应包括应用相关的模拟视频、效果图片、审核浏览文件等。BIM 实施主要关联方交付物如表 16.6-4 所示。

机场工程 BIM 实施主要关联方交付物举例　　表 16.6-4

序号	阶段	交付单位	交付成果
1	实施准备阶段	机场工程 BIM 咨询	（1）《合同文件 BIM 条款的解读确认》会议纪要； （2）《湖北鄂州民用机场工程 BIM 实施细则》及其评审会议纪要； （3）各关联方会签的《湖北鄂州民用机场工程 BIM 实施计划》及其评审会议纪要； （4）各方会签的《湖北鄂州民用机场工程 BIM 实施协同规范》及其评审会议纪要
2	设计阶段	机场工程设计总协调 / 专业工程设计	（1）设计各阶段设计模型； （2）设计各阶段专项分析模型； （3）设计各阶段完整的工程图纸； （4）设计各阶段基于 BIM 的应用分析报告； （5）设计各阶段工程量统计报表； （6）设计各阶段模型属性信息表； （7）建筑指标表； （8）虚拟模拟动画、方案效果图等多媒体文件
		机场工程 BIM 咨询	（1）过程审核文件（工作报告、评估报告）； （2）管理流程文件（会议纪要、工作联系单）； （3）施工图模型信息录入方案
3	施工实施阶段	施工总包 / 专业分包	（1）管线综合分析报告及深化图纸； （2）施工场地布置模拟报告（含场布方案文档）； （3）施工设备模拟报告（含设备清单文档）； （4）施工进度模拟报告（含施工进度计划文档）； （5）施工工艺模拟报告（含施工技术交底文档）； （6）施工节点验收可视化视频展示； （7）施工阶段工程量统计分析报告及工程量清单； （8）施工阶段节点模型； （9）施工各阶段模型属性信息表
		机场工程 BIM 咨询	（1）过程审核文件（工作报告、评估报告）； （2）管理流程文件（会议纪要、工作联系单）； （3）施工模型信息录入方案
		机场工程设计总协调 / 专业工程设计	（1）设计变更模型； （2）设计变更图纸及其他变更成果
4	竣工阶段	施工总包 / 专业分包	（1）竣工阶段节点模型； （2）竣工阶段图纸； （3）竣工节点验收可视化视频展示； （4）竣工阶段模型属性信息表； （5）竣工阶段工程量清单
		机场工程 BIM 咨询	（1）过程审核文件（工作报告、评估报告）； （2）管理流程文件（会议纪要、工作联系单）； （3）竣工模型信息录入方案

16.7 BIM 应用总结

本项目通过高要求、严规格的 BIM 技术应用，主要取得以下成果：

1. 制定了项目实施标准

本项目涉及工作面广，模型数据存续时间长，需对各参建方 BIM 行为进行约束，根据以往 BIM 实施经验，需结合民航行业特点和建设方需求制定 BIM 项目的实施标准。建议制定的标准如下：

（1）BIM 深化图出图标准。

（2）软件应用标准（包括 Bentley）。

（3）BIM 机电管线综合标准。

（4）BIM 施工阶段应用标准。提升 BIM 模型应用价值。

2. 提升 BIM 模型应用价值

（1）重难点问题识别。

BIM 建模过程是一次虚拟建造的预演，在此过程中潜在的施工问题也会提前暴露，可以借此提前制定应对措施，确保施工过程的高效顺畅。

（2）运营维护。

建设方可基于 BIM 竣工模型创建运营阶段的管理平台，如根据各设备情况，设置维修保养需求，到时提醒，自动推送通知给相关责任人。

3. 深化设计工程量控制

（1）充分理解设计文件，核实设计参数及假设条件，排除源头设计缺陷。

（2）采用限额设计方式进行深化设计。

（3）深化设计完成后，通过施工模拟进行多方案比选，确定深化设计方案。

（4）多因素控制，不以单纯工程量为单控制指标，优先保证工程质量和工程进度，以综合成本控制作为控制指标。

（5）BIM 精算，确定的深化设计进行工程量精算，排除计算误差导致的工程量失准，控制深化设计工程量。

第 17 章 广州市天河智慧城地下综合管廊项目

17.1 项目概况

广州市天河智慧城地下综合管廊项目为国家综合管廊试点项目，结合高压线下地、市政管线建设需求、道路建设计划及实施条件等因素，天河智慧城地下综合管廊工程主要沿现状科韵路、科翔路、华观路、柯木塱南路—高唐路、软件西路、横三路、横五路、沐陂西路、凌岑路布置，总长约 19.39km，设 1 座控制中心、9 处分控室以及 19 座专用变电所（图 17.1-1 ~图 17.1-5、表 17.1-1）。

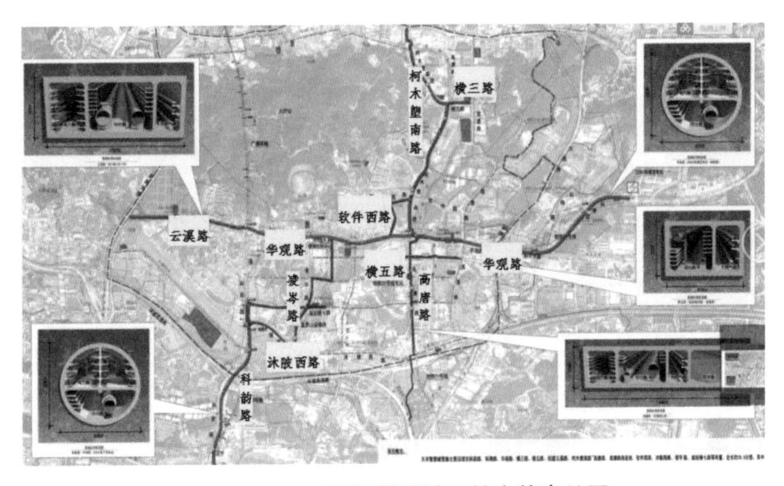

图 17.1-1 天河智慧城地下综合管廊总图

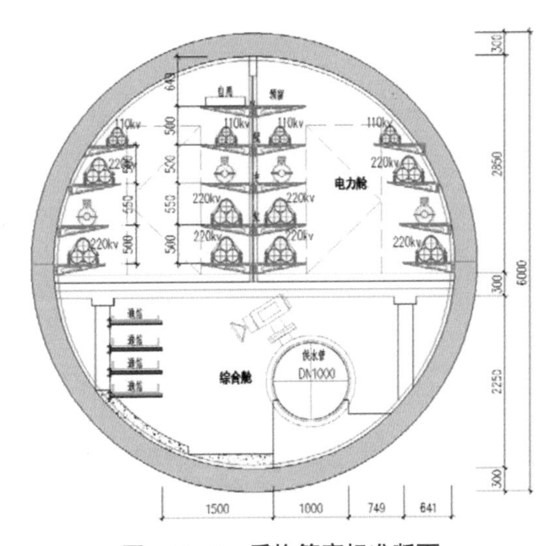

图 17.1-2 盾构管廊标准断面

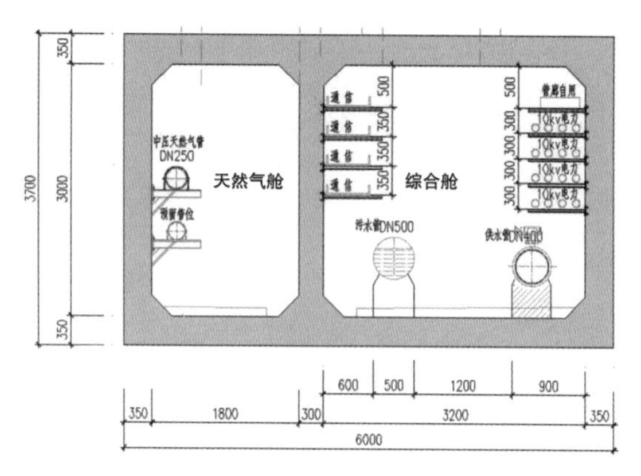

图 17.1-3　两舱管廊标准断面

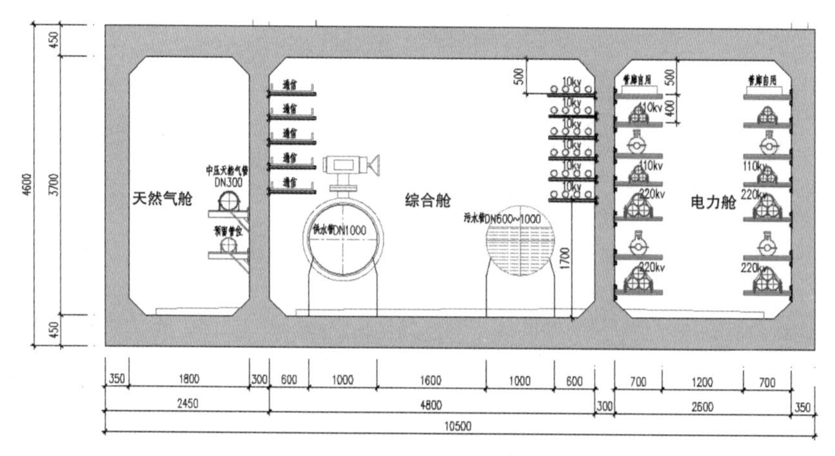

图 17.1-4　三舱管廊标准断面

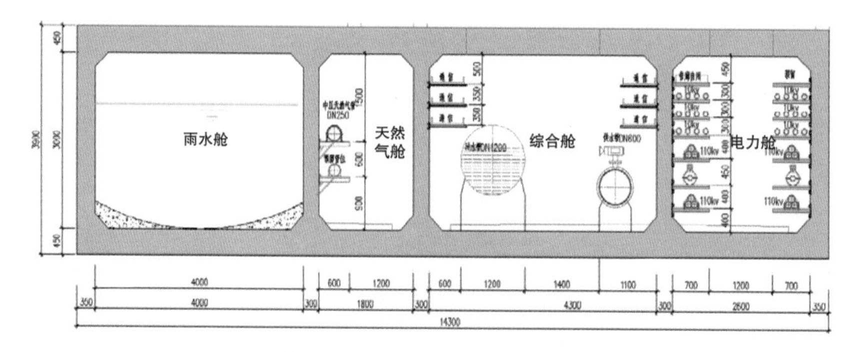

图 17.1-5　四舱管廊标准断面

综合管廊信息一览表　　　　表 17.1-1

序号	管廊名称	长度（km）	外框尺寸（m）	入廊管线	分舱	施工工法 / 管廊断面形状
1	科翔路—华观路（220kV 科城变电站—科韵路）综合管廊	5.4	ϕ6.0	4 类，即 220kV、110kV 电力、给水、通信、广播电视	2 舱，综合舱、电力舱	盾构法，圆形断面

续表

序号	管廊名称	长度（km）	外框尺寸（m）	入廊管线	分舱	施工工法/管廊断面形状
2	科韵路（华观路—220kV棠下变电站）综合管廊	3.22	ϕ6.0	4类，即220kV、110kV电力、给水、通信、广播电视	2舱，综合舱、电力舱	盾构法，圆形断面
3	云溪路（科韵路—华南快速）综合管廊	1.55	10.5×4.6	6类，即220kV、110kV、10kV电力、给水、通信、广播电视、天然气、污水	3舱，综合舱、电力舱、燃气舱	明挖法，矩形断面
4	柯木塱南路—高唐路（华观路以北）综合管廊	3.14	9.8×4.4	6类，即220kV、110kV、10kV电力、给水、通信、广播电视、天然气、污水	3舱，综合舱、电力舱、天然气舱	明挖法，法矩形断面
5	高唐路（华观路以南）综合管廊	1.53	14.3×3.9	6类，即110kV、10kV电力、给水、通信、广播电视、天然气、排水（雨水、污水）	4舱，综合舱、电力舱、天然气舱、雨水舱	明挖法，矩形断面
6	沐陂西路(凌岑路—科韵路）综合管廊	0.82	9.1×3.5	6类，即110kV、10kV电力、给水、通信、广播电视、天然气、污水	3舱，综合舱、电力舱、天然气舱	明挖法，矩形断面
7	凌岑路（华观路—沐陂西路）综合管廊	1.54	9.6×3.6	6类，即110kV、10kV电力、给水、通信、广播电视、天然气、污水	3舱，综合舱、电力舱、天然气舱	明挖法，矩形断面
8	规划横七路（凌岑路—110kV菠萝山变电站）综合管廊	0.25	9.0×4.0	6类，即10kV电力、给水、通信、广播电视、天然气、污水	3舱，综合舱、电力舱、燃气舱	明挖法，矩形断面
9	横三路（高唐路—110kV高唐变电站）综合管廊	0.29	9.1×3.7	6类，即110kV、10kV电力、给水、通信、广播电视、天然气、污水	3舱，综合舱、电力舱、燃气舱	明挖法，矩形断面
10	软件西路(华观路—高唐路）综合管廊	0.68	6.0×3.7	6类，即10kV电力、给水、通信、广播电视、天然气、污水	2舱，综合舱、燃气舱	明挖法，矩形断面
11	横五路（高唐路—高普路）综合管廊	0.92	5.9×4.0	6类，即10kV电力、给水、通信、广播电视、天然气、污水	2舱，综合舱、燃气舱	明挖法，矩形断面
	合计	19.39				

17.2 项目特点分析

1. 设计环境复杂

综合管廊一般修建于工程设施比较多的主干道或者是交通压力相对较大的街道，还有一些是在城市老城区，周围环境相对复杂。所以在综合管廊规划阶段就要做好安排、考虑全面。

2. 管线排列难度大

综合管廊在规划阶段就会考虑得相对全面且超前，而且需要入廊的管线种类也比较多，基本包涵了给水排水管道、天然气管道、电力管线、通信电缆等管线。综合管廊设计空间有限，管廊内部管线密度极高，各类管线除了要规划布置本专业的管线位置外，还应该考虑本专业管线和其他专业管线的位置安排，保证互不交错、互不影响。例如电力电缆与通信电缆不能同侧布置、燃气管道必须独立舱室敷设等等。

3. 附属设施工程规模大

综合管廊里会出现一些危险系数较高的管线，为了确保综合管廊可以安全运行，所以就要在管廊内设置一些相关的附属设施系统，例如消防、通风、供电、照明、监控报警和通信等系统。

4. 各种管口设计难度大

和传统管线敷设方式相比，为了更好地支持运营阶段进行监控、检修工作，避免路面反复开挖的情况，综合管廊设计规范要求每个舱室应设有专门的人员出入口、逃生口、进风口、排风口、管线出入口、检修口、材料吊装口等多种口部结构。因为管廊周边环境相对复杂，在洞口预留等环节要根据周围环境条件随时进行调整。

17.3 BIM 应用策划

17.3.1 BIM 应用目标

本项目应用目标主要分为三个阶段，即施工阶段、竣工验收阶段、运维阶段。

施工阶段主要是指深化设计阶段，包括土建、结构等子模型，支持深化设计、专业协调、施工模拟、预制加工、施工交底等 BIM 应用。

竣工验收模型包含工程变更，并附加或关联相关验收及信息，与工程项目交付实体一致。

运维阶段主要是以 BIM 模型为载体，进行管廊空间与设备运维管理。在三个阶段中具体实现以下目标：

（1）指导现场施工技术方案的编制及实施。

（2）用于施工静态及空间模拟。

（3）与施工技术相结合，为科技成果及工法的创建提供先行条件。

（4）利用 BIM 技术对图纸进行可视化审查。

（5）为运维提供 BIM 模型。

17.3.2 BIM 应用范围和内容

本项目的工作目标为完成天河智慧城地下综合管廊工程（以下简称智慧城）的 BIM 模型创建任务，全长 19.39km，其中盾构段总长 8.62km，明挖预制段长 5.8km，明挖现浇段长 4.97km。建模范围主要包含：

（1）华观路、科韵路盾构段（8.62km）：管片（包含手孔、螺栓）、里程范围内的始发井、接收井及其附属设施，通信、电力、供水、管线支架，立柱及供水支墩，各类管线等。

（2）明挖矩形预制段（5.8km）：包括三舱、两舱管节（包含预埋钢棒、哈芬槽）、里程范围内的出线舱、吊装口、转换节点及其附属设施，通信、电力、供水、污水、天然气支架，支墩、管线吊钩等。

（3）明挖矩形现浇段（4.97km）：包括 3 舱、2 舱管节，里程范围内的出线舱、吊装口、转换节点及其附属设施，通信、电力、供水、污水、天然气支架，支墩、管线吊钩等。

17.3.3　资源配置

本项目施工时，采用建筑信息模型（BIM）技术进行设计、施工、BIM 协同平台的各项管理。以实用性和可执行性为基本原则，充分考虑 BIM 技术与项目施工管理的密切结合。

本项目涉及建筑、结构、钢构、机电等各个专业，采用 Bentley 系列软件进行建模（图 17.3-1）。做到了图形平台统一，数据格式统一，软件架构也是统一的，数据基本上不需要转换，保证了模型数据的信息完整性。

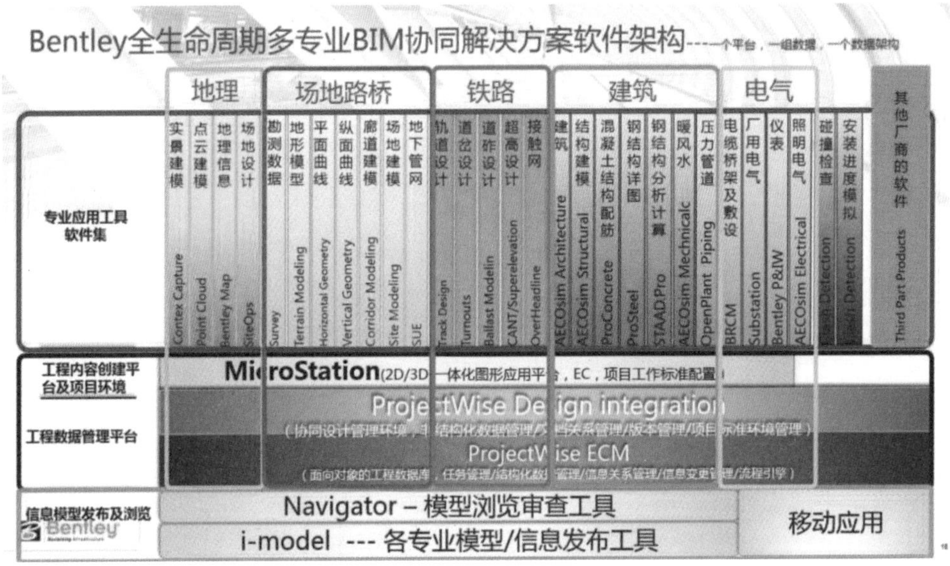

图 17.3–1　Bentley 软件架构

本项目 BIM 应用专业较多，涉及建筑、结构、钢构、机电等各个专业，适合的 BIM 建模软件也各不相同，主要拟选用以下软件：

1. MicroStation 软件

该款软件是 Bentley 软件的基础平台，其中最基本的是可以进行二维点线面与三维形体的绘制，包括一些复杂的异形几何形体。

2. OpenRoads Designer 软件

建立原始地形、路线、廊道、土方计算等内容。

3. AECOsim Building Designer 软件

建筑，结构，机电，暖通、给水排水、统计工程量等内容。

4. OpenBridge Modeler 软件

桥梁设计专用软件，可以通过放置桥面板功能实现管廊和盾构管片的放置。

5. Prostructure 软件

钢结构设计软件，可以实现配筋及钢结构构件的建立等功能。

6. LumenRT 与 Navigator 软件

模型的输入、场景的布置、渲染图的输出、动画的输出以及形象进度的演示等功能。

17.3.4 建模标准及模型单元拆分

1. 模型拆分原则

本次建模通过分析项目特点和软件的要求，确定了统一的模型拆分及命名方法、项目协同方法、模型深度要求等一系列项目实施标准，形成了本项目的建模标准和应用标准。建模标准包括模型等级划分、模型命名以及构件拆分原则等部分组成。该项目的建模标准遵循《广州市市政工程 BIM 建模与交付标准》的相关规定。

2. 模型单元拆分

该项目的模型单元拆分遵循本书第 2 篇《广州市市政工程 BIM 建模与交付标准》中模型单元拆分的相关内容。根据配备的 CAD 图纸以及项目实际情况对项目模型构件进行拆分，以本项目为例，将天河智慧城地下综合管廊项目分成场地与环境、节点工程、管廊区间、出入管廊管线、消防系统、通风系统、供电系统、照明系统、监控与报警系统等部分，对每部分的模型构件进行拆分、构件图层编码、颜色材质定义等。

列举本项目部分模型单元拆分见表 17.3-1。

项目模型单元汇总表　　表 17.3-1

<table>
<tr><th>一级系统</th><th>二级系统</th><th>三级系统</th><th>模型单元</th></tr>
<tr><td rowspan="4">盾构法管廊土建结构</td><td>盾构管廊隧道结构</td><td>隧道结构主体</td><td>混凝土管片</td></tr>
<tr><td>盾构井建筑结构</td><td>工作井</td><td>基础、底板、侧墙、楼板、顶板等</td></tr>
<tr><td>隧道防水工程</td><td>隧道外防水、隧道内防水</td><td>防水卷材、防水板、密封胶等</td></tr>
<tr><td>隧道附属结构</td><td>隧道附属结构</td><td>支墩、支架、吊架、垫层、排水沟、隔板、立柱、支墩</td></tr>
<tr><td rowspan="3">明挖法管廊土建结构</td><td rowspan="2">地基基础</td><td>地基</td><td>换填、水泥搅拌桩、高压旋喷桩等</td></tr>
<tr><td>基础</td><td>混凝土基础、钻孔桩基础等</td></tr>
<tr><td>管廊主体结构</td><td>现浇混凝土管廊结构</td><td>混凝土底板、侧墙、顶板、孔洞、预埋件等</td></tr>
</table>

续表

一级系统	二级系统	三级系统	模型单元
明挖法管廊土建结构	管廊主体结构	预制混凝土管廊结构	混凝土底板、侧墙、顶板、孔洞、预埋件等
		连接部位	预应力钢绞线、高强钢棒、连接螺栓
	防水工程	管廊外防水、管廊内防水	止水带、止水钢板、遇水膨胀止水条、防水卷材等
	附属结构	管廊附属结构	支墩、支架、吊架等
管廊设备设施工程	消防系统	管道、设备	消防管、消防栓、消防水池
	供配电系统	供配电系统线路及线路敷设	支架、吊架、线缆
	给水排水系统	管道（沟）	给水管道、排水管道、排水沟
		检查井	井壁、井盖、井底
	通风空调系统	设备、管道、管件	制冷设备、风机、风管、风管管件
	照明系统	管廊照明、井体照明、室外照明	灯具、线缆、控制器
	监控报警系统	总控室、分支监控中心	监控平台、显示屏、线缆、感应器

17.4 设计阶段BIM技术应用

17.4.1 参数化模型创建

1. 建立管廊廊体模型

天河智慧城管廊模型的建立，主要以Bentley软件为主，因为Bentley软件的所有文件都是统一的DGN格式，软件之间有极强的互操作性，依据设计方提供图纸的三维设计尺寸，建立直观的三维立体模型，导出各建筑部件的三维设计尺寸和体积数据，为概预算提供资料，资料的准确程度同建模的精确程度呈正比。而且Bentley不仅有建筑设计、结构设计、机电设计，还有场地布置、带材质输入LumenRT的渲染，将建模文件轻量化导入Navigator进行碰撞检查，施工模拟等功能。

2. 建立入廊管线模型

由于本项目中所涉及的入廊管道包括：给水管道、污水管道、电力管道、通信管道、燃气管道。管道铺设时必须严格按照相关的专项规划及设计规范铺设。按照设计要求在BIM平台中建立工程标段路线主体、管廊主体结构、给水管线、燃气管线、通信管线和相应的管线出入线舱等BIM模型，同时准确地标注出各类管道的信息。完成建筑模型的构建以后利用该软件能够有效地节省信息汇总的时间，直接实现信息关联，查看每一个建筑主体的位置以及结构组成，对任意位置进行剖切操作，可以让技术人员快速掌握主体结构形式和位置尺寸信息，任意剖切是三维设计软件的一大优势（图17.4-1 ~图17.4-3）。

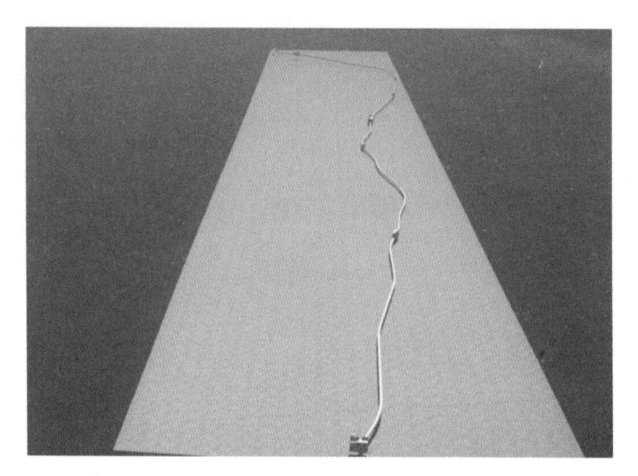

图 17.4–1　华观路综合管廊全景图

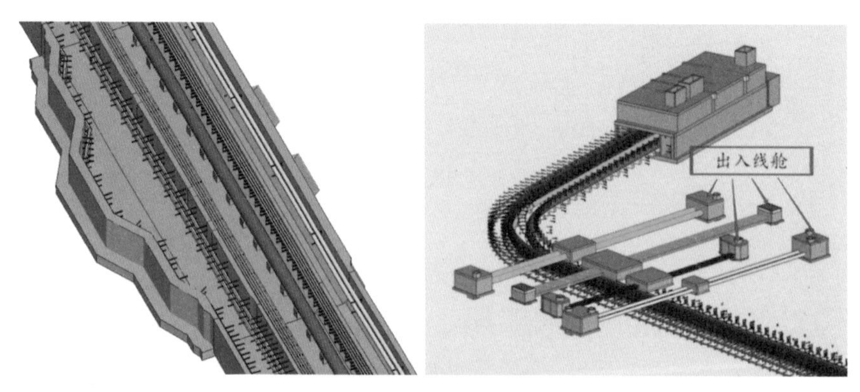

图 17.4–2　管廊内部管线布置及出入线舱

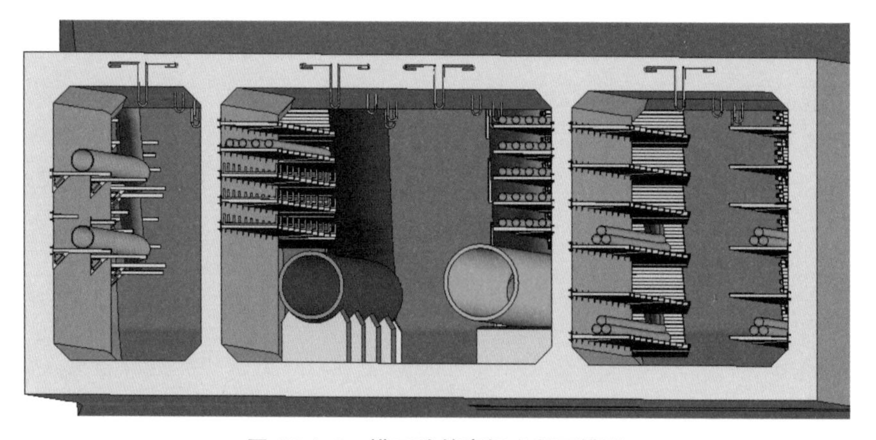

图 17.4–3　横三路管廊标准断面模型

17.4.2　碰撞检查

管廊中碰撞检查是包括内部各专业管线碰撞检查以及管廊与已建或者已规划地下空间、轨道交通的碰撞检查（图 17.4-4）。综合管廊在施工过程中要安装大量的管线，而这些管线用传统二维设计软件来绘制时，图纸之间的信息是相对孤立的，无法直观地看到各部分的情况，经常会出现一些管线碰撞问题。除此以外，工程人员即使完成了管线位置的调整，也极有可能会出现各种不可预测的连锁反应，这在二维设计中十分普遍。但在 BIM 软件中就可以轻松避免这些问题，也大大节省了设计人员的时间和精力。在 BIM 模型中实施各种管线的布置时，可以通过信息关联避免碰撞情况发生。

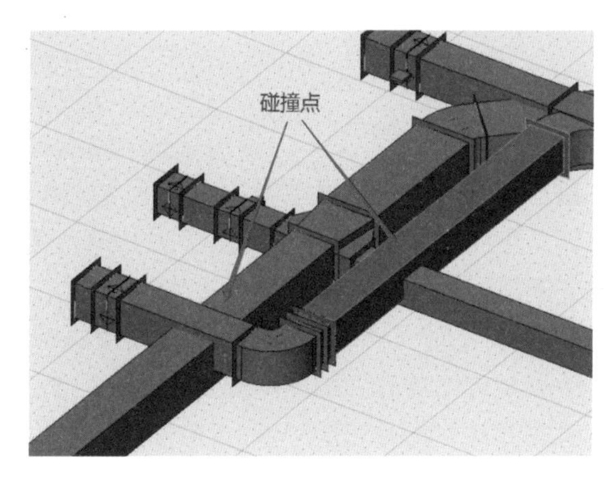

图 17.4-4　碰撞检查

17.4.3　管线洞口预留

在传统的施工情况下，一般都是在完成管线安装以后才可以确定管线洞口的预留点，并且利用传统的后开洞工艺进行管线安装，留下诸多安全隐患，造成建材浪费，增加开发成本。通过使用 BIM 的流程和软件工具，管线洞口预留无需等到施工前再确定其具体位置，在施工前就已经确定好具体位置和尺寸大小，大大减少现场变更，也降低了项目所需的时间和成本（图 17.4-5）。

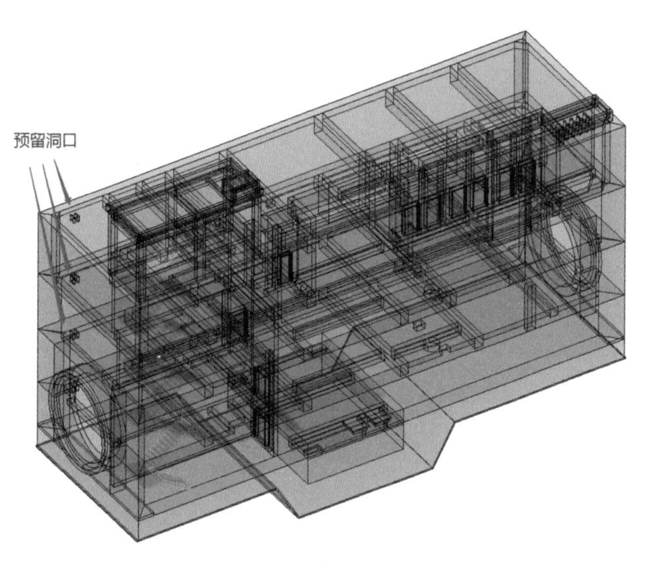

图 17.4-5　管线洞口预留

17.4.4 净空检查

一般来说，任何管廊工程的设计都应当尽可能地考虑检测维修的净空。利用 BIM 技术能够对人物高度以及活动的属性进行自由的定义，实时完成后期运营的检测以及项目设备的维修。除此以外还可以在模拟大型设备安装过程中检验设计方案是否达到相关设计标准。

17.4.5 图纸问题报告

建模开始前，各小组人员进行相应的熟悉图纸，在熟悉图纸的过程中，发现部分图纸问题，在熟悉图纸之后，开始依据施工图纸创建施工图 BIM 模型，在创建 BIM 模型的过程中，发现图纸中隐藏的问题，并将问题进行汇总，在完成 BIM 模型创建之后通过软件的碰撞检查功能，进行专业内以及各专业间的碰撞检查，发现图纸中的设计问题。

本项目在建模过程中就发现图纸存在的一些问题，图纸中部分几何尺寸不明确，例如华观路节点井预留盾构进出洞位置缺少定位尺寸及细部构造大样图；给出的高唐路和云溪路路线的桩号图表和平面图所测量桩号不符等，如图 17.4-6 所示。

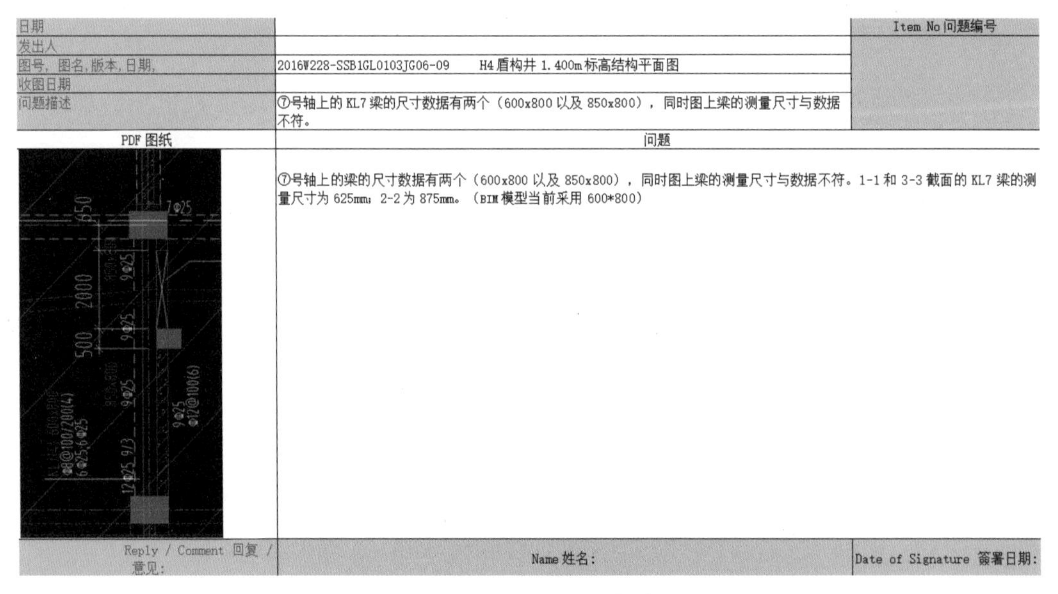

日期		Item No 问题编号
发出人		
图号，图名，版本，日期，	2016W228-SSB1GL0103JG06-09　H4 盾构井 1.400m 标高结构平面图	
收图日期		
问题描述	⑦号轴上的 KL7 梁的尺寸数据有两个（600x800 以及 850x800），同时图上梁的测量尺寸与数据不符。	
PDF 图纸	问题	
	⑦号轴上的梁的尺寸数据有两个（600x800 以及 850x800），同时图上梁的测量尺寸与数据不符。1-1 和 3-3 截面的 KL7 梁的测量尺寸为 625mm；2-2 为 875mm。（BIM 模型当前采用 600*800）	
Reply / Comment 回复 / 意见:	Name 姓名:	Date of Signature 簽署日期:

图 17.4-6　图纸问题报告

17.5 施工阶段 BIM 技术应用

17.5.1 场地布置与虚拟漫游

在基于 BIM 技术的模型系统中首先项目所在地已有和拟建筑物、库房加工厂、管线道路、施工设备和各功能分区等建筑设施的 3D 实体模型；然后赋予各 3D 实体模型以动态时间属性，实现各对象的实时交互功能，使各对象随时间动态变化以形成 4D 场地模型；最后在 4D 场地模型中，修改各实体的位置和造型，使其符合项目的实际情况。

场地布设和虚拟仿真漫游的主要目的是利用 BIM 软件模拟，建立三维场地模型，通过漫游、动画的形式提供可视化的模拟数据以及身临其境的视觉、空间感受，及时发现不易被察觉的布场不合理现象，减少由于事先规划不周全而造成的损失（图 17.5-1、图 17.5-2）。

图 17.5-1　装配式预制管廊现场照片

图 17.5-2　管廊预制场三维模型及仿真漫游

17.5.2　复杂节点模拟

区别于传统地下管线工程，综合管廊设计规范要求每个舱室应设有专门的人员出入口、逃生口、进风口、排风口、管线出入口、检修口、材料吊装口等多种复杂结构。由于管廊周边环境复杂，通过 BIM 技术模拟，根据口部周边地上、地下工程条件因地制宜进行调整。图 17.5-3 为管廊中较为复杂的节点。

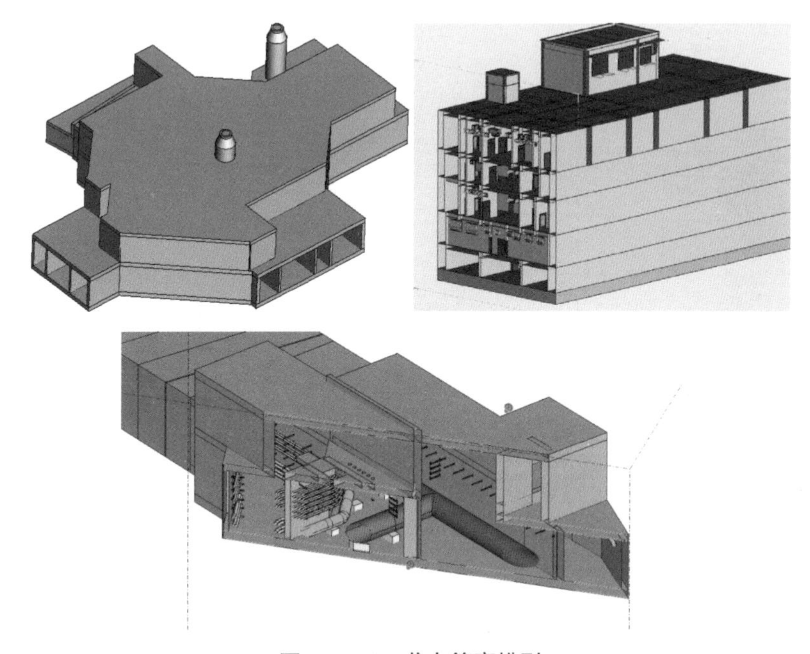

图 17.5-3　节点管廊模型

17.5.3 施工模拟

基于 BIM 模型高度信息化、可视化的特点，借助 BIM 软件，对重点施工方案或关键工艺进行模拟，以验证施工方案的可行性。

通过在实际施工前把施工过程用计算机进行三维模拟仿真，一方面，有利于现场技术人员对整个工序的把握，对现场施工人员进行更直观的技术交底；另一方面，在模拟过程中发现问题并及时调整，有助于提高施工质量、减少返工。

智慧城管廊项目 H3 工作井采用先隧后井方式施工，H3 工作井长 31.8m，宽 19.2m，基坑深度 18.3m，整体采用地连墙 + 两道混凝土内支撑的支护方式，在与盾构管片相交位置采用相互搭接的 ϕ1000@800 人工挖孔桩进行支护，桩体下部与管片结构刚接，并支设于管片之上，管片两端采用加大的 ϕ1200 人工挖孔桩，嵌固坑底以下 8m。

在 H3 工作井与隧道管片相交位置采用人工挖孔桩进行支护，在隧道管片结构下方位置采用双液注浆加固，深度为坑底以下 6m（图 17.5-4、图 17.5-5）。

根据提供的技术方案，结合现场实际情况，BIM 小组人员利用 Bentley 软件建立相应的三维立体模型，并形成施工工艺模拟图用于指导现场施工，如图 17.5-6 所示。

17.6 BIM 交付内容

在该项目的各专业 BIM 成果交付，遵循《广州市市政工程 BIM 建模与交付标准》中对于综合管廊工程交付要求。交付物主要包括 BIM 实施工程大纲、设计 BIM 模型、专业综合信息报告、虚拟漫游视频、BIM 应用报告等。

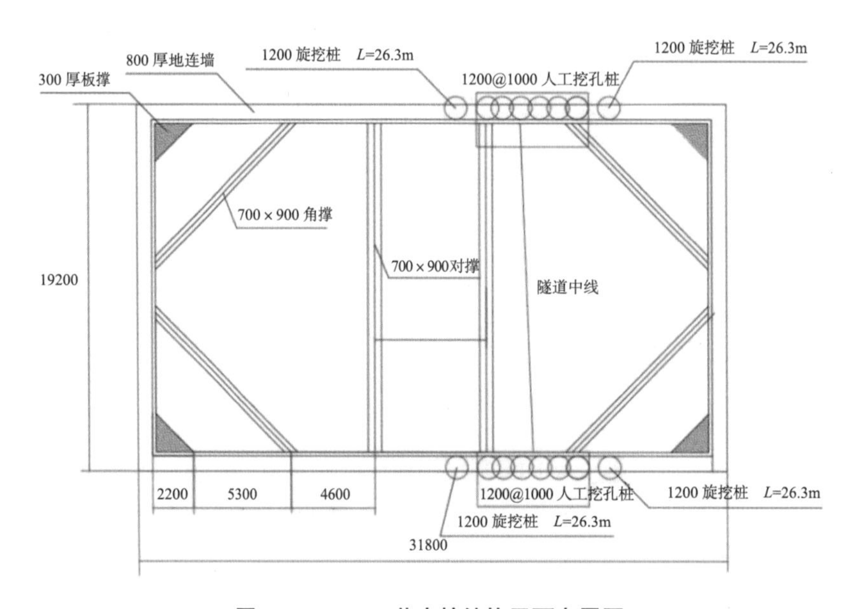

图 17.5-4 H3 井支护结构平面布置图

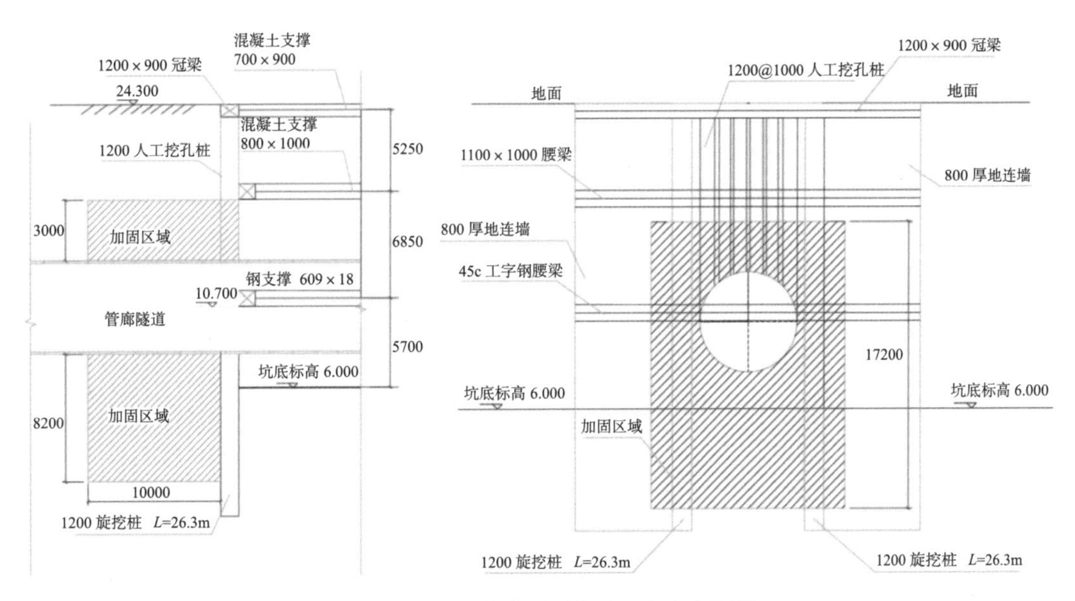

图 17.5–5　H3 井先隧后井处理方案剖面图

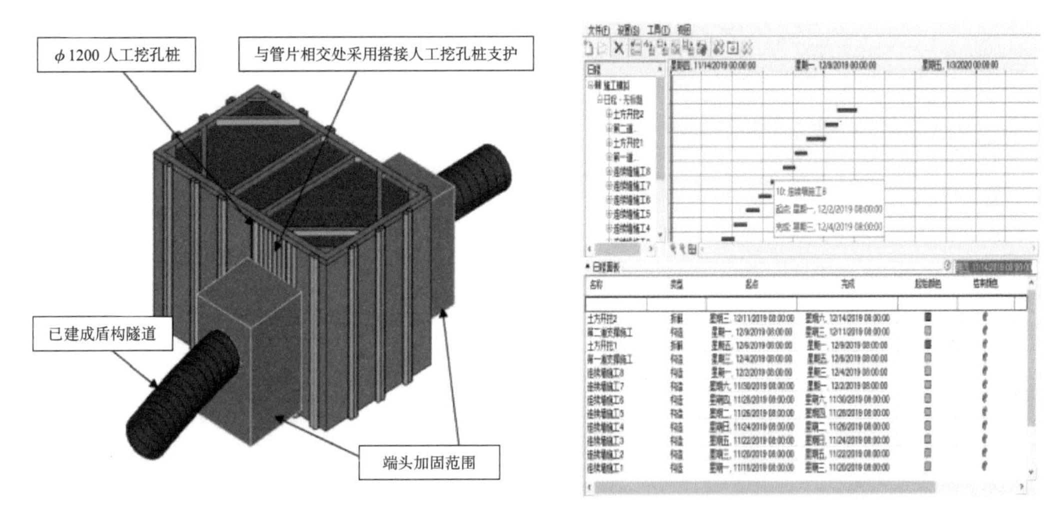

图 17.5–6　H3 盾构井先隧后井施工模拟模型

1. 设计阶段

设计应用阶段除交付模型外，还可制作部分附属交付成果。部分常用综合管廊工程信息模型设计阶段附属交付成果及要求见表 17.6-1。

2. 施工阶段

施工应用阶段除交付施工模型外，还可制作部分附属交付成果。部分常用综合管廊工程信息模型施工阶段附属交付成果及要求见表 17.6-2。

3. 运维阶段

运维应用阶段除交付模型外，还可制作部分附属交付成果。部分常用综合管廊工程信息模型运维阶段附属交付成果及要求见表 17.6-3。

设计应用阶段信息模型常用附属交付成果　　表 17.6-1

成果类型	交付内容	要求与目标
碰撞检查	碰撞检查报告 更新后模型及图纸	模拟空间碰撞，排除设计错、漏、碰、缺，避免变更与浪费
工程量统计	工程量统计算量模型 工程量清单	清单满足造价单位格式和深度要求，能够提高工程造价编制的效率与准确性
工程视图	模型平 / 立 / 剖 / 切及三维视图 模型渲染图 视图内容说明	视图完整、准确、清晰地表达设计意图与内容，并满足行业规范要求与习惯
虚拟仿真	可视化展示模型 交互式虚拟现实平台 模型检视 / 漫游视频	提供直观的视觉及空间感受，辅助工程项目的规划、设计、投标、报批等过程

施工阶段附属交付成果　　表 17.6-2

成果类型	交付内容	要求与目标
深化设计	施工深化设计图纸 节点施工方案模型 施工方案模拟视频	深化设计成果应充分考虑场地现状、安装顺序等因素，达到美观合理、节能节材的效果
施工模拟	工程进度模型 施工进度模拟视频	工程进度模型应关联费用、材料、时间等准确信息，视频能够展现工程的施工计划及其与人、才、机耗量的关系
质量校核	现场测量数据 模型比对分析报告	利用现场实测数据与模型进行对比，分析几何偏差对工程质量的影响
竣工记录	工程竣工记录模型 竣工模型清单	竣工模型应表达实际施工完成的内容，构件包含实际使用的产品信息

运维应用阶段信息模型常用附属交付成果　　表 17.6-3

成果类型	交付内容	要求与目标
管理平台	数字化运维管理平台 与平台对应的管理方案	运维管理平台应以工程信息模型为基础，资产信息应通过编码与模型实现关联
数据表格体系	综合管廊工程数据表格 数据管理方案	表格数据应真实准确，形成用于养护、资产管理、监控、应急救援等功能的工程数据体系

17.7　BIM 应用总结

1. 做好 BIM 应用前期准备工作

在建模工作开始前，先做好与设计方的沟通，事先准备好建模所需的 CAD 图纸，避免因为图纸的问题影响建模的进度；在人员配置方面，做好 BIM 专职人员的工作安排，避免因两方领导工作安排冲突导致专职人员工作量的增加；在软硬件选择方面，要综合考虑公司、工程及人员熟练度等情况，选择合适的软硬件。

2. 有计划、合理地安排参数化建模

建模的第一步是熟悉图纸，在熟悉图纸的前提下，根据实际要求对模型单元进行合理拆分，在此基础上编制相应的项目实施方案，对相应构件的编码、颜色、图层、材质等进行统一，按专业或实际要求做好对已完成的模型文件的整理。

在建模过程中，要注意与小组成员及时沟通，交流软件的操作心得，减少在建模过程中的不必要操作，提高建模效率，同时也减少后期总体模型整合过程中出现的不必要冲突，例如对暖通专业建模过程中风管的弯折处理进行统一，减少不必要的工作量，提高模型总体精度。

3. 充分利用BIM技术指导现场技术管理

利用BIM技术，进行施工技术方案模拟及三维可视化交底，增强管理人员及施工人员的立体三维感，能够直观了解施工难点、重点，指导施工，提高工作效率。

参考文献

[1] 张吕伟，蒋力检 . 中国市政设计行业 BIM 实施指南 [M]. 北京：中国建筑工业出版社，2017.

[2] 贺灵童 .BIM 在全球的应用现状 [J]. 工程质量，2013.

[3] 董建峰，李惠萍，曲径，张可，王良平 . 日本 JIABIM 标准研究 [C]. 第十七届全国工程建设计算机应用大会 . 北京，2014.

[4] 刘颖，贾秀荣 . 三维信息化技术在城市规划管理中的应用 [J]. 规划师，2018.

[5] 上海市住房和城乡建设管理委员会 . 上海市建筑信息模型技术应用指南（2017 版）[R]. 上海，2017.

[6] 刘辉 . 中国中铁 BIM 应用实施指南 [M]. 北京：人民交通出版社，2020.

[7] 广东省住房和城乡建设厅 . DBJ/T 15–142–2018 广东省建筑信息模型应用统一标准 [S]. 2018.